智慧代建体系构建与关键技术

——数字化转型升级研究与实践

刁尚东　主编

中国建筑工业出版社

图书在版编目（CIP）数据

智慧代建体系构建与关键技术：数字化转型升级研究与实践 / 刁尚东主编. — 北京：中国建筑工业出版社，2022.3
ISBN 978-7-112-27118-4

Ⅰ. ①智… Ⅱ. ①刁… Ⅲ. ①建筑工程-工程项目管理 Ⅳ. ①TU71

中国版本图书馆 CIP 数据核字（2022）第 033691 号

本书认真贯彻落实新发展理念，坚持以供给侧结构性改革为主线，以解决行业痛点、难点为出发点，以推动代建行业智慧协同管理高质量发展为目标，以数字化、工业化、智能化、产业化升级为动力，创新突破相关核心技术，加大智慧代建在工程建设各环节应用。本书基于国家、省、市重点公共建筑的实际项目案例，基于自动化、BIM、CIM 和区块链等课题的关键技术研究应用，首次创新提出"智慧代建体系"，促进"传统代建"向"智慧代建"的数字化转型升级，其中"智慧代建 1+1+6+N 管理体系"推行"智慧代建"管理模式，以"制度流程化、流程表单化、表单标准化、标准信息化、信息数字化、数字智能化"的（六化 30 字）方针，构建一体化建设项目智慧协同管理平台系统，推动工程区块链在项目全生命周期的协同管理应用，包括前期、采购、勘察、设计、施工、竣工验收、结算、运维等信息上链，实现项目数字化信息完整性、机密性及时效性的需求，推动实现"数据一个库、监管一张网、管理一条线"的管理目标，满足代建项目"数字化、可视化、智能化、无纸化、移动化"的绿色、低碳、智能和移动办公管理功能要求，为相关领导的科学决策，为工程项目规划、设计、施工、运维等的智慧协同管理等提供科学的理论依据。本书可供建设行业行政主管部门领导参考，也可供从事项目建设管理工作的科研、设计、施工、运营等技术管理人员，以及高校相关专业师生参考。

责任编辑：刘瑞霞
责任校对：姜小莲

智慧代建体系构建与关键技术
——数字化转型升级研究与实践
刁尚东　主编

*

中国建筑工业出版社出版、发行（北京海淀三里河路 9 号）
各地新华书店、建筑书店经销
北京鸿文瀚海文化传媒有限公司制版
河北鹏润印刷有限公司印刷

*

开本：787 毫米×1092 毫米　1/16　印张：14½　字数：362 千字
2022 年 3 月第一版　　2022 年 3 月第一次印刷
定价：**128.00** 元
ISBN 978-7-112-27118-4
（39005）

版权所有　翻印必究
如有印装质量问题，可寄本社图书出版中心退换
（邮政编码 100037）

编　委　会

主　　任：苏彦鸿

副 主 任：邓新勇　黄玉升　司徒渭源　肖卫波　陈嘉乐

委　　员：苏　岩　刁尚东　罗慧英　李宗颖

主　　编：刁尚东

副 主 编：倪　阳　苏　岩

编　　写：王　帆　韦　宏　罗慧英　李宗颖

主编单位：广州市重点公共建设项目管理中心

参编单位：华南理工大学建筑设计研究院有限公司

序 一

习近平总书记强调，要把学习党史同总结经验、对照现实、推动工作结合起来，把前人的智慧和经验转化为我们解决实际问题的能力水平，转化为推动事业发展的强大动能。党中央高度重视数字化发展，提出实施国家大数据战略，加快建设数字中国。党的十九大报告中明确提出：我国经济已经由高速增长阶段转向高质量阶段，需要善于运用互联网技术和信息化手段开展工作。十九届四中全会提出推进数字政府建设。十九届五中全会提出加快数字化发展。国家"十四五"规划中明确提出加快建设数字经济、数字社会、数字政府，以数字化转型整体驱动生产方式、生活方式和治理方式变革。

2004 年，《国务院关于投资体制改革的决定》（国发〔2004〕20 号）明确指出对非经营性政府投资项目加快推行"代建制"。相较于以往政府投资项目由行政部门组建基建指挥部（办公室）的方式来组织建设的模式，代建制可有效降低投资失控、工期拖延、质量不保等不良现象的产生。但随着建筑规模及建筑复杂程度的不断提高，传统代建模式也暴露出了很多问题，如数字化程度低、项目建设信息化手段（BIM、CIM、区块链、大数据、云计算、人工智能、5G、物联网等）的应用程度低、信息沟通不畅、对整体项目管理信息源掌握有局限，各部门间协调难度大、管理效率较低、过度依赖人的管理经验，对投资目标和风险防控预见性较弱、项目管理档案资料容易丢失等。

本书结合广州市重点公共建设项目管理中心（以下简称"中心"）（原名：广州市建设工程项目代建局）的实际项目案例，深挖行业痛点，深化项目管理代建体系理念，创造性地提出了"智慧代建 1+1+6+N 体系"，以及以"六化 30 字"方针作为核心要素构建智慧代建协同管理平台的理论，推动实现各参建单位信息互联互通，协同监管，实现"数据一个库、监管一张网、管理一条线"的管理目标，为大力推动"传统代建"向"智慧代建"数字化转型升级提供了强大技术支撑。对通过理论体系与重点项目实践的结合，实现全生命周期的建设智慧、绿色、低碳的管理，为工程建设管理树立了智慧管理的典范，为领导的科学决策、规划、设计、施工、运维等的智慧协同提供了科学的理论体系依据，具有很高的推广应用的社会价值和经济价值。

本书历时数年，广泛收集资料、研究案例，听取多方建议和意见，反复修改斟酌，最终定稿，以飨读者。本书的顺利出版，不仅受益于作者团队的编写，也得益于中心近年来的工作成果。

今天读者们看到的这本书，不仅可启发我们的思维，传播知识，更让我们看到了业界凝心聚力，共谋发展的精神。为抒行业情怀，特为之作序。

中国工程院院士

2022 年 2 月

序 二

建筑产业是国民经济的重要支柱产业。面对百年未有之大变局，建筑产业正经历着深刻、复杂而全面的变革，迫切要求我们从战略高度准确识变、科学应变、主动求变，以历史唯物主义观点把握好深刻变革中的大趋势和大格局，以辩证唯物主义观点把握好深刻变革的主要矛盾和矛盾的主要方面。

大型公共建筑在数字化转型中更应担当好示范和引领作用，其中代建单位的责任不可或缺。

一、把握好市场模式深刻变革中的关键问题

推行设计施工总承包（EPC）是市场模式改革的突破口。从微观经济学的基本原理来看，设计施工总包单位可单独或与业主共享优化设计、降低成本、缩短工期所带来的效益，有动因既讲节约又讲效率，从根本上解决公共投资项目超概算、超工期严重，以及腐败时有发生的问题，是公共投资项目供给侧结构性改革的重要推进，在节约资源、节省投资、缩短工期、保证质量安全等方面显示出了明显优势。

需要关注的是，在 EPC 基础上更深层次的改革，即 PPP 模式。EPC 的关键在于形成真正意义上优化设计、缩短工期、节省投资的甲乙双方理性契约关系。PPP 则是更深入的改革，是投资方式改革的深化，必然推动公共投资项目全面提高投资质量和效益的深入改革。真正意义的 PPP 必然需要 EPC，实现 EPC 则必然需要产业技术的全面创新和提升。

一方面，从供给侧来说，大型企业特别是央企国企一定要打造全新的核心竞争力，就是要证明，PPP 项目就是比不是 PPP 的项目更好、更省、更快，关键在于建筑产业供给侧结构性改革能否跟上，紧扣 PPP 与 EPC 的结合，把握两者之间的逻辑与辩证关系。

另一方面，从需求侧来说，代建制单位把握好这项改革的关键，实现代建制项目更好、更省、更快建设意义重大。习近平总书记指出，要"抓住突出问题和关键环节，找出体制机制症结，拿出解决办法，重大改革方案制定要确保质量"。

本书作者对此进行了深入研究，提出了可资借鉴的观点。对此，我对他们勇于担当大型公建项目实现重大改革的责任深表赞赏。

二、把握好数字化深刻变革中的关键问题

习近平总书记指出，要抓住产业数字化和数字产业化赋予的新机遇。

关于产业数字化，当前突出的就是项目级 BIM、企业级 ERP，再加上企业级数字中台。要深刻认识到 BIM 应用中存在着四个关键问题，一是自主引擎，即"卡脖子问题"；二是自主平台，即安全问题；三是贯通问题，强调全过程共享；四是价值问题，这是核心要义。企业级 ERP 应用就是要全面打通集团公司、号码公司、区域公司和项目，不但打通层级还要打通管理、财务、税务三个系统，实现数据共享，这会是又一场革命。关于 ERP 也要关注自主引擎和自主平台问题。

关于数字产业化，突出的就是抓好在 BIM 基础上的 5 个＋问题，＋CIM，即智慧城市；＋供应链，发展供应链平台经济；＋数字孪生；＋AI 智慧建造，要强调是装配式的工厂智慧化＋现场智慧化，是结构＋机电＋装饰装修全面智慧化；＋区块链，将会是建筑产业诚信体系的一场革命。

本书作者结合实际重点公共建设项目，深化项目管理代建体系理念，创造性地提出了"智慧代建1＋1＋6＋N管理体系"，以及以"六化30字"方针作为核心要素构建基于CIM建设项目智慧协同管理平台系统的理论，推动实现各参建单位信息互联互通，协同监管，实现"数据一个库、监管一张网、管理一条线"的管理目标，为大力推动"传统代建"向"智慧代建"数字化转型升级提供了强大技术支撑。本书也是自2004年，《国务院关于投资体制改革的决定》（国发〔2004〕20号）对非经营性政府投资项目加快推行"代建制"和《国务院办公厅关于促进建筑业持续健康发展的意见》（国办发〔2017〕19号）要求政府投资工程应完善建设管理模式，带头推行工程总承包EPC以来，首次创新提出代建制加数字化转型升级发展研究与实践应用，提出了代建制加EPC和代建制加数字化转型升级，充分体现了科技创新管理，市场模式创新，很好地推进"代建制"和国办发〔2017〕19号文的有机结合，进一步强化了代建制的生命力，是对供给侧改革的一次重大的改革创新贡献，这种改革有利于公共建设项目管理优化设计，缩短工期、节省投资，保证质量和安全，有效预防腐败等重大作用，本书全面分析研究了其实践应用经验，具有很高的推广价值，重大工程项目代建制数字化转型升级和关键技术的发展研究与实践应用意义重要、大有作为。在此，我亦为刁尚东博士等同志的研究团队在此方向上的创新和引领点赞。

本书较系统地将区块链关键技术率先应用于工程项目管理，助力代建制加数字化转型的改革发展，项目链上所有的数据都具有不可篡改、全程留痕、可以追溯、公开透明等特点，这些特点保证了区块链的"诚实"与"透明"，这对我们的诚信体系建设是一个重要基础，将会是一场诚信体系的革命，具有推动实现"项目全覆盖、过程全记录、结果可追溯"的优点，也为推动参建单位无纸化办公、提供线上图纸、大量的档案管理中防止丢失等提供技术支撑。

综上，大型公共建筑项目理应成为重大改革创新和数字化转型的引领者，代建制单位的作用重要，本书为代建制大型公建如何实现重大改革创新和数字化转型提供了非常宝贵的学习借鉴经验，可作为大型公建项目的主管部门和代建制单位领导负责同志的参考。

住房和城乡建设部原总工程师
2022年2月

前　言

　　我国建筑行业快速发展，基础设施建设项目规模庞大，2020年，全国建筑业总产值达26.39万亿元，建筑业从业人数5366万人，用辩证思维来分析，拉动经济有三驾马车：消费、出口、投资，在三者关系中，由于"贸易战"加上新冠肺炎疫情持续，出口订单减少，消费也受到一定程度抑制，那么今后一段时期，政府仍然会推动加大基建投资规模，必然也带动代建单位公共建设项目管理的快速发展，政府投资公共建设的增长幅度会远远高于"十三五"期间全国建筑业增加值（年均增长5.1％的产值）。实践证明，传统代建并不能一劳永逸地解决建设项目管理中的所有问题，尤其是随着建筑规模及建筑复杂程度的不断提高，叠加疫情常态化的影响和建筑业高质量发展的要求，传统代建模式也暴露了很多问题，如由于产业工人不足，数字化和数据应用程度低，信息不对称，信息"孤岛"问题突出，导致信息沟通不畅，各部门之间协调难度大、成本高，管理效率较低，且过度依赖人的管理经验，对整体项目管理信息源掌握有局限，全过程项目管理工程资料纸质档案较多、容易丢失等问题突出，不符合绿色环保低碳理念，对投资的科学决策、目标管控和风险防控预见性较弱等问题。

　　本书正是基于认真贯彻落实党的十八届五中全会精神牢固树立和自觉践行"创新、协调、绿色、开放、共享"的五大发展理念、十九届四中全会提出推进数字政府建设、十九届五中全会提出加快数字化发展等的科学决策部署，结合2020年7月由住建部、发改委、科技部等十三部门共同发布《智能建造与建筑工业化协同发展的指导意见》和住建部《"十四五"建筑业发展规划》等文件精神，坚持新发展理念，坚持以供给侧结构性改革为主线，围绕建筑行业高质量发展总体目标，以大力发展建筑工业化为载体，以数字化、智能化升级为动力，创新突破相关核心技术，加大在工程建设各环节应用，形成涵盖科研、设计、生产加工、施工装配、运营等全产业链融合一体的建筑行业智慧体系，深化项目管理代建体系理念。本书作者通过基于国家、省、市重点公共建筑的实际项目案例，基于自动化、BIM、CIM和区块链等课题的关键技术研究应用，结合相关制度、流程、表单等标准化、数字化、智能化应用，通过一体化建设项目智慧协同管理平台系统的构建应用等，推动实现工程区块链项目全生命周期的协同管理：包括前期、采购、勘察、设计、施工、竣工验收、结算、运维等数字化信息上链，实现项目数字化信息完整性、机密性及时效性的需求。

　　本书首次创新提出"传统代建"向"智慧代建"的数字化转型升级，推动实现代建项目管理模式创新和技术创新，提出了建设项目"智慧代建1＋1＋6＋N管理体系"以及关键技术措施，其中"智慧代建1＋1＋6＋N管理体系"推行"智慧代建"管理模式，以"制度流程化、流程表单化、表单标准化、标准信息化、信息数字化、数字智能化"六化30字方针，为搭建基于CIM的建设项目协同管理平台系统，实现"数据一个库、监管一张网、管理一条线"，打造项目智慧协同管理体系，将建设项目管理从传统管理模式向"数据一个库、监管一张网、管理一条线"的智慧管理模式转变，落实新发展理念推动实现"智慧代建"建设项目管理高质量发展目标提供技术支撑。同时，"智慧代建1+1+6+N管理体系"的有效应用，可推动打破各单位、部门、人员、人与物之间等的各种信息"孤岛"壁垒，为打造和实现代建单位与政府部门、业主、各参建单位、各项目工地之间以及代建单位内部之间的信息互联互通、综合应用的一体化协同监管的智慧平台系统提供理论、技术和制度保障。

基于CIM建设项目智慧协同管理平台系统主要功能是借助区块链、BIM、CIM等关键技术实现数据协同和业务协同，推动实现"数据一个库、监管一张网、管理一条线"的管理目标，满足代建项目"数字化、可视化、智能化、无纸化、移动化"的绿色、低碳、智能和移动办公管理功能要求。一是实现数据协同。（1）数字孪生：以通过信创认证的国产化区块链平台、CIM平台及服务器等为基础，解决"卡脖子"的核心技术问题；（2）协同管理：包含项目信息、人员管理、监督检查、质量安全、文明施工，解决了人员防疫数据、监测数据、检测数据、监督整改数据等的汇聚、融合、展示，提升代建单位对代建工程项目的现场管理水平，实现工程安全质量问题闭环处理，有效预防和避免安全质量事故的发生；（3）AI识别：通过视频监控系统提供的图像结合AI算法，实现AI行为识别预警功能。二是实现业务协同。（1）远程监管：通过无人机自动化巡检、720全景（水平360°和垂直360°环视）实现项目现场电子远程监管、应急联动联调；（2）物联管控：通过工程现场物联网设备对接实现工程在线动态监控、智能监测预警。可实现政府（社会）投资工程建设项目的全生命周期管控的可视化、标准化、精细化和规范化，基于区块链CIM的建设项目"智慧代建1+1+6+N管理体系"具有推动实现"项目全覆盖、过程全记录、结果可追溯"的优点，为实现工程项目规划、投资、建设、运营管理的"数据一个库、监管一张网、管理一条线"提供支撑，也是实现政府或社会投资项目管理从传统方式向智慧方式的优化、协同、高效和科学决策的新模式、新举措。

本书能够顺利编写完成，期间得到了中国工程院院士何镜堂和中国建筑业协会原会长、住房和城乡建设部原总工程师王铁宏的精心指导并作序，得到了单位领导、同事和华南理工大学建筑设计研究院有限公司、中国建筑工业出版社、参与课题研究的研究单位、相关参建单位、社会专家等的大力支持帮助，随着代建制数字化转型升级，我们计划将陆续总结出版有关智慧代建系列丛书：代建单位建设管理经验、绿色、低碳、近零碳示范建筑和智慧医疗建筑等，希望能够继续得到大家的支持和帮助。同时，我们根据住建部《"十四五"建筑业发展规划》要求，后续会积极推进建筑机器人在生产、施工、维保等环节的典型应用研究，重点推进与装配式建筑相配套的建筑机器人应用，辅助和替代"危、繁、脏、重"施工作业。推广智能塔式起重机、智能混凝土泵送设备等智能化工程设备，提高工程建设机械化、智能化水平；后续要努力开展绿色建造示范工程创建行动，提升工程建设集约化水平，实现精细化设计和施工，努力探索推进部分公共建设项目实现全生命使用周期多功能可转换的绿色低碳的建筑设计理念，延长公共建筑使用寿命，有效避免大拆大建、节约造价、减少碳排放等。建筑业的未来已来　数字产业化、产业数字化，将助力绿色、低碳、智慧的智慧代建数字化转型升级，推动实现"数据多跑路、群众少跑腿"，助推智慧代建数字化转型升级的建设项目管理高质量发展。

　　由于作者水平和能力有限，文中错误在所难免，敬请大家批评指正，多提宝贵意见，不胜感激。

2022 年 2 月

目　录

第1章 概 述

智慧代建遵循大力应用创新技术，深化项目管理代建体系理念，结合广州市重点公共建设项目管理中心（以下简称"中心"）以往实际项目案例，深挖行业痛点、难点，认真梳理总结建设管理经验，提出"智慧代建"概念和"智慧代建1＋1＋6＋N管理体系"，大力推动"传统代建"向"智慧代建"数字化转型升级，为"智慧代建"建设项目管理高质量发展提供了强大技术支撑，对实现各参建单位信息互联互通，协同监管，具有较高的推广应用价值。

1.1 政策背景

1.1.1 国家数字化发展相关政策

在党的十九大报告中明确提出：我国经济已经由高速增长阶段转向高质量阶段，需要善于运用互联网技术和信息化手段开展工作。习近平总书记强调，要把学习党史同总结经验、对照现实、推动工作结合起来，把前人的智慧和经验转化为我们解决实际问题的能力水平，转化为推动事业发展的强大动能。党中央高度重视数字化发展，提出实施国家大数据战略，加快建设数字中国。党的十九届四中全会提出推进数字政府建设，党的十九届五中全会提出加快数字化发展，国家"十四五"规划中明确提出加快建设数字经济、数字社会、数字政府，以数字化转型整体驱动生产方式、生活方式和治理方式变革，国务院办公厅印发的《关于促进建筑业持续健康发展的意见》（国办发〔2017〕19号）就建筑市场模式改革以及政府监管方式改革等作出了明确规定，要求政府投资工程应完善建设管理模式，带头推行工程总承包EPC模式。住建部《"十四五"建筑业发展规划》明确要求要积极推进建筑机器人在生产、施工、维保等环节的典型应用研究，重点推进与装配式建筑相配套的建筑机器人应用，辅助和替代"危、繁、脏、重"施工作业。推广智能塔式起重机、智能混凝土泵送设备等智能化工程设备，提高工程建设机械化、智能化水平等。

1.1.2 广东省数字政府——智领粤政、善治为民

2021年7月，广东省政府印发《广东省数字政府改革建设"十四五"规划》，提出到2025年，全面建成"智领粤政、善治为民"的"广东数字政府2.0"，打造"数据＋服务＋治理＋协同＋决策"的政府运行新范式，不断提高政府履职的"信息化、智能化、智慧化"水平，持续提升群众、企业、公职人员获得感，有效解决"数字鸿沟"问题，加快实现省域治理体系和治理能力现代化，实现政务服务水平、省域治理能力、政府运行效能、数据要素市场与基础支撑能力在全国"五个领先"。

1

1.1.3 广州市智慧城市相关政策

2021年5月，广州市政府印发《广州市进一步加快智慧城市建设全面推进数字化发展工作方案》，明确广州未来3年在信息基础设施、统一支撑平台、城市服务、产业支撑、城市治理等领域的重点建设任务，高标准打造数字政府、数字经济和数字社会三位一体的广州智慧城市，建设具有经典魅力和时代活力的"智慧之城"。2021年11月，广州市住建局发布《广州市基于城市信息模型的智慧城建"十四五"规划（征求意见稿）》，明确提出基于城市信息模型的六个重点发展领域和三大重点产业建设。

1.2 行业背景

2004年4月《国务院关于投资体制改革的决定》（国发〔2004〕20号）正式提出了"代建制"的概念。代建制是指政府通过招标或委托的方式，选择专业化的项目管理单位（以下简称代建单位）负责项目的投资管理和建设组织实施工作，项目建成后交付使用单位的制度。

相较于以往政府投资项目由行政部门组建基建指挥部（办公室）的方式来组织建设的模式，代建制可有效降低投资失控、工期拖延、质量不保等不良现象的产生，前者往往被诟病为"项目开了搭班子，工程完成散摊子""只有一次教训，没有二次经验"。

但是，代建制并不能一劳永逸地解决建设项目管理中的所有问题，尤其是随着建筑规模及建筑复杂程度的不断提高，传统代建模式也暴露出了很多问题，如由于数字化程度低，数据应用程度低，信息不对称，信息"孤岛"问题突出，导致信息沟通不畅；项目建设信息化手段（BIM、CIM、区块链、大数据、云计算、人工智能、5G、物联网等）的应用程度较低；各部门间协调难度大、成本高，管理效率较低，且过度依赖人的管理经验，对整体项目管理信息源掌握有局限，对投资目标和风险防控预见性较弱。

1.2.1 国际背景

国际上，政府作为投资方，通常不直接参与项目管理的具体工作，而是委托咨询公司对项目实施全过程的监督与协调管理。部分国家建管模式的种类和特点如表1.2-1所示。

国际上有关政府投资项目管理模式特点　　　　　　　　　　表1.2-1

国家	美国	英国	日本	新加坡
代建机构	不同的项目实行相对集中的不同的专业化机构进行管理	公共建筑部门负责经营管理，私人工程公司负责建设（建、管分离）	采取企业化经营管理	新加坡住房及发展委员会作为政府直接负责管理
招标管理形式	不以"最低价"中标，而是将对承包商的信用评价和中标价格进行综合权衡	建立政府监督管理下私人资本对公共设施建设一体化的管理模式	采用"低价中标"原则，但属于低于成本价的倾销时，不能中标	规划、设计、现场监督、管理工作均由（HDB）承担，招标选择经（CIDB）认可的政府公共工程承包商负责项目施工

在信息化应用方面，BIM 的概念提出将近 40 年，早在 2003 年，美国总务署（GSA）为了提高建筑领域的生产效率、提升建筑业信息化水平，推出了全国 3D-4D-BIM 计划。英国、日本、新加坡、韩国等政府积极主导推进 BIM 应用。

1.2.2　国内现状

2004 年，国务院颁布《国务院关于投资体制改革的决定》明确指出对非经营性政府投资项目加快推行"代建制"后，解决长期存在的"四超"等方面问题，取得了明显成效。我国部分重点地区政府的招标建管模式种类和特点如表 1.2-2 所示。

我国不同地区政府的建管模式　　　　　　表 1.2-2

地区	香港	广东	深圳	广州	厦门	上海
代建机构	香港特区政府设立工务局直接管理	广东省代建局直接管理模式	市政府直属单位深圳市建筑工务署	广州市重点项目管理中心等	厦门市重点建设项目办公室	政府所属公司为代建方的企业型代建模式
招标管理形式	公开招标,采用最低价中标原则	采用直接管理模式,提高政府投资效率	采用直接管理模式为主;部分项目组织实施代建	采用直接管理的工程管理部和指挥(组)模式,提高效率	市级政府投资项目建设工程代建单位"短单名录"中选定	在大部分政府投资项目领域实施了所有权与使用权分离的政策

以上模式各有所长、各有利弊，在信息化应用方面也各有特色。目前，深圳市正着手建立基于 BIM 技术的工程建设项目生命周期智慧审批平台，要求在全市工程建设项目审批中应用 CIM 技术，将构建 BIM 技术与 CIM 技术交融互通的建筑工程大数据系统；广州市正在积极开展 BIM/CIM 技术产业研究，计划开展以 CIM 技术为数字基础的城建系统智慧城市建设"十四五"规划研究，开展 BIM/CIM 技术应用产业研究，推进试点项目实施，华南理工大学广州国际校区一期工程将开展竣工验收阶段基于 BIM 三维模型进行竣工辅助验收和 CIM 平台应用。

我国建筑行业快速发展，基础设施建设项目规模庞大，以 BIM、CIM 为主要技术应用的建筑行业智慧化正快速发展，2020 年 7 月，住建部、发改委、科技部等十三部门共同发布《智能建造与建筑工业化协同发展的指导意见》，指出坚持新发展理念，坚持以供给侧结构性改革为主线，围绕建筑行业高质量发展总体目标，以大力发展建筑工业化为载体，以数字化、智能化升级为动力，创新突破相关核心技术，加大在工程建设各环节应用，形成涵盖科研、设计、生产加工、施工装配、运营等全产业链融合一体的建筑行业智慧体系，提升工程质量安全、效益和品质，有效拉动内需，培育国民经济新的增长点，实现建筑行业转型升级和持续健康发展。2020 年 9 月，以"智慧赋能、产业革新、城建新未来"为主题的广州建筑行业智能化产业联盟成立。

1.3　现状及存在的主要问题

后续将基于"智慧代建"理论体系，结合中心代建项目管理现状，基于前期研究成果，将中心现有五个信息系统（OA、BIM、CIM、工程管理系统、智慧工地）进行融合、提升，构建"基于 CIM 建设项目智慧协同管理"平台系统，实现"数据一个库、监管一张网、管理一条线"的管理目标，满足中心代建项目"数字化、可视化、智能化、无纸化、移动化"的管理要求。

通过理论体系研究和项目实践探索，在中心内部打造一支国内一流的智慧代建项目管理团队，树立代建行业新标杆；时刻加强与上级管理部门沟通交流，扩大智慧代建体系影响力；积极带动代建领域咨询、设计、施工、监理等单位广泛参与，努力推动营造蓬勃发展的智慧代建行业新生态。

传统代建行业与中心历史现状，从立项到运营维护等环节是由不同部门分工完成，简称"项目部组"管理模式，数字化程度低，数据应用程度低，信息不对称，信息"孤岛"问题突出，导致信息沟通不畅；项目建设信息化手段（BIM、CIM、区块链、大数据、云计算、人工智能、5G、物联网等）的应用程度较低；各部门间协调难度大、成本高，管理效率较低，且过度依赖人的管理经验，对整体项目管理信息源掌握有局限，对投资目标和风险防控预见性较弱。

政府投资项目代建管理在不同时期的管理模式均发挥不同的积极作用，但也客观存在以下来自内部和外部的制约因素。

1.3.1 准入标准和运作机制未统一

未建立统一的代建资质准入标准和市场化运作机制，国内暂无以特定的形式发布，由主管机构批准的作为共同遵守的准则和依据的代建资质准入标准，还未拥有统一的依靠价格、供求、竞争等市场要素的相互作用，自动调节生产经营活动的市场运作机制。

1.3.2 科学决策和需求稳定待加强

项目决策阶段的科学性和业主需求的稳定性需进一步加强，科学决策的重要性在于科学决策具有程序性、创造性、择优性、指导性。按照一定的程序，充分依靠领导班子、集体智慧，正确运用决策技术和方法来选择行为方案。

1.3.3 数据信息未互通、智能化水平低

代建项目管理过程中互联互通不畅，信息化、智能化水平低，数据信息"孤岛"现象突出，在信息化建设高速发展的当下，信息"孤岛"现象普遍存在于各行各业，信息孤岛是指相互之间在功能上不关联互助、信息不共享互换以及信息与业务流程和应用相互脱节的计算机应用系统，代建项目管理过程中业主、代建单位、勘察、设计、施工、监理、检测、监测等单位信息化系统各成体系，孤岛现象尤为突出。

1.3.4 激励与惩罚机制未健全

项目完工后总结提升不够，项目管理后评价的激励和惩罚机制不健全，健全的激励和惩罚措施可以保证代建项目管理过程中各类组织最有效率地运行，加快项目建设效率。

1.3.5 项目管理档案资料易丢失

全过程项目管理工程资料纸质档案较多、容易丢失等问题突出，还有不符合绿色、环

保、低碳理念等问题。工程档案是指在工程建设活动中，直接形成的具有归档保存价值的文字、图表、声像等各种形式的历史记录。工程档案既具有档案的一般性，可以作为追溯的根据和凭证；又具有自身的特殊性，即实体作业的技术依据，如维护、管理、改扩建中的根据和设计、施工技术凭证等。它是工程建设项目管理过程中的重要组成部分。管理意识的淡薄、机制不健全、技术手段的落后均极易造成档案丢失。

1.3.6　人员协调管理难度大

人员管理协同意识不强，协调难度大，成本高，要纵观全局，以工程建设总体目标为前提，结合工程现场的具体特点和实际情况，对工程施工的每一个过程、每一个环节，制定相应的人员管理措施，树立以点带面的样板示范效应，降低协调难度，把好成本关。

1.3.7　人员培训未统一标准

目前，还没有统一的对项目管理的人员培训标准，包括对管理人员、技术人员和工人的培训标准。人员培训要认真学习执行国家和地方政府有关的劳动法、建筑法及相关政策，以及各单位制定的生产安全制度，贯彻落实"质量第一、安全第一"的方针，要求讲究职业道德，工作扎实求精，对本职工作高标准，严要求。

1.3.8　未构建完善的智慧协同管理平台

目前，未构建提供领导及时科学决策的各参建单位包括各行政主管部门共同参与的智慧协同管理平台。在工程信息化建设中，视频监控系统、视频会议系统在工程项目管理等方面发挥着重要作用，但单一的系统已无法满足实时掌握工程现场情况的各类数据信息的需求，构建能提供领导及时科学决策的由各参建单位包括各行政主管部门共同参与的智慧协同管理平台刻不容缓。

第 2 章　解决问题的理论体系和
关键技术措施

　　为解决综上所述问题，本书提出了建设项目"智慧代建 1＋1＋6＋N 管理体系"以及关键技术措施，其中"智慧代建 1＋1＋6＋N 管理体系"推行"智慧代建"管理模式，以"制度流程化、流程表单化、表单标准化、标准信息化、信息数字化、数字智能化"六化30 字方针，为搭建基于 CIM 的建设项目协同管理平台系统，实现"数据一个库、监管一张网、管理一条线"，打造项目智慧协同管理体系，将建设项目管理从传统管理模式向"数据一个库、监管一张网、管理一条线"的智慧管理模式转变，落实新发展理念推动实现"智慧代建"建设项目管理高质量发展目标提供强大技术支撑。同时，基于 CIM 的建设项目"1＋1＋6＋N"协同管理体系打破了各单位、部门、人员、人与物之间等的各种信息"孤岛"壁垒，为打造和实现代建单位与政府部门、业主、各参建单位、各项目工地之间以及代建单位内部之间的信息互联互通、综合应用的一体化建设项目智慧协同管理平台系统提供理论、技术和制度保障。

　　借助 BIM、GIS、CIM 等新技术应用赋能，可实现政府（社会）投资工程建设项目的全生命周期管控的可视化、标准化、精细化和规范化，基于 CIM 的建设项目"智慧代建1＋1＋6＋N 管理体系"具有推动实现"项目全覆盖、过程全记录、结果可追溯"的优点，为实现工程项目规划、投资、建设、运营管理的"数据一个库、监管一张网、管理一条线"提供强大支撑，也是实现政府或社会投资项目管理从传统方式向智慧方式的优化、协同、高效和科学决策的新模式、新举措，具有较高的推广应用价值，助推建设项目管理的高质量发展。

2.1　传统代建与智慧代建概念

　　目前，从研究来看，国内文献对智慧工地建设中关于"人、机、料、法、环"数据信息的协同管理研究较少，主要研究集中于基于 BIM 的信息协同，但要实现基于 BIM 的信息协同，需要建模精度相当高的 BIM 模型，在目前国内项目中存在适用的局限性。对智慧工地建设也大多停留在总承包的视角，少有站在整体项目管理高度。除文献外，国内大多数软件厂商推出了自己的智慧工地管理系统，包括劳务管理系统、塔式起重机管理系统、视频监控管理系统等，也有一些集成管理平台，但是缺少对项目的需求分析、管理机制和个性化定制研究。

　　基于大量建设项目管理经验总结以及创新专项研究与关键技术研究成果在建设项目管理中的应用基础上，2018 年 12 月 14 日，在广州市建设工程项目代建局（简称"市代建局"）单位内部学术交流讲座上，刁尚东博士首次创新提出"传统代建"和"智慧代建"的概念，通过对智慧建设理论的研究，了解到智慧建设理论的核心思想是充分利用 BIM和物联网等先进信息、网络技术手段，使工程项目全生命周期的各个环节高度集成，对不同参与方的个性化需求作出拟人的智慧性响应，为不同阶段的参与方提供便利，从经济和环保的角度保障工程项目全生命周期的可持续性发展，同时，充分保障建设者、使用者和项目本身的安全，同步提出了"智慧代建 1＋1＋6＋N 管理体系"。在此基础上，中心通过进一步理论研究和建设项目管理实践探索，不断深化"智慧代建"理论体系。

"传统代建""智慧代建"两种管理模式差异分析如表 2.1-1 所示。

"传统代建"和"智慧代建"管理模式的差异分析　　　　　　　　　　表 2.1-1

模式	组织架构	信息化、数据应用程度	BIM 技术应用	协调难度	管理效率
传统代建	从立项到运营维护等阶段由不同部门完成的管理模式	信息化程度、数据应用程度及价值低	基本不用 BIM 技术或协调难度大、成本高、应用程度低	协调难度大、成本高	管理效率较低，对整体项目管理信息源掌握有局限，对投资目标和风险防控预见性较低
智慧代建（智慧管理＋智慧工地）	从立项（或设计）到运营维护由同一机构完成为主，或指挥部（组）管理模式	信息化程度、数据应用程度及价值高	采用 BIM 技术解决设计施工错、漏、碰的问题，提高效率、降低成本	协调难度小、成本低	管理效率高，可实现对项目管理的整体把控，对投资目标和风险防控预见性较高

2.1.1　传统代建

"传统代建"是指信息化程度较低的以传统方式管理为主的一种代建管理模式。

2.1.2　智慧代建

"智慧代建"是指采用新 IT 技术（云计算、大数据、物联网、人工智能、区块链等），以数据（DT）为核心的信息化管理为主的一种代建管理模式。

2.2　创新专项研究与关键技术研究内容及方法

2.2.1　创新专项研究

2.2.1.1　智慧城区专项研究

1. 智慧城区（简称"城区"）需求分析

金融业是生产性服务业最高端的一部分，它需要依托基础设施最发达的国际性都会中心区，以提供资金交易所需要的软硬件设施，为区域提供金融服务所需要的便捷交通，保障人才的供给以及他们所需要享受的高端优质生活等综合性服务。

在人力成本上涨、能源稀缺、经济结构升级的背景下，智能化不可缺，智能化将推动经济中各环节产业升级，如在智能电网、智能交通、智能金融、智能医疗、智能建筑、智能能源中，智能化发展将推动产业效率提升、成本降低和安全保障，智慧城市和智慧城区也由此酝酿而出。

"智慧城区"在广义上指城区信息化,即通过建设宽带多媒体信息网络等基础设施平台,整合城区信息资源,建立电子商务等方面的信息化社区,逐步实现经济和社会的信息化,使城区在信息化时代的竞争中立于不败之地。

随着科技发展,智慧城市及智慧城区的建设成为新一轮城市和经济发展的重要推动力,国内外掀起智慧城市建设热潮。本项目在智慧城市建设中首先弄清楚智慧城市的内涵、特点和基本要素,研究智慧城市建设发展的规律,充分借鉴全球智慧城市的建设经验,结合广州特色,为广州智慧城区的建设探索道路。

1)研究的对象、目的和原则

广州某智慧城区以传统型银行业、证券期货、保险及其他金融服务为基石,着力打造资产管理服务,吸引大型金融机构及相关企业总部,以创新性财富管理、绿色金融、蓝色金融、外向金融、普惠金融为亮点;重点发展贸易金融、创意金融、科技金融、会展金融、航运金融、物流金融。期望打造成国际债券交易中心,金融知识产权实验区,风险投资、股权投资集中发展区,东南亚、华南国际金融教育培训基地。

目前对于金融中心的定义在国际国内还没有统一的认识,我国有关金融中心的话题由来已久,特别是最近几年有关建设金融中心的争论更是一浪高过一浪。金融中心是社会分工和城市化进程演化的必然结果,它起着提高交易效率、减少交易成本以及外部性经济的作用。尤其是外部性经济作用对拉动城市金融市场发展具有重大的意义,对于 GNP 总量、金融活动量、金融中心所在地国内银行与国际银行的联系程度等方面有显著的作用。

金融中心信息化是利用计算机技术、网络技术、数据库技术等多项信息化技术,对金融中心区域内所发生的生产经营活动、生活行为进行有效的控制、集成、优化,从而达到便民、惠民的目的,其服务对象主要是金融区域内的产业、民生以及政务三个方面。便民是指让区域内人们工作和生活的质量提高、工作和生活的成本合理,社会管理先进、整个社会秩序良好,公共服务质量效率提高;惠民是指金融中心以人为本,从一个城市人民利益出发提高其工作生活质量、效率的同时,耗费相对少的成本。

金融中心的信息化分为广义和狭义之分,狭义的信息化对象仅仅是作用于金融产业,是以金融中心内企业业务流程的优化和重构为基础,在一定的深度和广度上利用信息化技术,控制和集成化管理企业生产经营活动中的各种信息,实现企业内外部信息的共享和有效利用,以提高金融中心内部企业以及整个金融中心整体的经济效益和市场竞争力。

2)智慧城市的发展综述

(1)智慧城市的起源

"智慧城市"一词首次出现在 1984 年美国拉斯维加斯某家以智慧城市命名的产业技术协会组织,欧盟在 2007 年的《欧盟智慧城市报告》中率先提出"智慧城市(Smart City)"的创新构想,2009 年 IBM 首席执行官彭明盛首次提出"智慧的地球"。国家总理温家宝在 2009 年北京科技界大会题为《让科技引领中国可持续发展》的报告中,诠释了"物联网""智慧地球"等与智慧城市密切相关的关键概念,标志"智慧城市"的研究引起国家层面的重视。从 2010 年开始,智慧城市指标体系进入了研究者视野,中国智慧工程研究会发布了"中国智慧城市(镇)科学评价指标体系"、上海浦东新区发布了"智慧城市指标体系 1.0"。2010 年,中国智慧工程研究会制定制定了《中国智慧城市(镇)建设行动纲要(建议案)》,提出未来 5 年发展 100 个智慧城市(镇)、200 个智慧城区示范区的建设构想。可以预见，在未来的几十年内，智慧城市的建设和发展将成为国内新一轮城市发展与转型的创新点和有力支撑。

（2）智慧城市的定义

什么是智慧城市呢？IBM 认为："智慧城市"是运用信息和通信技术手段感测、分析、整合城市运行核心系统的各项关键信息，从而对包括民生、环保、公共安全、城市服务、工商业活动在内的各种需求作出智能响应。北京大学朱跃生教授认为：数字城市＋物联网＋云计算＋移动互联网＝智慧城市。胡宝钢教授认为：智慧城市就是对于城市发展过程的集成和复合，即智慧城市是对工业城市、信息城市、互联城市、智能城市、数字城市五个阶段的集成和复合。国脉互联认为：智慧城市的本质特征是更加透彻的感知、更加广泛的联结、更加集中和更有深度的计算，智慧城市的"智"指智能化、自动化，是城市的智商；"慧"指灵性、人文化、创造力，是城市的情商。综上所述，我们认为智慧城市是人类城市建设的延续，是从工业城市、信息城市一直到数字城市发展到更高阶段的必然产物。其本质特征是以传感器、物联网、高速无线信息基础设施为基础，以精细、准确、可靠的传感网、互联网等多网融合为传感经络，以数据挖掘、云计算、模糊识别、智能技术等为神经中枢，以智慧经济、智慧产业、智慧技术、智慧管理、智慧服务、智慧医疗、智慧校园、智慧生活等为重要内容的城市发展新模式和新形态。总之，智慧城市是人类城市化进程中，实现人与环境、人与城市、人与自然高度融合、协调发展的更高阶段。

（3）智慧城市的特征

特征 1：全面感知。更全面、更透彻的感知是智慧城市的基础，也是其基本特征，即利用各种传感技术和设备，使城市中需要感知和被感知的人与物可以相互感知，且能够随时获取需要的数据和信息。要想实现全面、透彻的感知是一项非常艰巨的任务，传感技术和设备的发展是关键，传感设备在智慧城市中的广泛嵌入是基础，传感设备在智慧城市中的广泛嵌入形成了智慧城市的"感觉器官"。

特征 2：可靠传递。在广泛的联结基础上形成可靠传递是智慧城市的基本特征之一，即融合移动互联网、电信网、互联网、物联网形成泛在化的网络承载系统，并安全、可靠地将各种采集信息和控制信息进行实时、准确的可靠传递。基于广泛联结的可靠传递是智慧城市的信息来源的基础，广泛联结如同智慧城市的"经络"，而可靠传递如同智慧城市传递来自外界的准确"刺激"信息，是智慧城市对外界信息的准确通信。

特征 3：智能处理。更加集中和更有深度计算的智能处理能力是智慧城市的基本特征之一，即利用云计算、数据挖掘、智能模糊识别等各种智能计算技术，对海量的数据进行快速、集中、准确的分析和处理，并作出智能化的控制与处理。对海量的数据，利用数据挖掘、云计算、模糊识别等智能技术对其进行智能化的处理是实现智慧城市的关键和标志，是智慧城市区别于数字城市的关键点。

特征 4：人性化管理与服务。智慧原本是对人的灵性的描述，现在移植到城市建设之中，其目的是要实现城市的智能化、自动化、智慧化、人性化等，即城市像人一样也有灵性也有智慧。当城市的运行建立在全面的感知、可靠的传递以及智能的处理基础之上时，城市也如同人一般具有了灵性和智慧——智慧城市。

（4）智慧城市的要素构成

要素 1：智慧城市的"躯体"：感知基础层。感知基础层是智慧城市的"躯体"与"感觉器官"。传感设备在智慧城市中的广泛嵌入形成了智慧城市的"躯体"与"感觉器官"，感知基础层的功能是收集现实世界中发生的物理事件和数据，包含各种物理信息量、坐标信息、身份信息、声音、视频数据等，感知基础层成了决定物品是否能感知、能说话的前提条件。数据采集与执行主要是运用智能传感器技术、身份识别以及其他信息采集技术，对物品进行基础信息采集，同时接收上层网络传来的控制信息，完成相应执行动作。物联网的数据采集涉及传感器、RFID、互联网、通信网等数据采集、二维码和实时定位等技术。感知基础层使整个城市有了"躯体"和"感觉器官"，整个城市既能向网络表达自己的各种信息，又能接收网络的各种控制命令。

要素2：智慧城市的"经络"：网络中间层。网络中间层是智慧城市的"经络"，即信息传导系统。它将完成整个城市甚至整个国家范围的信息传递与沟通，通过移动互联网、电信网、互联网、物联网形成泛在化的网络承载系统，并安全地将各种采集信息和控制信息进行实时、准确、可靠的传递，把信息安全、快捷、可靠地传送到城市的各个地方，使物体自己之间能远距离、跨领域通信，从而实现城市之间甚至全球范围内的通信。网络中间层形成了智慧城市的"经络"，"经络"的形成使信息传递有了通道，智慧城市中可靠的传递是智慧城市的基本特征之一，强大的网络中间层是智慧城市可靠传递的保证。

要素3：智慧城市的"大脑"：智慧应用层。智慧应用层是智慧城市的"大脑"。智慧应用层对海量的数据进行快速、集中、准确的分析和处理，并做出智能化的控制与处理，完成物体信息的采集、分析、决策等功能，智慧应用层是物联网的控制层、决策层。物联网的最终服务对象还是人，其目的是要实现城市的智能化、自动化、智慧化、人性化等，智慧原本是对人的灵性的描述，现在移植到城市建设之中，城市也如同人一般具有了灵性和智慧。物联网的应用服务涉及当今生活、学习、工作的各个领域，如智慧校园、智慧医疗、智慧家居、智慧交通、智慧物流、智慧电网等。智慧应用层是智慧城市的"大脑"，智慧应用层使城市具有了灵性，实现了城市的智能化、自动化、智慧化，使城市更具有人性化和创造力。

2. 智慧城区信息化建设方案现状调查分析

通信网、互联网、物联网构成了智慧城市的基础通信网络，人与人之间的P2P通信扩展为机器与机器之间的M2M通信。本章通过调研不同设备商对智能城区的解决方案，了解不同建设方案在基础通信网络、体系架构等方面的规划方案，分析不同建设方案的特点及对信息工程基础设施的要求。

1）城区信息化及智能化建设模式分析

随着计算机技术的发展，城市信息化及智能化技术也在随之发展。政务、商务和民生等各行业越来越多地使用信息化系统和智能化系统进行管理，智慧城区的建设方案旨在整合不同的信息化功能，以实现城区或者城市的智能。

智能化分为个体智能化和系统智能化，未来发展方向是从个体智能化向系统智能化升级。系统智能化的本质是利用计算机技术、传感技术和控制技术，对系统中各对象的智能监控和智能控制。

从对城区信息化及智能化系统的建设模式角度看，可以分为个体智能化系统独立建设模式和智能化系统层次化统筹建设模式。

（1）个体智能化系统独立建设模式

独立建设模式中，由不同的机构分别建设和管理各自的智能系统，最高层的管理者通过合并报表，得出每个智能系统的运行情况。优点是构建简单，能在不干扰已有系统运行的前提下，增加新的智能系统。缺陷是各个智能系统之间各自为政，对基础设施没有统筹规划，可能导致重复建设的现象，因此比较适合处于原来没有智能化系统规划的旧城改造中的智能系统扩展。

（2）智能化系统层次化统筹建设模式

智能化系统层次化统筹建设模式对不同的智能系统进行统筹管理，虽然仍由不同机构分别负责各自的智能系统，但在建设之初便统一规划各智能化系统对信息化基础设施的要求，这种统筹规划将有效地减少将来的重复建设，从而节约成本，同时也便于管理，适合全新设计的智慧城区信息化建设。

2）广州某智慧城区信息化及智能化的建设模式分析

如前所述，智能化将推动产业效率提升、成本降低和安全保障，根据广州某城区的规划，地下空间及公共配套设施将配备大量智能系统，比如为了建设绿色能源，将有对应的统一控制调度系统、智能照明系统、智能制冷控温系统、内部能源循环利用系统、环境监测系统；和智能公交对应的交通方案实时决策系统、智能电子收费系统、公共交通控制优化系统、智能引导系统；和智慧社区功能对应的智能化订餐系统、商店寻址导航系统、水电气自动缴费系统、智慧医疗系统等。

这些系统开发部门不同，维护管理机构也不同，但是如果采用各系统自行规划的形式建设，在信息化工程规划和软件所用到的数据内容方面都会存在大量的重复建设现象；而集中式的建设则可以有效地避免重复建设，节省资金，提高效率。

硬件方面，以大量系统都要用到的网络为例，集中式建设模式下根据不同智能系统对网络的需求进行设计，包括光纤和无线接入点位置的分配等，各系统不需要自建网络，只需要按照规范使用即可。

软件方面，以大量系统都要用到的位置信息为例，集中式建设模式下可以将城区包括位置信息的数据统一建数据平台，提供合适的接口，各系统只需要经过统一的接口调用相关的数据即可。

本研究项目旨在提供一种可成长、可扩充、模块可重用的"智慧"框架，将由不同期不同开发团队开发的智能模块统筹在智慧城区中。广州某城区的建设虽然分步走，但是通过统筹规划智慧城区现在和未来若干年可能出现的各种智慧功能，将使城区的信息化有成长性和扩充能力，以减少重复建设，节约成本，实现绿色智能的目标。

3. 智慧城区信息化建设方案研究

智慧城区的核心是：①更透彻的感知；②更全面的互联；③更深入的智能化。在智慧城区建设中，表现为打造统一平台，设立数据中心，并通过分层分模块的建设模式和系统框架，使智慧城区的应用能面向未来，具有成长性和可扩充性。

本章参考专项规划设计书等资料，研究适用于城区地下公共空间及公共配套设施智慧城区的智慧体系结构及信息基础设施建设方案。

1）信息化需求规划要求及指标

对城区信息化需求规划包括基本通信和信息化方面的要求：

（1）基本通信要求

无线网：按 IEEE802.11 标准，使用 2.4GHz 频段，传输速度达到 54Mb/s 以上。

有线接入网：从综合业务承载、QoS 以及差异化服务考虑，以 FTTx 和 EPON 网络为主，提供 50～100Mb/s 的带宽，实现 FTTH。

传输网：全面使用 40G 设备，以节省端口、简化网络、提高效率、降低 OPEX、减少等价路由数量。

数据网：局域网实现带宽 1Gb/s，城域网实现带宽 50～100Mb/s。

移动核心网：全面实现 5G。

固定语音网：低速数据业务≤64kb/s，局域网互联≥2Mb/s，本地高速数据≥10Mb/s。

尤其注意无线网交通干线覆盖、无线网室内覆盖、WLAN 的规划、宽带接入网的规划、本地光缆的规划、固定语音网的规划以及金融大楼专题规划。

（2）特殊信息化

智慧城市：以客户体验为主、建设高品质的网络，紧密结合 LTE 技术，实现网络高速化、安全化。网络覆盖达到 98% 以上，实现连续化覆盖。

（3）信息化指标要求

光纤可接入覆盖率应在 99% 以上；

无线网络覆盖率应在 95% 以上；

主要公共场所 WLAN 应达 99% 以上；

NGB 覆盖率应在 85% 以上；

实现物联网、互联网、海量数据库、云计算平台的连接。

2）智能城区信息化建设方案及总体框架研究

对不同需求进行分析，总结出广州某智慧城区智能城区信息化系统的总体框架，如图 2.2-1 所示。

专用智能控制系统						公众通信与互联网系统				其他宜居智能服务系统				
建筑智能化集成系统	办公自动化系统	公共安全系统	智能电网系统	智能能源系统	智能交通等系统	电话与窄带互联网	移动通信网	宽带互联网	公共空间无线互联网	公共区间导引系统	智能环境调节系统	三维虚拟仿真系统	便民信息通报系统	智能家居等系统
信息系统公用平台：系统安全、公共数据信息系统、公共标识系统														
传输线路：光纤、综合布线系统、无线系统、控制线路														
物理环境：综合共同沟、信息系统专用管道、信息网络中心(数据中心、调度中心)、机房														

图 2.2-1　智能城区信息化系统的总体框架

信息化系统建设内容共分六大部分：物理环境、传输线路、信息系统公用平台、专用智能控制系统、公众通信与互联网系统及其他宜居智能服务系统。

其中，物理环境包括综合共同沟、信息系统专用管道、信息网络中心（数据中心、调度中心）、机房等；传输线路包括光纤系统、综合布线系统、无线系统、控制线路等；信息系统公用平台包括系统安全、公共数据信息系统、公共标识系统等；专用智能控制系统包括建筑智能化集成系统、智能交通系统、区域安防（公共安全）与视频监控系统等；公众通信与互联网服务包括电话与传统互联网、移动通信网、室内宽带互联网、公共区无线互联网等；此外，还有数字与高清电视系统等功能模块。

3）广州某智慧城区的基础设施及专用控制系统

（1）物理环境

① 综合共同沟

统一规划和建设广州某智慧城区基础通信管线共用管道。合理利用传输通道空间资源，统一提供电信网、有线电视网、计算机网、智能控制管理系统与市政设施的专用系统线缆的铺设。

② 信息系统专用管道

除主干道的综合共同沟外，还需在次干道及至每栋单体建筑铺设信息系统专用管道，供专用智能控制及计算机网络、公众通信与互联网服务以及数字与高清电视等系统使用。

广州某智慧城区是新开发地区，各类通信组网可按光纤接入一步到位，其管道容量可按下式确定：管道容量＝各通信管道需求＋预备管道＋其他需求。

③ 信息网络中心

结合广州某智慧城区的情况，以及信息化建设的要求，研究建议在广州某智慧城区建设三级公共机房，第一级是城区中心机房（数据中心，调度中心），负责整个智慧城区公共区域整个一级各系统的服务与管理；第二级为区域中心机房/重大建筑中心机房，负责该区内或重大建筑物内的各系统的监控管理；第三级为建筑物内的设备间，负责本栋大楼各系统的设备安置和管理。

在调度中心集成各相关控制系统的数据也显示，在各控制系统的独立系统基础上给出相应接口到调度中心，根据各控制系统的特征，有些系统在调度中心进行监控，有些系统在调度中心只监不控。

④ 机房

结合广州某智慧城区的建设要求，建议城区的机房面积按照综合布线标准《综合布线系统工程设计规范》GB 50311—2016，增加 50%。

（2）传输线路

符合国际标准一体化的综合布线系统可以为广州某智慧城区的计算机网络、有线电视、电信服务、建筑智能化集成及市政设施等提供统一的，同时兼顾灵活性和可扩展性的基础支撑平台。其主要包括以下各子系统：

① 光纤光缆系统；

② 各建筑物内综合布线系统；

③ 无线系统；

④ 建筑智能化集成及市政设施等的部分专用系统线缆等。

要在城区适当位置建立统一的机站平台，供各通信营运商架设天线，不能由各营运商自行无统一规划地建立天线平台。

（3）信息系统公用平台

信息系统公用平台主要功能为各种信息网络系统提供一个安全、高效、灵活的通信应用平台，利用此公用平台使得各种网络应用能从空间上实现灵活部署，从应用上具备基本个性化的通用智能标识，同时从安全上具备强有力的保障措施。

① 系统安全

广州某智慧城区的信息网络安全系统的建设至关重要。

考虑安全及不同应用需要，把信息网络系统分为 3 个独立的网络，包括：金融专用网络，电子政务网络，一般用户使用的网络。

应急处理措施：

➢ 建立应急预案，拟定各种意外情况出现的对应策略，以便快速处理，保障运行。

➢ 所有网络设备应设立备用设备，以实现快速更换。

➢ 针对各种系统、设备、区域设立专项管理人员，以便快速处理事件。

② 公共数据信息系统

建设能满足智慧城市应用需要的广州某智慧城区地理空间信息基础设施，逐步建立完备的城区空间数据库。

建设地理空间数据的共享体系和网络体系，为其他信息应用系统提供支持服务。

建设广州某智慧城区的基于各种专业和公用的应用系统，建设广州某智慧城区数字城市模型和仿真系统。

鉴于广州某智慧城区的地下空间特点突出，建议广州某智慧城区的城市地理信息系统的建设也必须循序渐进地进行。先建立城区空间信息基础设施和基础地理信息，以满足广州某智慧城区规划设计和建设管理的需求，然后逐步构建和完善空间数据库，建立各种基于 GIS 的信息管理应用系统、三维模型和动态视影仿真系统，最终为建成数字化城市提供完备的地理空间信息。

③ 公共标识系统

由于 RFID 技术目前已逐步普及应用，因此建议采用 RFID 技术，并应用于大楼出入口、停车场及相关位置，实现对以上位置出入人员身份的快速、安全检测和确认。

（4）专用智能控制及计算机网络平台

智能建筑的智能化系统工程一般由智能化集成系统、信息设施系统、信息化应用系统、建筑设备管理系统、公共安全系统、机房工程和建筑环境等构成。

信息化应用系统（ITAS）作为建筑智能化集成系统中的 ITAS，包含了所有的公用服务信息系统，分类合理但较为粗放，我们作单独的研究。

建筑设备管理系统（BMS）具有对建筑机电设备测量、监视和控制功能，确保各类设备系统运行稳定、安全和可靠并达到节能和环保。

按设备的功能、作用及管理模式，系统可分为以下子系统：

➢ 制冷系统；

➢ 空调系统；

➢ 电力系统（供配电监控系统）；

> 电梯管理系统；
> 给水排水系统；
> 照明控制系统。

公共安全系统（PSS）对火灾、非法侵入、自然灾害、重大安全事故和公共卫生事故等危害人们生命财产安全的各种突发事件，建立起应急及长效的技术防范保障体系，包括火灾自动报警系统、安全技术防范系统和应急联动系统等。

火灾自动报警系统须由专业独立部门进行设计和建设，并符合现行国家标准《火灾自动报警系统设计规范》GB 50116 和《建筑设计防火规范》GB 50016 等的有关规定。

安全技术防范系统依据被防护对象的防护等级、建设投资及安全防范管理工作的要求，综合运用安全防范技术、电子信息技术和信息网络技术等，构成先进、可靠、经济、适用和配套的安全技术防范体系。系统包括：

> 安全防范综合管理系统；
> 入侵报警系统；
> 视频安防监控系统；
> 出入口控制系统；
> 电子巡查管理系统；
> 访客对讲系统；
> 停车库（场）管理系统。

应急联动系统以火灾自动报警系统、安全技术防范系统为基础，在出现火灾、入侵报警、自然灾害、重大安全事故、公共卫生事件和社会安全事件时，启动消防-建筑设备联动系统、消防-安防联动系统、应急广播-信息发布-疏散导引联动系统等，指挥导引紧急疏散与逃生，对事故进行现场紧急处置。

（5）公众通信与互联网服务

广州某智慧城区公众通信与互联网系统的建设需求主要包括：

> 为城区内包括计算机、数字监控设备、服务器、PDA 等所有信息终端提供相互连接，并实现信息互通、资源共享、数据交互处理。
> 为城区的各种智能化系统相互通信提供通信平台。
> 为城区的中高档居住社区提供数字化社区基础通信平台。
> 通信网络系统除满足数据外还需要考虑数字化语音、视频信号等的传输要求。
> 利用统一建设的数字集群网络，满足城区各种数字语音传输。
> 利用 5G 通信技术，满足城区内部移动通信需求。

为满足相关服务提供要求，将相关业务分为以下几个部分：

> 电话与窄带互联网：由一个传统电信运营商建设，提供固定语音业务、XDSL 等窄带互联网接入数据业务、数据专线连接业务等。
> 移动通信网：由中国移动、中国联通等多家移动通信运营商建设，提供移动语音业务、移动数据业务、5G 业务等。
> 宽带互联网：由建设单位建设，委托一家独立运营商运营，提供高速接入、支持端到端的 QoS、宽带传输等新一代的宽带互联网。
> 公共空间无线互联网：由建设单位建设或一家独立运营商建设、运营，提供在城区

内部的公共开放空间等的宽带无线互联网接入服务。

① 移动通信网

移动通信网主要功能是提供由 GSM/CDMA/GPRS、WCDMA/CDMA2000/TD-SCDMA（5G 未确定）等网络组成的移动通信系统，形成一个跨越 2G、2.5G 及 4G、5G 的多层次通信网络。采用立体化的网络，融合大型基站、小区微基站、移动通信应急车等多种方式，进行全方位信号保障。要求移动通信网络都达到良好覆盖并保证突发通信容量的需要。主要业务包括：

➤ GSM 数字蜂窝移动通信业务；

➤ CDMA 数字蜂窝移动通信业务；

➤ 5G 数字蜂窝移动通信业务。

② 室内宽带互联网

广州某智慧城区内部有线网络覆盖主要根据城内不同建筑区域功能分别进行设计。

配套设施的有线网络主要考虑日常生活网络根据相关建筑功能按智能建筑标准进行设计。

光纤到户构建室内宽带互联网，组成各个专网。

③ 公共空间宽带无线互联网

无线网络的角色从有线网络的延伸和补充逐渐转变为独当一面和不可或缺。无线网络具有有线网络所不具备的优势：灵活、方便的部署方式可以使网络覆盖到城区的每一个角落。

WiFi 主要作为无线局域网范畴使用，而 WiMax 主要作为无线城域网范畴使用，两者存在互补关系。可以认为，WiFi 更适合在城市室内使用，而 WiMax 更适合在城市室外使用。针对城区不同区域范围的无线接入需求规划在后面章节详细说明。

④ 数字与高清电视系统

建设以高清电视为主的电视系统。

⑤（景观）标识指引与大屏幕显示系统

城区内的所有交通路口均需有明显清晰的标识指引；

各大楼主要入口设置大屏幕显示器，可观看滚动实事最新信息和其他有关信息；

所有重要岔路口设置聋、哑、盲、肢体残疾人的视、听交通指示引导；

提供具有语音交互功能的专用信息指引移动个人终端。

⑥ 高性能计算与网格技术

21 世纪高性能计算的趋势是与网络结合，特别是面向广域网的新技术。网格计算主要是指基于高性能互联网络实现的高端计算技术。网格计算可对互联网上的资源实现动态集成，为网上用户提供方便、灵活、安全的大规模、大范围、跨地域、跨管理域的资源与服务共享，用户可以从任何地方接入并可以访问网格上任何资源。

为了避免资源浪费，可以考虑采用网格技术来充分利用已有的计算资源和存储资源。如果来自政府、高校、科研单位的众多计算资源可以通过高性能互联网广域连接构成高端计算环境，则可为城区信息提供更多的计算资源、存储资源、功能和交互性，有效地支持大规模的数据处理、计算和展示等。目前，高性能计算在运动会的应用主要在于支持气象部门更准确地提供运动会期间的天气预报，随着高性能计算和网格技术的发展，可望在城区发挥更大的作用。

⑦ 智能交通

智能交通系统（Intelligent Transport System，简称 ITS）是在较完善的道路设施基础上，将先进的信息技术、通信技术、自动控制技术以及计算机技术等有效集成构造的地面交通系统。它能使交通基础设施发挥出最大的效能，提高服务质量，使社会能够高效地使用交通设施和资源，从而获得巨大的社会经济效益。

为城区提供方便、快捷、安全、经济、环保的智能化交通运输服务和综合交通信息服务。

为了高效地支撑 ITS 系统的运行，需要有比较完善的信息基础设施。如 GPS、移动通信、传感器网络、互联网等。监控中心是整个车辆监控调度系统的核心，其监控调度功能包含：

➢ 地图显示功能。可实现全屏显示、无极缩放、漫游、动态标记、分层显示。

➢ 信息查询。可随时查询驾驶员的信息、车辆信息等。

➢ 车辆监控。可实时接收移动车辆的定位数据，并将其通过坐标转换，由地理坐标变为屏幕坐标，在电子地图上以一定的符号显示出来。同时，也可通过侦听功能，了解车辆的状态。

➢ 遇险报警。驾驶员遇到险情后，可触动隐藏按钮，向控制中心报警。监控调度软件能以屏幕显示和声音提示管理人员。

➢ 车辆调度。遇有报警车辆时，调度人员可以搜索目标附近指定距离内的车辆，并指挥营救。正常情况下，调度人员可以根据驾驶员的要求和交通拥挤程度、交通限制情况，指导机动车选择最佳路径。

⑧ 智能家居系统

智能家居是一个利用先进的计算机、网络通信、自动控制等技术，将与家庭生活有关的各种应用子系统有机地结合在一起，通过综合管理，让家庭生活更安全、舒适、智能和节能的系统。与普通家居相比，智能家居不仅具有传统的居住功能，还能提供安全舒适、高效节能、具有高度人性化的生活空间，提供全方位的信息交换功能，帮助家庭与外部保持信息交流畅通，优化人们的生活方式，帮助人们有效地安排时间，增强家庭生活的安全性，并为家庭节省能源费用等。最终应满足：高度的安全性、舒适的生活环境、便利综合的数字社区服务、节能的家庭智能化系统的要求。

建议建设三个典型智能家居系统，主要考虑家居安防、环境控制及智能家务。

智能家居系统需求

➢ 设计配置以下子系统：家居布线系统、家庭局域网络及宽带网、电话通信系统、家庭办公系统、可视对讲（门铃）系统、智能灯光控制、家庭安防系统、家庭娱乐系统。

➢ 设计配置与所在小区结合安装的智能化子系统：小区报警系统（家庭报警点或接口）、三表抄送系统、小区物业管理系统、小区宽带增值服务（网上教育、网络游戏、VOD 点播、网上购物等）。

➢ 有条件的或对各子系统产品比较了解的用户可以选择家庭控制主机。

➢ 可以选择安装的其他家庭智能化设备和产品：家庭中央空调、整体厨卫产品、环境控制产品。

17

其中前两项是需要考虑的重点，综合布线更是智能装修核心。实现智能家居必须满足以下三个条件：a. 具有家庭网络总线系统；b. 能够通过这种网络（总线）系统提供各种服务功能；c. 能与住宅外部相连接。因此，家庭智能化装修的核心是家居综合布线系统。

⑨ 城区企业信息发布服务

为城内企业提供交流和展示的平台，提供统一门户网站，用于信息发布。

⑩ 公共服务信息公告系统

城区面积庞大，有近 $10km^2$，起步区有近 $1.4km^2$，将有几万人要工作和生活在这里，为了提供便捷的生活服务，城区公共服务信息公告系统的建设需要提供与广州市交通部门、气象部门、新闻部门等的数据接口，并以大屏幕显示、自助查询、短信服务等形式提供服务。

4）城区的智能环境控制系统

智能环境控制系统包括对环境中的温度、湿度控制，对环境照明亮度的控制，对空气质量的控制等，从而使环境满足人们生活工作对宜居和舒适度的要求。根据本项目的研究范围以及地下空间的特性，本章主要对智能照明系统以及智能通风系统展开说明。

（1）城区的智能照明系统

① 智能照明的必要性

根据西门子公司研究统计，照明用电量几乎占世界总用电量的 19%。当前世界能源需求的不断攀升和自然资源的日益枯竭，如何在保障正常照明需要的前提下，响应"节能减排"的号召，通过引入智能化照明技术，降低照明用电的使用量和提高照明电量的使用效率，具有非常大的社会价值和经济价值。

② 当前智能照明技术分析

智能照明技术不仅仅包含了照明灯具、照明光源等照明技术本身的进步，也包含了智能照明控制系统的相关技术。智能照明控制系统使用计算机网络、无线通信数据传输、扩频电力载波通信技术、计算机智能化信息处理及节能型电器控制等技术组成的分布式无线遥测、遥控、遥信控制系统，来实现对照明设备的智能化控制。智能照明控制系统可以根据环境变化和使用要求，自动调节灯光亮度的强弱、提供灯光软启动、定时控制、场景设置等功能，从而提供一个安全、节能、舒适、高效的照明系统。

智能照明是一个系统工程，主要包括：节能新光源的采用，传感器技术的采用，以及智能照明控制系统的采用。

a. 节能新光源的采用

光源是智能照明系统里面不可或缺的组成部分，它用简单的方式达到预期的节能目标。节能新光源主要是新型 LED 等，以及配合使用的智能镇流器等设备。

新型 LED 光源相比传统光源主要有以下优势：

➢ 节能，可以达到节电 70% 以上的效果。

➢ 寿命长，可实现连续工作时间 $10000h$ 以上。

➢ 适用性好，因单颗 LED 的体积小，可以做成任何形状。

➢ 回应时间短，是纳秒（ns）级别的回应时间，而普通灯具是毫秒（ms）级别的回应时间。

➢ 环保，无有害金属，废弃物容易回收。

➢ 色彩绚丽，发光色彩纯正，光谱范围窄，并能通过红绿蓝三基色混色成七彩或者白光。

智能镇流器主要为智能照明系统提供通信保障，实现光源的可控可管。智能镇流器一般要求实现以下功能：

➢ 提供电力载波通信，从而无需为智能照明控制系统专门铺设通信线缆。

➢ 支持远程调光，接受远程控制命令并返回自身状态，为实现智能照明控制提供基础。

➢ 自动控制功能（通信异常情况下本地控制策略可保证正常工作）。

b. 传感器技术的采用

智能照明系统中传感器的主要功能是采集各种有用信号，将非电量信号变换成电量信号，再将微弱信号进行放大。目前适用于 LED 智能照明的传感器有红外线传感器、超声波传感器、光敏传感器、照度传感器、声敏传感器等。它们能自动地收集人体的活动信息、光线的明暗变化的信息、声音响度变化的信息、物体位移的信息。传感器主要作用为收集光源环境信息，将这些非电量信号变换成电量信号，经智能处理后，提供控制系统或光源本地控制电路就能对照明灯具进行自动控制，开启或关闭 LED 照明灯具。

c. 智能照明控制系统

照明控制系统是一种智能化的装置，智能照明系统需要支持两种控制策略：一是支持预先设定的照明策略，根据集成管理软件中每日的预定时间表、每年的预定日程表以及假期、特定日期的安排表等进行时间程序编程，提供全年的照明计划安排表；二是根据传感器收集的环境信息，自动设定光源的开关和照明强度，从而智能地实现节能降耗的目的。

以城区为例，可以考虑实施多套智能照明控制系统，如：智能道路照明控制系统，地下空间内部智能照明控制系统，停车场智能照明控制系统等。

智能道路照明控制系统：可根据定制的照明方案，根据自然光照条件和气候条件，预设全年道路照明方法，系统根据方案自动对道路照明进行调控。此外，可以通过采用部署车流人流传感器，根据道路车流人流状况，自动调整照明情况。

地下空间内部智能照明控制系统：是建筑内智能照明系统的一种，由于地下空间的特殊性，导入自然采光成本较高，因此更多考虑采用传感器，或者根据人流量分布规律和流量变化规律合理制定照明计划。

停车场智能照明控制系统：可以通过传感器获取停车场某区域的环境信息，从而对该区域的照明进行智能控制，自动在正常照明模式和仅满足监控功能的省电模式之间进行切换。此外，可以使用红外光束探测和超声波测距来监控车位的占用情况，通过在车位上方提供多种颜色 LED 灯指示，方便引导车主停车，也可统计停车场日常的使用状况为开启或关闭部分停车区域提供判断依据。

③ 新型智能照明系统研究分析

a. 基于物联网的智能照明系统

传统智能照明系统，只提供到配电器或控制器的智能控制功能，只能实现对区域的整体照明控制。物联网概念的兴起和日益普及，为实现对单灯精确控制、传感器信息精确处理分析等细颗粒化的智能照明控制功能提供了基础。

物联网（The Internet of Things）是新一代信息技术的重要组成部分，也是智慧城市架构中重要的支撑体系。物联网能让所有能够被独立寻址的普通物理对象实现互联互通的网络。首先，物联网的核心和基础仍然是互联网，是在互联网基础上的延伸和扩展的网络；其次，其用户端延伸和扩展到了任何物品与物品之间进行信息交换和通信。

基于物联网的智能照明系统主要涉及控制端到灯源端的直接管理以及传感器互通互联。

从理论上说，只要每个灯源具有一个独一无二的互联网 IP 地址，那么可以通过任何联网设备实现对每个灯源端的独立监控和管理。针对地下空间及其配套设施的绿色照明要求，新型智能照明系统可以由两种照明控制模式组成：基于片区管理的中央集中控制系统；面向独立灯源的分布式控制系统。中央集中管理系统由管理委员会根据不同片区照明需求制定照明方案；分布式管理系统由进驻业主根据行业、业务特点和工作照明环境的各自特殊要求，灵活自定制其照明方案。从而实现对照明的精确和精细控制，在满足照明需求的前提下，最大限度地节省能源，实现绿色照明。

灯源端管理的主要挑战在于缺少对灯源管理的具体标准和协议。在互联网的网络层之上需要制定具体的协议，实现对灯源开启/关闭、亮度等级设定、亮度调节等控制，也需要灯具制造厂家在灯源端实现相应的控制芯片，从而相应从远程接收到控制信令。荷兰的 PHILIPS 公司、北美的 NXP 公司等，都在此方面做了一定的研究，提出了 JanNet-IP、ZigBee、6LoWPAN 等协议和标准，但是目前离产业生产使用上有一定距离，国内也尚未有相关研究成果。

智能照明环境中部署了多种类型传感器，每个传感器都是一个信息源，不同类别的传感器所捕获的信息内容和信息格式不同。将传感器通过物联网与智能照明系统连接后，控制系统可以采集传感器实时数据，通过智能处理后，能够对照明控制系统作出各种响应。此外，也可以对传感器收集的历史进行分析统计，从而帮助制定长期的照明计划方案。

传感器定时采集的信息需要通过网络传输，由于地下空间内面积较大，传感器数目较多，信息采集频率可能较为频繁，因此采集的环境数据可能较为庞大，形成海量信息，在传输过程中，为了保障数据的正确性和及时性，必须采取各种措施适应各种异构网络和协议。

b. 支持新一代互联网的智能照明系统

基于物联网的新型智能照明系统，对于底层的计算机网络提出如下要求：

新型智能照明系统中灯源端独立控制的 IP 地址保障。要实现对灯源端的细粒度独立控制，需要有大量的独立 IP 地址。在类似本城区地下空间这种大规模环境中，新型智能照明需要通过网络实现对数以万计的灯源进行独立控制。目前，以 IPv4 为基础的互联网面临最严重的问题即为 IP 地址的极度匮乏，难以提供大量独立 IP。IPv6 协议将 IP 地址由 32 位扩充到 128 位，从而提供海量的 IP 地址。

支持新一代互联网的智能照明系统，除了采用 128 位的 IPv6 协议之外，还需要对系统的网络设备、终端通信设备，以及照明控制传输协议进行升级，使系统能同时兼容以 IPv4 为主的当前互联网和以 IPv6 为基础的新一代互联网。

新型智能照明系统中存在大量互联互通的传感器，进行实时的环境信息采集。控制系统根据预设照明方案或者根据传感器信息分析，需要发送各种控制指令至灯源控制芯片或者灯光控制器。所有这些信息需要根据不同优先级在网络中得到可靠的传输保障。

新一代互联网使得对网络中数据传输的 QoS 控制成为可能。通过给不同类型的传感器采集数据流以及控制信令流打上不同的标签，从而在网络负载较大的情况下保障：控制信令具有最高优先级，实现可靠传输；对关键位置的关键传感器数据预留传输带宽，保障关键环境信息的采集。

新一代互联网的普及已经是一种必然趋势，在对本城区地下空间及公共配套设置的照明系统设计规划和建设过程中，很有必要考虑对新一代互联网的支持。同时，通过对新一代互联网的支持，满足大规模智能照明控制系统对大量 IP 地址的需求和对数据/信令传输 QoS 保障的需求，从而实现对照明精细、精确、智能控制，最大限度地节省能源，保障城区中人们工作和生活的舒适度。

（2）广州某智慧城区的新型智能通风系统

建筑通风关系到室内环境空气质量。地下空间相对于普通地面建筑，室内空气流通性更差，汽车、轨道交通、各种生活废气如果长期积聚，将大大损害人们的健康。为了提供宜居、舒适的生活和工作环境，势必要设计和实施一套通风系统，从而保障室内的空气质量。传统的通风系统通常存在能耗高、运行维护管理成本高等问题。因此研究城区的智能通风系统具有相当重要的社会价值和经济价值。

① 智能通风系统的组成

智能通风系统由智能通风控制系统、数字化节能风机、末端风口、管网和传感器网络组成。

智能通风控制系统采用中央集中的通风控制，或根据区域划分通风空间，实行分布式通风控制。主要功能包括：收集和分析传感器采集的环境信息，节风机工作频率，调节出/排风口通风流量，检查风机风口等设备的工作情况等。

数字化节能风机采用变频调速器控制风机转速。数字化节能风机调速范围宽、调速精度高、运行稳定可靠、节能效果显著。风机装配有控制模块，可接收网络传输的控制指令，支持对风机的远程数字化控制。为实现更好的节能效果，通常部署两组风机：能量回收新风机组和能量回收排风机组，从而减少空调系统能耗，在打造宜居环境的同时实现绿色建筑的节能减排功能。

末端风口包括末端排风口和末端出风口。风口带有智能风量调节模块，能接收控制系统指令实时调节风口风量，或者根据传感器探测到的空气品质变化，自动调整风量。

管网包括新风管道、排风管道、控制线缆以及能量回收水管。在实施过程中需要针对地下空间特点，合理布置通风管道，尽量增加通风效率，减少能耗。

传感器网络包括各种有害物质传感器、空气湿度传感器等。传感器网络负责采集环境空气的各种品质指标，从而支持实时调整各种通风设备的工作状态。

② 基于物联网的新型智能通风系统

传统的智能通风系统更多通过传感器等空气品质感应设备直接调整该区域内通风设备的工作状态，从而实现对通风的智能控制。缺少对整体环境的空气质量监控，无法判断空气质量异常变动是否由局部区域的异常导致或是传感器数据误报。

此外，传统智能通风系统只考虑环境中空气质量变动，较少考虑环境中的人流车流状况，可能造成通风系统的不必要负载。

基于物联网的新型智能通风系统，为解决以上两大问题提供了可能。

➤ 物联网支持传感器设备的互通互联，保障采集的环境数据传输至中央控制系统，被计算机系统分析处理后，又保障控制指令达到各通风设备，实现智能调节。

➤ 由连接在物联网中的视频监控提供接口获取诸如停车空间、存储库房等区域的视频数据，经过智能视频分析，若该区域无车流人流出现，可以调低或关闭该空间的风口，从而减低通风系统负载。

➤ 在物联网中，可将空调控制系统和智能通风系统对接。在通风系统中通过能量采集，回收制冷/制热能量，提供给空调系统再次利用，从而更好地达到节能减排的效果。

5）广州某智慧城区的公共区间智能导引系统

（1）广州某智慧城区公共区间智能导引的必要性

城区起步区地域广阔，如何快速到达目的地是在城区工作、生活和外来访问的人员面临的首要问题，提供路径导引服务将给公众带来很大的便捷，下面以区城的停车场为例说明。

根据城区的停车场规划分，停车场库为 82.8 万 m^2，其中机动车停车场面积 75.9 万 m^2。停车场通过内部车库流线联系地块内单循环车库通道并联系车库出口、花城大道和临江大道。起步区地下空间的地下一层至五层，均有停车位分布。因此，城区的停车场会具有面积大和停车路线复杂的特点，无论是在城区工作、生活的人员，还是外来访问者，均会面临找停车位难、找到停车位后难于找到离开停车场的快捷路径，以及取车时找车难的问题。

在城区工作和来访的人们，因为城区庞大，无论开车还是步行，都存在找路难的问题。本着以人为本的方针，有必要针对城区内找路难的现象提供公共区间的智能导引服务。目前国内外研究较多的是智能停车导引服务，公共区间智能导引采取与其类似的技术，因此文中首先对国内外智能停车导引的现状进行调研。

（2）国内外智能停车导引的案例分析

德国亚琛市 1971 年建立了世界上最早的停车引导系统，在亚琛市主要的 12 处停车场设置光电显示的停车诱导标志，采用远距离控制的方式来对市区车辆的停放进行诱导，效果良好。此后一段时期，英国、瑞士、法国等国家也建立了类似的停车引导系统。

美国圣保罗市商业区 1996 年在包含 7 个停车库和 3 个停车场的停车引导系统中，使用 56 块标志牌来显示停车设施的位置和车位占用状况，其中 46 块为静止标识，10 块为可变信息标志。驾驶人根据可变信息标志提示的信息选择目标停车场，再通过静止标识的诱导去往停车场。

日本于 1993 年在东京新宿区建立的停车引导系统管理了 29 个停车场近 6000 个按时租用的车位，在主要商业区采用了三类可变信息标志提供动态信息引导服务，应用很成功。

国内部分大城市也开展了对停车引导系统的研究。首都国际机场 T3 航站楼附属停车场采用类似停车诱导系统的原理，利用信息标志、交通标志等对驶入停车场的车辆进行诱导。广州市将市内交通小区划分为数个区域，驾驶人可以以区域为单位登陆静态数字化地图进行停车信息查询。国内一些机动车保有量较大的城市，如北京、上海、成都等，都在主城区的部分主次道路上安装了一些可变信息标志，实时显示附近大型停车场的位置、方向及车位数量，以提示、指引驾驶员前往停车场。

（3）广州某智慧城区公共区间智能导引的创新性

本项目提到的公共区间智能导引服务在国内外停车引导系统常用功能的基础上，提供路径服务，实时提供停车场车位信息，引导驾驶员找到空车位，为驾驶员节省时间，减少交通拥堵，更有效地改善"停车难"的状况，提高停车场车位使用率。同时，提供行人在整个城区的步行导引功能。

因此，本项目涉及的公共区间智能导引主要包括如下功能：

➢ 停车场停车位查询及预订功能；

➢ 车位诱导功能；

➢ 公共区间路径导引功能。

（4）广州某智慧城区公共区间智能导引的技术分析

从技术实现角度看，公共区间智能导引系统通过停车诱导屏、互联网网站、手机终端、车载 GPS 终端，发布各个停车场的车位信息，引导驾驶员查找车位、车场及路线，并对停车场车位信息进行监控、统计，使停车场车位管理更加规范、有序，提高车位利用率。进而提高城市交通效率，并达到绿色节能环保的目的。

公共区间智能导引系统包括如下模块：信息采集系统、信息处理系统、信息传输系统、信息发布系统等。

信息采集系统用于建立与公共区间相关的静态及动态公共信息数据库，静态信息包括区域划分、各楼房及机构的位置等静态信息、停车场位置及规模、停车位的位置、信息化基础设施位置等，动态信息包括：实时交通状况、空余车位数量、实时路网信息等。

数据采集的方式包括：①建设完备的城区公共信息数据库和数字三维虚拟仿真系统，这些数据将为城区其他信息应用系统提供支持服务；②用安装在停车场出入口的检测设备检测进出停车场的车辆数目，计算停车场的空车位数目，检测方式有视频图像识别、超声波计数、电磁感应计数等方式。几种检测方式各有特点，可应用在不同的场合。

信息处理系统是整个系统的中心，接收、存储、处理各个停车场传送过来的实时数据信息，将数据库中的信息加以分析、汇总和分类，转变为路径导引需要的信息，和其他电子平台建立数据通道，进行信息数据的发布。经过处理的信息将通过信息传输系统传到信息发布系统。系统实现功能：①系统支持与各个停车场的智能管理系统进行接口衔接，实现资源共享，信息互通；②实现停车信息对外发布功能，尤其是给各级停车诱导屏传送数据，支持多种方式查询实时停车信息，如互联网、手机、短信、语音、广播电台等；③为相关地图和导航提供信息，实现查询停车场实时车位情况，路径、路况信息等，并可实现车位预定功能；④实现所有停车场管理信息统计分析功能，能够进行信息统计、分析、查询、检索等。

信息传输系统主要是运用现代通信手段，如光纤、无线网络等，保证各模块之间的数据传输安全和顺畅。主要用于：①停车场数据采集终端与中心控制管理系统之间的数据通信；②中心控制管理系统与各级诱导屏之间的数据通信；③中心控制管理系统与信息发布系统之间的数据通信。

信息发布系统主要用于全面展示停车资源，为用户停车提供便利。将信息以文字、语音等形式，通过各种方式为用户提供停车场内的停车引导和步行引导服务。包括目前普遍应用的停车诱导屏方式，发展中的各种停车引导网站、地图导航网站、手机终端、短信查询平台等。

在城市停车诱导屏的设置方面，为了保证停车诱导显示屏的合理分布与设置，避免重复设置或过多设置标志，在诱导屏设置上遵循如下原则：①交通主要干道入口：设置一级 LED 停车诱导电子显示屏；②内部道路路口：设置二级停车诱导电子显示屏和标志牌。

6）广州某智慧城区三维虚拟仿真系统

建立城区三维虚拟仿真系统是智慧城区的重要组成部分，符合广州信息化发展的大方向。该项目的建设实施，既是智慧广州建设的一个重要铺垫，又是智慧广州成果中的一个夺目标志。

采用高清触摸屏全面、综合地展现城区的相关资讯和三维虚拟体验，通过 VR 及 GIS 技术的应用，结合城市的基本地理信息，组合各种不规则植被和地形，建立三维立体模型，利用先进的三维可视化 GIS 技术，全力打造城区三维虚拟仿真系统，向用户展现真实、直观的城区环境。

同时，设置相关功能以配合城区综合管理。利用特定板块为城区提供一个专用虚拟漫游视窗，使工作人员、来访人员及本地市民通过该视窗更好地了解和体验城区，更深刻地了解城区及相关配套的信息。

（1）广州某智慧城区三维虚拟仿真系统主要功能

① 展现城区（起步区）的三维实景。提供三维场景浏览、互动功能，面向公众提供信息查询、商家展示和地理导航等功能。支持多种灵活的运动控制模式，提供鼠标、键盘或触摸屏控制，用户可以在三维场景中前进、后退，改变行走方向，升高、降低视点，实现交互式的漫游。

② 地图跟踪指引，用户在三维场景中漫游时，二维电子地图可以实时指示用户的位置和行走方向（即视点和视角）。三维空间场景定位，快速定位于当前二维电子地图对应位置。提供基于二维 GIS 地图基本功能，具有逐级缩放、平移、鹰眼导航、图层控制等二维电子地图基本功能。

③ 用户可以在城区支持行程规划与建议。用户使用该系统，输入起始地后，系统自动规划路线，提供最快路线、最经济路线及公共交通搭乘参考。提供相关的交通信息查询：公交线路、地铁等。并可进行数字生活导航。接到用户目的地查询后，系统利用其 GIS 数据库内信息，为用户建议最佳的餐饮、酒店、银行、住宿、商务、景点、加油站等信息。

④ 提供城区内各设施的基本信息、日程信息、交通信息、停车位数量、节能指标等多方面属性信息的快速查询，可方便快捷地展示各种地物的相关信息，并能按各种给定条件进行查询检索；提供相关的场所资料播放展示给用户。

⑤ 要求支持 Shapefile、Coverage、Personal Geodatabase、Enterprise Geodatabase 多种文件格式，支持 FLASH、影音、图片的多媒体演示，支持标准 SQL 及用户自定义类型空间数据查找，提供软件预留操纵杆、空间鼠标等外部设备交互接口，支持以 SDK 的接口函数形式给出 GIS 及 VR 应用接口。

⑥ 提供城区的建设历程高清三维动画宣传片，以创意的三维动画片段展示城区的整个建设历程及最终成果。

（2）城区三维虚拟仿真系统设计原则

➤ 实用性

最大程度地满足城区的需要，利用先进的三维可视化 GIS 技术，全力打造城区建筑视觉，提供具有真实地理位置感的虚拟城区，并能实现多角度、全方位浏览。

界面友好，易于使用，便于管理维护，数据更新快捷和系统升级容易，具有优化的系统结构和完善的数据库系统，具有与其他系统数据共享、协同工作的能力。

➤ 兼容性与可扩展性

目前，各类计算机技术发展非常快，"智慧城市"的建设也在不断地扩大和调整，这就要求本系统的设计具有超前性和柔性，能够与其他"智慧城市"系统兼容，并具有良好的可扩展性。

➤ 安全性

系统安全的首要任务是确保数据安全性。系统必须配备严格管理的数据存取权限，保证数据不被非法访问、窃取和破坏。

➤ 标准化与规范化

平面数据、立体模型数据、地理信息数据实行统一的交换标准，利于将来扩展。

➤ 一体化

系统将业务运作与管理和服务集成于一体，实现数据处理、数据更新入库的一体化，实现制作自动化，建立一个完善、优质和高效的基础地理空间数据管理与三维虚拟系统服务体系，实现空间要素图形与属性的一体化管理。

（3）城区三维虚拟仿真系统总体架构（图 2.2-2）

图 2.2-2　三维虚拟仿真系统总体架构

（4）城区三维虚拟仿真系统技术路线

① GIS 技术

三维地理信息系统（Geographic Information System，简称 GIS）以地理空间数据库为基础，在计算机软硬件的支持下，运用系统工程和信息科学的理论，科学管理和综合分析具有空间内涵的地理数据，以提供管理、决策等所需信息的技术系统。简单地说，地理信息系统就是综合处理和分析地理空间数据的一种技术系统（图 2.2-3）。

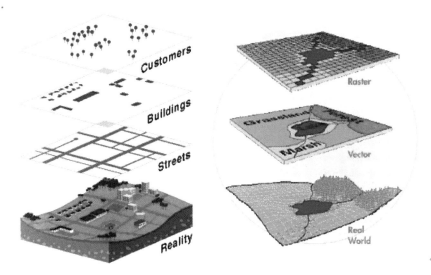

图 2.2-3　三维地理信息系统

三维 GIS 最大特点是具有复杂三维数据的分析能力，如计算空间距离、表面积、体积、通视性与可视域等。同时，三维 GIS 还可以进一步提供更具增值价值的真三维空间分析功能，如水文分析、可视性分析、日照分析与视觉景观分析等已成为三维 GIS 分析研究的重要内容之一。

三维地理信息系统作为获取、整理、分析和管理地理空间数据的重要工具、技术和学科，近年来得到了广泛关注和迅猛发展。随着信息技术的发展，数字时代的来临，三维 GIS 有望广泛应用于资源调查、环境评估、灾害预测、国土管理、城市规划、邮电通信、交通运输、军事公安、水利电力、公共设施管理、农林牧业、统计、商业金融等诸多领域。

② 三维虚拟仿真技术

三维虚拟仿真技术（Virtual Reality），又称灵境技术。这种技术的特点在于，通过计算机图形构成的三维数字模型，编制到计算机中去产生逼真的"虚拟环境"，从而使用户在视觉上产生一种沉浸于虚拟环境的感觉，这就是虚拟仿真技术的浸没感（Immersion）或临场参与感。虚拟仿真与通常 CAD 系统所产生的模型以及传统的三维动画不同。它不是一个静态的世界，而是一个开放、互动的环境，虚拟现实环境可以通过控制与监视装置影响或被使用者影响，这是 VR 的第二个特征，即交互性（Interaction）。

基于 GIS 的海量数据三维虚拟仿真技术是将"虚拟现实"、现代高新测绘、地理信息、计算机图形图像处理等技术结合，利用地理信息系统（GIS）的数据，生成三维地型模型，再利用卫星影像、航空影像、实地数字照片作为真实地纹理贴图，真实地展现城市的现状和未来规划。地理信息系统（GIS）与 VR 的集成系统同时管理地理空间信息、数据库属性数据和三维空间信息，在城市规划、地下管线管理、市政设施、房地产、交通管理等领域有着广泛的应用价值。GIS 与 VR 的集成系统是未来技术发展的新趋势之一。

③ 基于大型数据库管理系统和目录服务器

该项目除了为来访者提供方便，还为管理提供支撑，需要保证信息的安全性，所有信息的开放程度要因人而异。

基于开放标准 LDAP（Lightweight Directory Access Protocol）目录服务系统和大型数据库管理系统。网络的目录服务用来获取网络实体（用户、用户组、IP 服务、远程过程调用、网络信息系统等）的资料，并提供一种易于管理和浏览的方式对其进行访问，目录服务主宰着整个网络控制的灵魂，是分布式计算中最重要的基石，是网络用户政策化管理的基础。大型数据库系统提高大批量数据（如用户计费数据）的吞吐时间，使整个系统管理规范化，数据的完整性、安全性得到保障。结合目录服务和数据库服务实现基于政策的管理，采用集中的政策服务器，管理者将可以通过集中的管理控制平台管理网络上的服务。

4. 智慧城区专项研究总结

"智慧城区专项研究"针对城区对信息化系统建设的功能性能的需求，研究其对于信息基础设施建设的要求。研究目的：在广州某智慧城区实现信息化和智能化，满足智慧城区在信息化方面的各项相关需求，为人们日常工作和生活提供高质量的信息服务与智能管理。

1）智慧城区信息化系统建设内容

研究内容主要包括智慧城区的信息基础设施建设。信息基础设施的建设主要应满足日常信息化与智能化建设需要，确立了层次化设计、分组分模块进行分析研究的模式。

智慧城区信息化系统建设内容共分六大部分：

（1）物理环境

综合共同沟；

信息系统专用管道；

信息网络中心（数据中心、调度中心）；

机房等。

（2）传输线路

光纤系统；

综合布线系统；

无线系统；

控制线路等。

（3）信息系统公用平台

系统安全；

GIS 地理信息系统；

公共标识系统，如 RFID。

（4）专用智能控制及支撑计算机网络

建筑智能化集成系统；

智能交通系统；

安防（公共安全）与视频监控系统。

（5）公众通信与互联网服务

电话与传统互联网；

移动通信；

室内宽带互联网；

公共区无线互联网。

（6）其他智能服务系统

数字与高清电视系统；

公共区间智能导引服务；

三维虚拟仿真展示；

城区企业信息发布服务；

公共服务信息公告系统。

2）广州某智慧城区的智能化功能及创新性分析

广州某智慧城区的功能如图 2.2-4 所示。

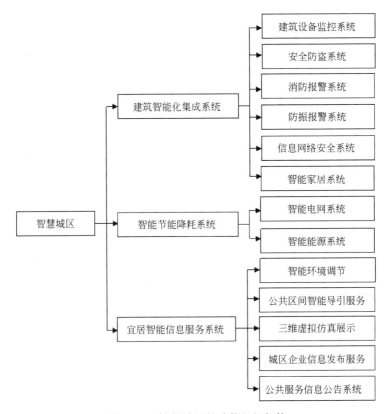

图 2.2-4　智慧城区的功能组织架构

本项研究最大的创新成果体现在：

第一，提出了一种模块化、具有可扩展性和成长性的智慧城区体系结构，打造绿色、智能、低碳、环保的广州某智慧城区。

第二，为了给在广州某智慧城区生活和工作的人们提供便利，建设幸福宜居的工作和生活环境，本项研究针对城区的公共面积大、国际化城区工作及来访人员多的特点，建议提供面向公共区间的智能导引便民服务。

第三，针对使用地下空间时，空气流动和光线是影响地下空间舒适度的两个重要因素，本项研究建议提供基于物联网的智能环境调节系统。

第四，为了提供更加生动的三维场景浏览、互动功能，建议提供三维虚拟仿真服务。

第五，为了提供更加便利的工作和生活环境，建议提供与各信息服务职能部门的专项系统的接口，如天气、交通等部门，为民众提供公共信息公告及查询服务。

3）成果总结及建议

本专项提出了广州某智慧城区信息化建设的框架结构，用于指导城区信息化和智能化建设的模式和内容。

本专项提出了公共区间无线覆盖、智能导引、智能环境调节和三维虚拟仿真系统等重点子项目的建设目标和核心功能。

本专项编制了信息化建设设计导则，用于规范各功能建筑信息化建设的相关设计。

建议针对公共区间智能导引、智能环境调节、三维虚拟仿真系统等应用独立进行深化设计与开发。

5. 智慧城区信息化建设设计导则

本导则依据部分相关标准和规范，包含弱电系统的各个子系统：综合布线系统、计算机网络系统、广播电视业务、电信业务、建筑设备自动化系统（BAS）、火灾自动报警系统（FAS）、安全防范系统（SAS）以及智能控制管理系统（BMS）等。

1）通用技术导则

本设计导则主要从广州某智慧城区典型建筑的智能化信息系统出发，以绿色、智能、低碳、环保为目标，对各设计单位提出设计指引。为了便于操作，本设计导则主要涵盖起步区内具普遍性的建筑类型。细则的章节及详细内容将根据具体情况增删修改。

本设计导则包含广州某智慧城区智能化信息系统的各个子系统：综合布线系统、信息网络系统、电话交换系统、有线电视及卫星电视接收系统、广播系统、建筑设备管理系统以及安全技术防范系统等。

（1）智能化系统工程设计，应根据建筑物的规模和功能需求等实际情况，选择配置相关的系统。

（2）智能建筑工程设计，应贯彻国家关于"低碳、节能、绿色、环保"等方针政策，做到技术先进、经济合理、实用可靠。

（3）智能化信息系统应有较为完整的主体设计，应遵循"总体规划、分步实施"和从上而下设计、从下往上实施的原则。

（4）智能化信息系统应采用分布式集成模式，并预留标准的集成接口。

（5）智能化信息系统中部分子系统宜采用数字化程度高、性能价格比较好、发展潜力较大的开放网络技术（如采用基于IP网络的数字视频监控系统等）。

（6）信息网络系统宜采用以太网等交换技术和相应的网络结构方式，宜根据需要配置无线局域网络系统。

（7）电话交换系统宜采用本地电信业务经营者所提供的虚拟交换方式、配置远端模块或设置独立的综合业务数字程控用户交换机系统等方式，提供建筑物内电话等通信使用。

（8）有线电视及卫星电视接收系统应采用电缆电视传输和分配的方式，应采用适合当地的宽带双向接入技术。

（9）广播电视系统应采用数字化双向标准设计。

（10）建筑设备管理系统宜采用集散式控制系统，现场控制总线可采用RS-485、以太网、Lonworks等技术。

（11）安防、道路、停车场等应预留与城区 RFID 和公共信息导引及发布系统集成的通信接口。

（12）应考虑移动通信网的天线、基站等室外单元设备安装的空间和天线基座基础、室外馈线引入的管道及通信机房的位置等，最大限度地不影响城区景观设计和建筑物内部和谐。

（13）广州某智慧城区信息系统的建设宜采用两级管理：第一级为城区控制中心（信息中心），第二级为功能分区控制中心。广州某智慧城区控制中心、功能分区控制中心应遵循统一设置机房的原则，宜统筹信息网络系统、电话交换系统、有线电视系统、建筑设备管理系统和安全技术防范系统等业务。

（14）广州某智慧城区控制中心及重要设备机房工程内容宜包括：机房配电及照明系统、机房空调及新风系统、机房电源、防静电地板、防雷接地系统、机房环境监控系统和机房气体灭火系统等。设计时应符合下列要求：

➢ 应按机房设备用电负荷的要求配电，并应留有裕量。

➢ 机房内设备应设不间断或应急电源装置。

➢ 应设局部等电位联结，具有防静电及良好的接地系统，具备 2、3 级防雷系统。

➢ 机房应远离电磁干扰，要求通风、干燥。

➢ 机房应设专用空调系统，机房的环境温、湿度应符合所配置设备规定的使用环境条件及相应的技术标准。

➢ 宜设置机房环境综合监控系统。

（15）建筑物内的设备间/配线间：对于规模较大的建筑，应分层设置设备间和配线间，其他建筑应设置设备间/配线间，面积宜大于 $10m^2$。

（16）所有建筑物应设置综合布线系统，应成为建筑物信息通信网络的基础传输通道，能支持语音、数据、图像和多媒体等各种业务信息的传输。其中，数据主干应采用单模光缆，信息网络水平布线宜采用 6 类 UTP 双绞线，电话主干宜采用 3 类大对数铜缆。

综合布线系统设计时应先预留建筑物内管孔，宜符合下列要求：

➢ 信息中心等重要大楼宜设置两个方向管道，各需 6～9 孔，其中：信息网络系统：2孔，电信业务：2 孔，广播电视业务：1 孔，建筑设备管理系统：2 孔，市政设施及备用等：2 孔。

➢ 其他大楼宜设置 4 孔管道，其中：信息网络、电信、广播电视业务：1 孔，建筑设备管理系统：1 孔，市政设施及备用等：2 孔。

（17）各建筑物应独立设置弱电井，弱电井位置应与强电井位置分开。

（18）消防系统应根据现行国家标准《火灾自动报警系统设计规范》GB 50116 有关规定由专业职能部门进行设计。

（19）部分相关标准、规范。

2）办公智能化建筑设计细则

（1）适用范围：商务、行政等办公建筑。

（2）信息网络系统：有线网络为主，辅以无线网络；个人办公室应设置 2 个信息点，一般办公室应按每 $10m^2$ 2 个信息点标准设置，公共办公区域应按每 $5～10m^2$ 2 个信息点标准设置，宜根据部分办公用房的特殊需求光纤到房。

（3）电话交换系统：单人办公室应设置 1 个语音信息点，一般办公室应按每 $10m^2$ 1 个语音信息点标准设置。

（4）有线电视及卫星电视接收系统：应包括有线电视及卫星电视接收系统，单人办公室应设置 1 个终端点，一般办公室宜按每 $50m^2$ 1 个终端点标准设置。

（5）广播系统：应设置公共广播系统。公共广播系统的扬声器宜采用与应急广播系统的扬声器兼用的方式。应急广播系统应优先于公共广播系统。

（6）建筑设备管理系统（BMS）宜包括：智能供暖系统、空调通风系统、公共照明控制系统、供配电监控系统、电梯监控系统等，宜考虑对区域管理和供能计量。

（7）安全技术防范系统宜包括：入侵报警系统、视频安防监控系统、出入口控制系统、电子巡查管理系统、停车库（场）管理系统。

➢ 入侵报警系统宜设置在建筑物重要工作区、重要机房、重要库房等。

➢ 视频安防监控系统宜设置在建筑物周界、出入口、建筑大堂、电梯厅、电梯桥厢、走廊、重要工作区、重要机房、重要库房、会议中心等。

➢ 出入口控制系统宜设置在办公室、重要工作区、重要机房、重要库房等。

➢ 电子巡查管理系统宜采用离线式。

3）商业智能化建筑设计细则

（1）适用范围：商场、酒店等商业建筑。

（2）信息网络系统：无线网络应能覆盖公共区域、会议室（厅）、餐饮和公共休闲场所等区域；工作区应按每 $5\sim10m^2$ 2 个信息点标准设置，一般房间每房应设置 2 个信息点，宜根据部分商业用房的特殊需求光纤到房（如大堂、会议厅、多功能厅、宴会厅等）。

（3）电话交换系统应符合下列要求：

➢ 应设置办公电话和公用电话，一般房间每房应设置 1 个电话。

➢ 在商场建筑内首层大厅、总服务台等公共部位应配置公用直线和内线电话，并宜配置无障碍电话。

➢ 在酒店建筑内总服务台、办公管理区域和会议区域处宜配置内线电话和直线电话；各层客人电梯厅、商场、餐饮、机电设备机房等区域处宜配置内线电话；在底层大厅等公共场所部位应配置公用直线和内线电话，并应配置无障碍电话。

（4）有线电视及卫星电视接收系统应符合下列要求：

➢ 在商场电视机营业柜台区域、商场办公、大小餐厅和咖啡茶座等公共场所处应配置电视终端，数量应按实际需求而定。

➢ 在宾馆客房宜配置宽带双向有线电视系统、卫星电视接收及传输网络系统，电视终端安装部位及数量应按实际需求而定，如一般客房可设置 1 个有线电视终端，套房可设置 2 个有线电视终端，总统套房可根据需要设置。

（5）广播系统应符合下列要求：

➢ 在餐厅、咖啡茶座等有关场所宜配置独立控制的背景音乐扩声系统，系统应与火灾自动报警系统联动作为应急广播使用。

➢ 在多功能厅、娱乐等场所应设置独立的音响扩声系统，当该场合无专用应急广播系统时，音响扩声系统应与火灾自动报警系统联动作为应急广播使用。

➢ 公共广播系统的扬声器宜采用与应急广播系统的扬声器兼用的方式。应急广播系统应优先于公共广播系统。

（6）信息导引及发布系统：在各楼层、电梯厅等场所宜配置信息发布系统电子显示屏；在室内大厅、总服务台等场所宜配置多媒体导引触摸屏。

（7）建筑设备管理系统（BMS）宜包括：智能供暖系统、空调通风系统、公共照明控制系统、环境监控系统、供配电监控系统、电梯监控系统等。

（8）安全技术防范系统宜包括：入侵报警系统、视频安防监控系统、出入口控制系统、电子巡查管理系统。

➤ 入侵报警系统宜设置在财务室、重要机房、重要库房、商场等。

➤ 视频安防监控系统宜设置在底层主要出入口、大堂、电梯桥厢、电梯厅、走廊、财务室、重要通道、重要机房、重要库房、会议中心、公共活动场所、商场、餐厅等。

➤ 出入口控制系统宜设置在客房、财务室、重要机房、重要库房等。

➤ 电子巡查管理系统宜采用离线式，宜设置在电梯厅、楼梯口、重要机房等。

4）文化智能化建筑设计细则

（1）适用范围：文化活动中心、博物馆等文化建筑。

（2）信息网络系统：无线网络应能覆盖展览陈列区、会议和报告厅等公共区域。个人办公室应设置2个信息点，公共办公区域应按每$5\sim10m^2$ 2个信息点标准设置，宜根据部分公共区域的特殊需求设置光纤至桌面；展览陈列区宜根据多媒体展示的需求配置，每个展位宜设置2个信息点。

（3）电话交换系统：应设置办公电话及公用电话，宜配置无障碍电话。

（4）有线电视及卫星电视接收系统：应包括有线电视及卫星电视接收系统，宜根据展位分布情况或实际需求配置有线电视终端。

（5）广播系统：应设置公共广播系统。公共广播系统的扬声器宜采用与应急广播系统的扬声器兼用的方式。应急广播系统应优先于公共广播系统。

（6）信息导引及发布系统：在建筑物室外和室内的公共场所宜配置公共信息系统触摸屏、多媒体播放屏、语音导览、多媒体导览器等。

（7）建筑设备管理系统（BMS）宜包括：空调通风系统、公共照明控制系统、环境监控系统、供配电监控系统、电梯监控系统等，应具有检测会展场（馆）的空气质量和调节新风量的功能。

（8）安全技术防范系统宜包括：入侵报警系统、视频安防监控系统、出入口控制系统、电子巡查管理系统、停车库（场）管理系统。

➤ 入侵报警系统宜设置在库区、展厅等。

➤ 视频安防监控系统宜设置在室外周边范围、大门口、出入口、主要通道口、电梯桥箱、电梯厅、展厅、会议中心、报告厅、重要办公区、重要库房、公共活动区等。

➤ 出入口控制系统宜设置在建筑物内（外）通行门、出入口、通道、重要办公室、重要库房等。

5）交通智能化建筑设计细则

（1）适用范围：城区公共轨道交通站、社会停车场等交通建筑。

（2）信息网络系统：车站（段）应设置2个信息点，无线网络应能覆盖停车场等区域。

（3）电话交换系统：应设置公用电话及专用电话，车库管理中心和车辆进、出口处应设置 1 个电话点。

（4）广播系统：应设置停车场内公共广播系统，在遇火灾等紧急情况时，广播系统应与火灾报警系统相联，做局部区域或全区域紧急疏散广播使用。公共广播系统的扬声器宜采用与应急广播系统的扬声器兼用的方式。

（5）信息导引及发布系统：应在车站（段）设置信息显示系统电子屏，提供路面交通、换乘信息、政府公告、紧急灾难信息等即时多媒体信息，在停车场区域设置信息引导及车位信息显示系统。

（6）建筑设备管理系统（BMS）：地下停车场应设置 CO 监控器，对空气中 CO 的含量进行监测，并对排风系统和排水系统进行监控。

（7）安全技术防范系统宜包括：入侵报警系统、视频安防监控系统、出入口控制系统，宜设置在车站广场、通道、停车场、出入口等。

6）公共空间智能化建筑设计细则

（1）适用范围：公园、休闲的开阔场所，大型停车场。

（2）公共空间配置应符合下列要求：

➢ 应配置无线接入点。

➢ 应采用智能卡系统，配备感应接入点。

（3）有线电视系统：对应显示屏处应配置双向有线电视系统。

（4）广播系统：应设置室外背景音响系统。

（5）信息导引及发布系统：宜设置区域信息发布系统。

（6）安全防范技术系统：不宜低于国家现行标准《安全防范工程技术标准》GB 50348 先进型安防系统的配置标准，并应满足下列要求：

➢ 宜配置周界视频监视系统，宜采用周界照明、视频监视联动，并留有对外报警接口。

➢ 宜配置离线式电子巡更系统，对保安巡逻人员巡逻情况进行管理。

2.2.1.2　绿色建筑专项研究

1. 城区绿色建筑研究综述

绿色建筑专项研究项目位于广州都市区的核心区域，是广州市委、市政府贯彻实施"金融强市"战略、推进广州区域金融中心建设作出的重大战略部署，也是广州建设新型城市化综合实践示范区的重要举措。规划设计以国际视野，按照"低碳经济、智慧城市、幸福生活"的新型城市化发展要求，将广州某智慧城区打造成为国内领先的金融集聚区，立足广州，依托珠三角，面向东南亚，打造：新型城市化最佳实践区、国内领先的金融集聚区、岭南特色的中央活力区、国际一流的生态理想城。

（1）实施绿色建筑重要性和必要性

① 国家发展战略的要求

近几十年来中国经济在高速发展，然而生态环境质量却在急速倒退。党的十八大报告明确提出了建设生态文明的新要求，并将到 2020 年成为生态环境良好的国家作为全面建设小康社会的重要要求之一。绿色建筑、绿色施工、绿色经济、绿色矿业、绿色消费模式、政府绿色采购不断得到推广。"绿色发展"被明确写入"十二五"规划并独立成篇，表明我国走绿色发展道路的决心和信心。相比党的十七大报告直接提到"环境"或"生态"字眼的地方达28处,党的十八大报告中大幅增长至45处,并首次单篇论述生态文明,首次把"美丽中国"作为未来生态文明建设的宏伟目标。把生态文明建设摆在总体布局的高度来论述,表明我们党对中国特色社会主义总体布局认识的深化。

② 国家绿色建筑发展的要求

2013年1月1日国务院发布的1号文件为《国务院办公厅关于转发发展改革委住房城乡建设部绿色建筑行动方案的通知》,文件中明确提出:要大力促进城镇绿色建筑发展。政府投资的国家机关、学校、医院、博物馆、科技馆、体育馆等建筑,直辖市、计划单列市及省会城市的保障性住房,以及单体建筑面积超过2万 m^2 的机场、车站、宾馆、饭店、商场、写字楼等大型公共建筑,自2014年起全面执行绿色建筑标准。国家级绿色生态城区建设的要求根据财建便函〔2012〕71号文件《关于组织2012年度绿色生态城区财政补助资金申请的通知》里的申请要求:两年内开工建设规模不小于200万 m^2,新建建筑全部执行《绿色建筑评价标准》GB/T 50378—2019,其中二星级以上绿色建筑比例超过30%。

由此可见,绿色建筑已经是我国建筑行业的必然发展之路,起步区内绿色建筑的实施已经成为实现低碳生态目标定位的重要载体之一。

(2)研究目的

为贯彻执行控制性详细规划的各项要求,促进实现起步区绿色、低碳、智慧的目标定位,通过本专项研究,最终形成建筑《绿色设计指南》,指导起步区内建筑、地下道路、地下空间等项目的绿色设计和实际操作。绿色设计指南的意义和作用:起步区建筑《绿色设计指南》用以指导区内各地块的绿色建设,把低碳生态指标通过绿色设计指南条文的要求落实在各地块和单体建筑上。

① 对于政府机构

通过建筑《绿色设计指南》在地块出让和建设用地规划审批时,就能提出地块低碳生态指标、绿色建筑建设目标和设计要求,利用地块出让合同和《建设用地规划许可证》中的要求完成对起步区绿色建筑的设计和建设管控工作。

除此之外,对绿色建筑项目的设计、施工和运营等关键节点提出绿色审查要求,保障绿色建筑的执行和落实,避免出现无法控制的局面。

② 对于开发单位

通过建筑《绿色设计指南》在项目拿地初期可以明晰政府对地块建设的绿色控制要求,并在设计招标投标中增加绿色设计目标和要求。

③ 对于设计单位

通过建筑《绿色设计指南》能够清晰、明了地指导各地块的绿色设计目标,指导设计院通过正确的绿色设计方法,组织建筑、结构、机电等各专业了解各自的设计要求和进行设计,最终达到绿色设计的目标。

2. 城区绿色建筑总体低碳生态指标要求

起步区低碳生态指标体系共包含7大类18个指标,从土地集约、能源利用、资源利用、绿色交通、物理环境等方面对起步区总体目标设定总指标要求(图2.2-5),并在能源利用、水资源利用等方面对控制性详细规划提出了一系列地块指标,包括透水铺装比例、下凹绿地比例、屋顶绿化率、非传统水源利用率、地块单位建筑面积能耗、可再生能源利用率（表 2.2-1）。此外，专项研究还对绿色建筑立面设计等作出引导性要求，例如室外遮荫设计、立体绿化、窗墙比等。

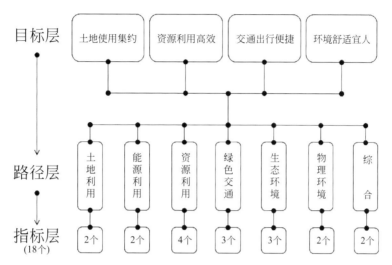

图 2.2-5　低碳生态指标体系框架示意图

低碳生态指标汇总表　　　　　　　　　　　　　　　　　　　　表 2.2-1

路径层	序号	指标名称	单位	指标值 2015 年	指标值 2020 年	指标属性
土地利用	1	轨道站点 500m 覆盖范围开发强度比	%	≥2.5	≥5.0	建议性
	2	混合用地中居住建筑与公共建筑的比值	%	1：5～5：1		建议性
能源利用	3	单位建筑面积能耗	kWh/(m² · a)	详见报告附表1		引导性
	4	可再生能源利用率	%	2		引导性
资源利用	5	单位土地水耗	万 t/(km² · a)	≤350		建议性
	6	场地综合径流系数	—	0.55	0.50	控制性
	7	非传统水源利用率	%	≥10	≥20	引导性
	8	垃圾分类收集设施覆盖率	%	≥90	100	建议性
绿色交通	9	慢行系统覆盖率	%	100		引导性
	10	高峰小时公交分担率	%	≥80		建议性
	11	道路网密度	km/km²	≥10		建议性
生态环境	12	乡土植物比例	%	≥70	≥80	建议性
	13	绿容率	—	≥1.1	≥1.4	引导性
	14	重要水体水质达标率	%	≥95	100	引导性
物理环境	15	慢行系统遮荫率	%	≥60	≥80	建议性
	16	道路噪声达标率	%	≥95	100	引导性
综合	17	绿色建筑比例	%	100		控制性
	18	人均二氧化碳排放量	t/(m² · a)	3.5		引导性

3. 城区绿色建筑研究方法

1）相关案例研究

从 20 世纪 70 年代生态城市的概念提出至今，世界各国对生态城市的理论进行了不断的探索和实践。目前，美国、巴西、欧盟以及我国的一些城市都已经成功地进行了生态城市城区建设。在对国内外生态城案例进行总结分析的基础上，结合其各自的生态建设经验，可以为本项目生态城区建设提供范例。见表 2.2-2 和表 2.2-3。

国外生态新城（区）规划方法与技术汇总表　　　　　表 2.2-2

案例名称	规模	规划方法与技术亮点
巴西库里蒂巴	200 万人口	有原创性的快速、方便、低成本的公交巴士系统； 有原创性的辅助性交通设施（筒状车站）； 交通与土地利用相结合的规划（沿公交专用道的轴向发展结构，终端站和枢纽站配以商业和公共服务为主的混合用地，以与公交专用道的距离决定建筑容量）； 旧采石场上歌剧院； 助贫与垃圾收集相结合的政策
美国加州再生研究中心		太阳能保温屋顶上光电收集器、风力涡轮机和液体燃料电池系统； 雨水注入储留槽（湿地系统），中水灌溉； 多个集会场所； 试验阶段，成本高
澳大利亚哈利法克斯		由绿地分割的、有一定大小限制的、中高密度的城市居民区网络，大多数居民应当生活在步行或者自行车尺度的工作通勤距离内； 建筑：最大程度利用太阳、风和降水以补充居住者的能源和水需求； 生物多样性：规划有自然栖息地的走廊，以养育生物多样性并使得居民能接近自然并获得愉悦； 交通：食物和其他产品大部分来自城市内部或邻近地区，以此减少交通成本；大多数居民通过步行或自行车解决工作通勤，以最小化对机动车的需求；本地小汽车共享允许人们在需要的时候使用小汽车； 产业：产品是可被再利用、再制造和再循环的，产业生产过程副产品的再利用和最小化产品的移动； 经济：生态城市应当是劳动密集型而不是材料、能源和水密集型经济，以维持足够的工作和最小化材料的通过量； "社区驱动"的自助性开发模式
芬兰 Vuores 地区		考虑地段内丰富的地形地貌以维护区域有价值的自然特征，保持生态多样性、改善地区微气候和现存水系统等； 优化城市结构、建筑、公共空间和交通系统，充分考虑区域的微气候环境，防止交通噪声和其他有害辐射； 整合街道网络，减少汽车需求，提倡公共交通并开辟充足的步行和自行车空间，通过弹性的停车系统实现灵活管理； 增强能源系统的性能以减少热量损失； 强化信息技术，提供不同种类网络活动的可能性； 在土地利用规划中考虑当地景观结构，维护生态多样性，对暴雨带来的水流进行控制和生态管理； 考虑社会的可持续发展，积极组织市民参与

表 2.2-3

我国典型生态新城（区）规划方法与技术汇总表

序号	生态新城（区）名称	规模		目标	土地利用	绿色交通	资源利用	能源利用	建筑节能/绿色建筑	绿色市政
		人口（万）	规划面积（km²）							
1	深圳光明新区	100	155.33	绿色新城、创业新城、和谐新城		区域绿道	低影响开发，再生水及雨水洪利用详细规划，污水回用	太阳能生产应用产业基地（拓日、杜邦）	新建建筑 100% 为绿色建筑	综合管沟，透水铺装，LED 路灯，可再生沥青路面
2	成都龙泉驿	130	150.75	国家级绿色城市示范区，成都世界田园城市的先行区	碳平衡法，GIS 技术，生态补偿，地下空间开发，山体的绿色开发，城市与综合体利用与开发		建立垃圾处理资源管理中心	楼宇热冷联产系统	2015 年节能建筑比例达 100%，绿色建筑相关技术体系以及建议政策标准体系	
3	无锡太湖新城	100	150	行政商务中心、科教创意中心和休闲居住中心				《无锡太湖新城能源规划》（能耗需求预测，能源中心，区域燃气冷热电三联供系统，能源管理平台）	新建建筑 100% 为绿色建筑	
4	合肥滨湖新区	110	85		方格网道路，综合交通节地，立体交通节地，CBD 高效开发节地，社区中心节地，基础设施走廊与综合管沟节地与城市综合用地六大节地措施	轨道交通路，BRT，三级慢行系统，控制普通机动车可达范围	《滨湖新区水循环利用与污染防控专项规划》，袋装化分类收集垃圾系统		能耗监测覆盖率 100%，既有建筑节能改造，制定建设绿色建筑总体规划，实施开发目标，配套标准政策体系	

37

续表

| 序号 | 生态新城(区)名称 | 规模 | | 目标 | 土地利用 | 绿色交通 | 资源利用 | 能源利用 | 建筑节能/绿色建筑 | 绿色市政 |
		人口(万)	规划面积(km²)							
5	上海南桥新城	75	71.39	具有工业、居住、贸易等多种功能的中等规模城市	地下空间专项规划	南桥综合交通规划	五大水务规划,建筑或小区中水处理站,袋装化垃圾收集分类系统	利用工业余热	新建建筑100%为绿色建筑,能耗监测覆盖率100%	
6	中新天津生态城	35	34.2	能复制、能实行、能推广			再生水厂和再生水管网,真空垃圾收运系统,透水地面不低于45%,海水淡化	热电冷三联供系统,浅层地热能利用,利用现有水面和污水处理设施建设水源热泵、光热系统,风光互补技术,生物质能应用,智能电网,热网	新建建筑100%为绿色建筑,首批4万平方公里、生态商业街二号楼城商业街二号楼"低碳生活实验室"	规划日处理15万吨污水处理厂和排水管网

国内外绿色生态城区发展特点及技术路线分析：

（1）制定有明确的生态建设目标和指导原则；

（2）强调资源的再利用、生活消耗减量和垃圾循环利用的 3R 原则；

（3）根据绿色生态城市的发展目标，变革城市规划的各系统，分为土地利用生态规划、绿色交通规划、景观生态规划、能源规划、水资源保护与利用规划、绿色建筑与环境保护规划六大系统；

（4）通过与城市规划的结合，将发展目标与各系统的要求落实到空间规划上来，形成生态控制性指标，指导土地开发和建设；

（5）国内绿色城区内基本全部要求达到绿色建筑，或对既有建筑进行绿色改造；

（6）国外绿色城区发展更加强调地方社区的公众参与，提高市民的生态意识。

2）规范标准研究

我国国家和各省市对于绿色建筑和建筑节能已有不少评价和设计标准，绿色设计涉及规划、建筑、结构、设备等所有专业。对现有的标准、规范和地方法规的条文进行分析和梳理也有助于指导项目各建筑进行绿色设计侧重性和针对性。

① 绿色节能标准类

■《绿色建筑评价标准》GB/T 50378—2019

■《绿色建筑评价技术细则》2009

■《广东省绿色建筑评价标准》DBJ/T 15—83—2017

■《住宅性能评定技术标准》GB/T 50362—2005

② 行业规范、标准类

■《夏热冬暖地区居住建筑节能设计标准》JGJ 75—2012

■《〈公共建筑节能设计标准〉广东省实施细则》DBJ 15—51—2007

■《中华人民共和国环境保护法》

■《城市居住区规划设计标准》GB 50180—2018

■《民用建筑热工设计规范》GB 50176—2016

■《民用建筑供暖通风与空气调节设计规范》GB 50736—2012

■《工业建筑供暖通风与空气调节设计规范》GB 50019—2015

■《建筑采光设计标准》GB/T50033—2013

■《建筑给水排水设计标准》GB 50015—2019

■《建筑中水设计标准》GB 50336—2018

■《建筑与小区雨水控制及利用工程技术规范》GB 50400—2016

■《地表水环境质量标准》GHZB 1—1999

③ 广州地方标准、规程类

《广州市绿色建筑设计指南》2012

■《广州市建筑节能"十二五"规划》

■《广州市人民政府关于加快发展绿色建筑的通告》

■《广州市绿色建筑和建筑节能管理规定》（草案征求意见稿）

■《广州市水资源规划总报告》

■《广州市餐厨垃圾管理试行办法》

3）物理环境现状分析

起步区现状道路等级较高，路面情况较好，形成了以东西向黄埔大道、临江大道，南北向科韵路、车陂路组成的"两横两纵"道路结构，其中地面过境交通黄埔大道和科韵路承担了起步区内较大的交通运量，同时也是区内常规公交系统的站点布设点。

根据起步区开发规模的预测评估，未来起步区早高峰小时交通需求约 11.6 万人/h，因此在如此巨大的交通吸引背景下，根据起步区场地声环境模拟，大运量的交通量给主干道两侧以写字办公和公寓住宅功能为主的建筑物带来一定的交通噪声和大气污染影响。

4. 城区绿色建筑研究结论

通过上述分析的结论，也就是起步区项目实现绿色建筑设计要注意的问题和《绿色设计指南》的编制依据。编写上要注意：

（1）起步区为老工业用地，场地生态安全不容忽视。

（2）起步区内地下空间面积巨大，指南中应对地下空间绿色设计有策略性建议。

（3）国家、省市地方都有绿色建筑标准，本指南要有侧重，不用大而全，体现特色。

（4）根据城市设计的成果显示岭南建筑特色鲜明，设计指南中对岭南气候特征也要有回应。

（5）城市设计成果的指标体系里分为控制性、建议性和引导性指标，结合绿建星级标准要求，指标细化分解到条文中也应进行强制性和推荐性区分。

5. 城区绿色建筑等级潜力布局规划研究

依据"所占资源越多，设计等级越高"的总体思想进行城区地块星级潜力布局规划。通过筛选出规划阶段影响绿色建筑等级分布的影响因子，对不同地块实施绿色建筑等级进行赋值评分，从技术层面划定适合起步区绿色建筑研究对象（图 2.2-6 和表 2.2-4）。

图 2.2-6　技术路线示意简图

起步区绿色建筑适建地块指标统计表　　　　　　　表 2.2-4

编码	用地性质代码	用地性质	用地面积（m²）	容积率	可再生能源利用率	非传统水源利用率	备注
AT0909002	B1、B2	商业/办公综合用地	24288.03	10.6	≥3%	≥15%	
AT0909008	B1、B2	商业/办公综合用地	27595.27	11.8	0.0	≥10%	
AT0909010	B1	商业设施用地	2705.59	4.8	≥1%	≥45%	
AT0909012	B1、B2	商业/办公综合用地	14564.11	8.0	≥0.9%	≥25%	
AT0909013	B1、B2	商业/办公综合用地	14623.13	8.0	≥0.9%	≥25%	
AT0909015	B1	商业设施用地	7003.32	2.9	≥1.5%	≥45%	
AT0909017	B1、B2	商业/办公综合用地	14700.73	7.8	≥0.9%	≥30%	
AT0909018	B1、B2	商业/办公综合用地	14759.76	7.8	≥0.9%	≥30%	
AT0909020	B1	商业设施用地	7003.32	2.9	≥1.5%	≥45%	利用原有建筑
AT0909022	B2	商务设施用地	12670.44	10.5	0.0	≥20%	

续表

编码	用地性质代码	用地性质	用地面积（m²）	容积率	可再生能源利用率	非传统水源利用率	备注
AT0909023	B2	商务设施用地	10320.90	8.9	≥1.2%	≥20%	
AT0909024	B1、B2	商业/办公综合用地	19791.14	12.4	0.0	≥20%	
AT0909025	A2、B1、B2	文化/商业/办公综合用地	40699.84	11.4	≥2.8%	≥20%	
AT0909029	B1	商业设施用地	5209.05	1.2	≥5.1%	≥20%	
AT0909030	B1、B2	商业/办公综合用地	8422.96	12.1	≥3.6%	≥15%	
AT0909033	B1、B2	商业/办公综合用地	8422.96	9.8	≥3.1%	≥15%	
AT0909034	B2	商务设施用地	8422.96	13.5	0.0	≥50%	
AT0909035	B1、B2	商业/办公综合用地	8422.96	10.6	≥2.7%	≥20%	
AT0909036	B2	商务设施用地	8897.96	12.8	0.0	≥25%	
AT0909037	B1、B2	商业/办公综合用地	8422.96	12.2	≥3.5%	≥15%	
AT0909038	B1、B2	商业/办公综合用地	8897.96	9.3	≥3.0%	≥15%	
AT0909041	B2	商务设施用地	8740.44	6.6	≥1.5%	≥20%	
AT0909043	B2	商务设施用地	14202.44	4.3	≥5.2%	≥15%	
AT0909044	A2	文化设施用地	11575.27	2.2	≥1.2%	≥60%	
AT0909045	B1、B2	商业/办公综合用地	23797.81	5.6	≥1.7%	≥25%	
AT0909051	B1	商业设施用地	5785.28	1.0	≥5.0%	≥60%	
AT0909053	B1、B2	商业/办公综合用地	8897.96	9.5	≥1.4%	≥30%	
AT0909054	A1	行政办公用地	8422.96	9.1	≥1.9%	≥30%	
AT0909055	A1	行政办公用地	8897.96	12.8	0.0	≥20%	
AT0909056	A1	行政办公用地	8422.96	9.3	≥1.7%	≥25%	
AT0909057	B2	商务设施用地	8897.96	12.8	0.0	≥25%	
AT0909058	B1、B2	商业/办公综合用地	8422.96	9.3	≥1.3%	≥30%	
AT0909059	B1、B2	商业/办公综合用地	8897.96	9.3	≥1.3%	≥30%	
AT0909060	B1、B2	商业/办公综合用地	8422.96	9.0	≥1.5%	≥30%	
AT0910002	B1、B2	商业/办公综合用地	12906.04	9.6	≥4.0%	≥10%	
AT0910006	B1、B2	商业/办公综合用地	32749.16	11.9	≥2.3%	≥20%	
AT0910007	B1	商业设施用地	9482.01	1.0	≥2.8%	≥25%	
AT0910009	R2	二类居住用地	42182.01	5.1	≥13.6%	≥1%	
AT0910011	R2	二类居住用地	49097.50	4.1	≥23.2%	≥1%	
AT0910013	B1、B2	商业/办公综合用地	13157.47	6.0	0.0	≥25%	
AT0910015	B1、B2	商业/办公综合用地	7204.37	6.1	0.0	≥45%	
AT0910016	B1、B2	商业/办公综合用地	6503.73	4.8	≥3.2%	≥45%	

大道通过，设有科韵路站和车陂南站；规划新型公交东西向沿花城大道穿过，设有 3 个站点；规划广佛城际线在综合交通枢纽处设有站点。城际轨道站点（综合交通枢纽）可作为对外枢纽型 TOD 节点，其他则作为商业商务型 TOD 节点。并且考虑到起步区的定

位及先进性，综合上述不同TOD类型一、二圈层的划定标准（表2.2-5～表2.2-7），设定轨道站点（含地铁、新型公交）300m覆盖范围内的地块区位条件好于轨道站点300m覆盖范围外的用地，城际轨道站点为500m。

商业商务型TOD节点开发容积率　　　　　　　　　表2.2-5

范围	商业办公	居住	商住
第一圈层(0～300m)	8～10	5～6	6～8
第二圈层(300～700m)	6～8	4～5	5～7

社区居住型TOD节点开发容积率　　　　　　　　　表2.2-6

范围	商业办公	居住	商住
第一圈层(0～400m)	6～8	3～5	4～6
第二圈层(400～800m)	4～6	3～4	4～5

对外枢纽型TOD节点开发容积率　　　　　　　　　表2.2-7

范围	商业办公	居住	商住
第一圈层(0～500m)	4～6	2～4	3～5
第二圈层(500～1000m)	3～5	1～3	1.5～3

由于在综合交通枢纽站点可实现新型交通、城际线和地铁换乘，辐射人群广，客流量大，故设定其区位优势高于无轨道换乘的地铁站点和新型交通站点。

1）能源利用条件

以地块可再生能源利用率指标的最低值为依据，评定能源利用条件对地块绿色建筑等级高低的影响程度为：

• 高等级潜力大：可再生能源利用率5%以上（含5%）；
• 高等级潜力中：可再生能源利用率3%～5%（含3%）；
• 高等级潜力小：可再生能源利用率0～3%。

2）水资源利用条件

以地块规划非传统水源利用率指标的最低值为依据，评定水资源利用条件对地块绿色建筑等级高低的影响程度为：

• 高等级潜力大：非传统水源利用率40%以上（含40%）；
• 高等级潜力中：非传统水源利用率20%～40%（含20%）；
• 高等级潜力小：非传统水源利用率0～20%。

3）用地类型

依据绿色建筑建设实施经验，按建筑类型实施绿色建筑高等级难易程度，由易到难依次为办公建筑、酒店建筑、商业建筑和居住建筑。适建绿色建筑的起步区地块用地性质为A2（文化设施用地）、B1（商业设施用地）、B2（商务设施用地）、B1B2、A2B1B2、R2（二类居住用地）。依据上述条件设定地块用地性质对应的潜力等级：生态基底。

根据起步区现状场地条件，按照地块基底所占生态资源程度的高低，将现状场地生态基底分为林地、草地、废弃地。地块现状基底含乔木、灌木等绿量较大植被时，其占有的生态资源丰富，应实施高等级绿色建筑进行补偿，基本无生态影响。依据城市设计方案，地块区位及其建筑所拥有的景观资源也将对地块售价起决定性的作用。按照所占资源丰富度决定星级等级的总体原则，具有丰富景观资源的地块对应应做高星级绿色建筑。

　　4）等级潜力评判

　　综合六个影响因素，按好、中、差三个等级对各个地块进行赋值评分，评分结果见表 2.2-8。

绿色建筑地块星级影响因子评分表　　　　　　　　　　表 2.2-8

地块编号	区位条件 (权重2)			能源利用条件 (权重1)			水资源利用条件 (权重1)			用地类型 (权重3)			生态基底 (权重2)			景观资源 (权重1)		得分
	好	中	差	好	中	差	好	中	差	好	中	差	好	中	差	好	差	
	2	1	0	2	1	0	2	1	0	2	1	0	2	1	0	2	0	0～20
AT0909002		4			1			0			6			4			0	15
AT0909008		4			0			0			6			4			0	14
AT0909010		4			0			2			3			4			0	13
AT0909012		4			0			1			6			2			0	13
AT0909013		4			0			1			6			0			0	11
AT0909015		4			0			2			3			0			0	9
AT0909017		4			0			1			6			0			0	11
AT0909018		2			0			1			6			2			0	11
AT0909020		4			0			2			3			0			0	9
AT0909022		4			0			1			6			0			0	11
AT0909023		4			0			1			6			0			0	11
AT0909024		4			0			1			6			0			0	11
AT0909025		4			0			1			6			0		2		13
AT0909029		4			2			1			3			0			0	10
AT0909030		4			1			1			6			4			0	16
AT0909033		4			0			1			6			4			0	16
AT0909034		4			0			2			6			0			0	12
AT0909035		2			0			1			6			0			0	9
AT0909036		2			0			1			6			0			0	9
AT0909037		2			1			0			6			0			0	9
AT0909038		2			1			0			6			0			0	9
AT0909041		0			0			1			6			0			0	7
AT0909043		0			2			0			6			0		2		10
AT0909044		4			0			2			6			0			0	12
AT0909045		2			0			1			6			0		2		11
AT0909051		0			2			2			3			0		2		9
AT0909053		4			0			1			6			0			0	11

续表

地块编号	区位条件（权重2）好2/中1/差0	能源利用条件（权重1）好2/中1/差0	水资源利用条件（权重1）好2/中1/差0	用地类型（权重3）好2/中1/差0	生态基底（权重2）好2/中1/差0	景观资源（权重1）好2/差0	得分 0～20
AT0909054	0	0	1	6	0	2	9
AT0909055	2	0	1	6	0	0	9
AT0909056	0	0	1	6	0	2	9
AT0909057	2	0	1	6	0	0	9
AT0909058	0	0	1	6	0	2	9
AT0909059	2	0	1	6	0	0	9
AT0909060	0	0	1	6	2	2	11
AT0910002	2	1	0	6	0	0	9
AT0910006	2	0	1	6	2	0	11
AT0910007	2	0	1	3	0	0	6
AT0910009	2	2	0	0	0	0	4
AT0910011	2	2	0	0	0	0	4
AT0910013	0	0	1	6	2	2	11
AT0910015	0	0	2	6	2	2	12
AT0910016	0	1	2	8	2	2	15

考虑在广州城市建设战略地位及低碳发展要求，并且其建筑功能以高档金融办公为主，应适当提高星级比例要求，突显社会责任。而三星级增量成本投入较高，技术风险较大，因此按地块建筑量5∶4∶1的比例划分一、二、三星级绿色建筑地块，即一星级绿色建筑地块建筑量占50%，二星级绿色建筑地块建筑量占40%，三星级绿色建筑地块建筑量占10%，以此作为依据将各地块得分按比例划分为：

- 0～9分为一星级潜力地块；
- 10～13分为二星级潜力地块；
- 14～20分为三星级潜力地块。

据统计，共计地块42个，总建筑面积480.85万 m^2，其中：

一星级潜力地块18个，建筑面积242.80万 m^2，占比约50.5%；

二星级潜力地块19个，建筑面积181.00万 m^2，占比约37.6%；

三星级潜力地块5个，建筑面积57.05万 m^2，占比约11.9%。

绿色建筑不等于高成本、高科技建筑，建设中的成本增加，可通过材料的再利用、运行阶段的节能、节水、节约资源等措施在一段时间（几年）内收回。

根据相关机构统计，绿色建筑技术的增量成本一般可控制在建筑整体造价的约9.3%。一星级绿色公共建筑增量成本仅为30元/ m^2，二星级236元/ m^2，三星级367元/ m^2（图2.2-7）。从建筑的全生命周期来看，大力推行绿色建筑是建设低碳生态城市的必然选择。

而起步区绿建建设投入成本与全国
水平相比具有一定优势：

起步区内已有配套的地下空间整体
开发、市政再生水回用系统、区域集中
供冷供热、绿色交通等配套的区域集中
资源利用设施；设计指南中要求充分考
虑采用被动式设计技术（强制性条文）。

因此，起步区绿色建筑增量成本可
按以下金额估算。根据起步区绿色建筑
等级潜力分布图，公共建筑按一星级绿
色建筑增量成本 20 元/m²，二星级 100
元/m²，三星级 200 元/m²；居住建筑按
一星级绿色建筑增量成本 10 元/m² 计
算，一、二、三星级绿色建筑总增量成
本约 3.38 亿元。

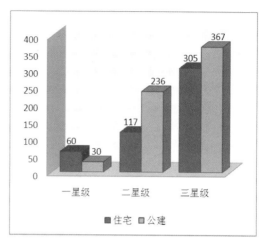

图 2.2-7　绿色建筑增量成本

6. 城区绿色建筑关键技术研究

1) 绿色技术应用分析

根据项目的开发建设情况和周边资源供应条件和各地块等级定位分布的分析，得出起步
区内建筑满足各星级要求推荐的适宜性绿色技术，最基本满足国家绿色建筑一星级标准
的要求。公建类和住宅类建筑绿色技术如表 2.2-9 和表 2.2-10 所示。

公建类建筑绿色技术　　　　　　　　　　　　表 2.2-9

技术内容	技术实施要点	达标要求		
		一星	二星	三星
节地与 室外环境	场地风环境模拟分析,合理设计底层架空或临街架空连廊(岭南骑楼形式),优化区域内部场地风环境	√		
	场地噪声污染模拟分析,结合室外景观设计声环境改善措施(声屏障、绿化隔声带、微地形隔噪等)	√		
	光污染控制:建筑玻璃幕墙反射率选择;室外景观灯具选用下射或有截光装置的灯具;室外广告和建筑泛光照明设置	√		
	场地设计乔木、遮阳棚、建筑小品等多种形式遮荫设施	√		
	无遮阴的场地地面材料采用浅色饰面材料、建筑外墙和屋顶采用高反射率材料或屋顶绿化以减少吸热	√		
	绿化优化配置技术(乔灌草结合＋连续遮荫＋喜阴喜阳植物区分＋本土植物)	√		
	屋顶绿化、垂直绿化、水体绿化等立体绿化设计		√	
	珠江边和内部水系岸边结合景观需求可考虑设计生态驳岸,利于鱼虾、鸟类栖息繁殖	√		
	建筑结合屋顶绿化等措施开辟鸟类、小动物等栖息场所	√		

续表

技术内容	技术实施要点	达标要求		
		一星	二星	三星
节能与能源利用	采用新型墙体材料,结合外墙自保温、外墙隔热、屋面保温技术、高性能 Low-E 玻璃门窗提高建筑围护结构的保温隔热性能	√		
	冷屋面系统(太阳能高反射率屋面或绿化屋面等)	√		
	建筑构件遮阳(建筑凸凹、走廊、阳台等)	√		
	结合建筑造型设计固定、活动外遮阳系统			√
	节能灯具及声控、红外线感应、自然采光照度感应等智能控制方式	√		
	设计金融城区域能源站集中供冷供热	√		
	选择节能高效的制冷机组、水泵、风机等空调设备	√		
	综合利用空调变水量、变风量、变频水泵和风机等设备变频技术满足空调部分负荷时段高效运行控制		√	
	热量回收技术		√	
	太阳能光伏发电或光热系统建筑一体化设计			√
节水与水资源利用	选用节水器具	√		
	合理规划地表与屋面雨水径流途径,设计下凹式绿地或雨水花园引导雨水下渗	√		
	收集雨水作为区域景观补水,利用人工湿地净化水质	√		
	采用微灌、滴灌等节水灌溉方式	√		
	金融城区域市政再生水利用,用于绿化浇灌、地下室冲洗和部分建筑冲厕		√	
节材与材料资源利用	预拌混凝土、预拌砂浆	√		
	结构体系优化设计	√		
	建筑主体结构的梁、柱、墙、板主筋应尽量采用 HRB400 级钢以上的高强度钢筋		√	
	土建装修一体化设计施工			√
	室内灵活隔断			√
	钢材、铝合金、玻璃、石膏等可循环材料总量占比 10% 以上	√		
室内环境质量	根据室内自然通风模拟结果合理设计外窗开启位置和开启方式,过渡季节和夏季充分利用室内自然通风	√		
	门窗隔声(室外声环境不利点设置双层窗、中空玻璃或通风隔声窗)	√		
	建筑外窗玻璃参数选择综合考虑节能、隔声、采光的需求,室内尽量利用自然采光	√		
	建筑立面设计遮阳导光系统改善室内自然采光		√	
	空调末端独立控制调节,满足室内人员舒适度需求	√		
	下沉式绿化庭院和商业街设计,为地下一层商业和停车带来自然采光和通风效果		√	

续表

技术内容	技术实施要点	达标要求		
		一星	二星	三星
运营管理	建筑照明、空调等各系统能源消耗分项计量	√		
	建筑智能化系统完善,满足国家标准要求	√		
	建筑设备运行、室内环境质量实时监测	√		

住宅类建筑绿色技术　　　　　　　　　　表 2.2-10

技术内容	技术实施要点	达标要求		
		一星	二星	三星
节地与室外环境	场地风环境模拟分析,合理设计底层架空或临街架空连廊(岭南骑楼形式),优化区域内部场地风环境	√		
	场地噪声污染模拟分析,结合室外景观设计声环境改善措施(声屏障、绿化隔声带、微地形隔噪等)	√		
	光污染控制:建筑玻璃幕墙反射率选择;室外景观灯具选用下射或有截光装置的灯具;室外广告和建筑泛光照明设置	√		
	场地设计乔木、遮阳棚、建筑小品等多种形式遮荫设施	√		
	无遮阴的场地地面材料采用浅色饰面材料、建筑外墙和屋顶采用高反射率材料或屋顶绿化以减少吸热	√		
	绿化优化配置技术(乔灌草结合＋连续遮荫＋喜阴喜阳植物区分＋本土植物)	√		
	屋顶绿化、垂直绿化、水体绿化等立体绿化设计		√	
	珠江边和内部水系岸边结合景观需求可考虑设计生态驳岸,利于鱼虾、鸟类栖息繁殖	√		
	建筑结合屋顶绿化等措施开辟鸟类、小动物等栖息场所	√		
节能与能源利用	采用新型墙体材料,结合外墙自保温、外墙隔热、屋面保温技术、高性能 Low-E 玻璃门窗提高建筑围护结构的保温隔热性能	√		
	冷屋面系统(太阳能高反射率屋面或绿化屋面等)	√		
	建筑构件遮阳(建筑凸凹、走廊、阳台等)	√		
	结合建筑造型设计固定、活动外遮阳系统		√	
	节能灯具及声控、红外线感应、自然采光照度感应等智能控制方式	√		
	太阳能生活热水系统建筑一体化设计			√
节水与水资源利用	选用节水器具	√		
	合理规划地表与屋面雨水径流途径,设计下凹式绿地或雨水花园引导雨水下渗	√		
	收集雨水作为区域景观补水,利用人工湿地净化水质	√		
	采用微灌、滴灌等节水灌溉方式	√		
	金融城区域市政再生水利用,用于绿化浇灌、地下室冲洗和部分建筑冲厕		√	

续表

技术内容	技术实施要点	达标要求		
		一星	二星	三星
节材与材料资源利用	预拌混凝土、预拌砂浆	√		
	结构体系优化设计	√		
	建筑主体结构的梁、柱、墙、板主筋应尽量采用 HRB400 级钢以上的高强度钢筋		√	
	土建装修一体化设计施工			√
室内环境质量	环保装饰装修材料＋入住前空气质量检测	√		
	浮筑楼板等建筑楼板隔声构造技术	√		
	根据室内自然通风模拟结果合理设计外窗开启位置和开启方式	√		
	门窗隔声(室外声环境不利点设置双层窗、中空玻璃或通风隔声窗)	√		
	建筑外窗玻璃参数选择综合考虑节能、隔声、采光的需求,室内尽量利用自然采光		√	
	地下室和室内自然采光利用(采光天井和光导管)			√
运营管理	垃圾分类收集	√		
	住户水、电、燃气分户分类计量	√		
	住区智能化系统配置完善,满足日常管理、居住便捷、安全等要求	√		

2)亮点技术应用分析

(1)场地生态安全技术

为提高预见性、减少工程事故、地质灾害、生态破坏、地方病等的发生,全面、系统地对建设用地区域自然环境的地质安全、环境安全、生态敏感性等多个层面进行调查分析,对土地开发利用及地下空间开发利用的优势条件和不足、资源分布、资源质量及对未来高强度开发建设的安全隐患进行判断,为下一步城市规划建设提供可行性分析依据,并最终指导规划布局和规划建设。

① 对起步区以及外扩 500m 范围内进行地形地貌、工程地质、水文地质、地质灾害等现场调查,总体评价场地地质安全条件。

② 通过对起步区内地表水系(棠下涌、造纸厂涌)、地下水、土壤、土壤放射性氡、大气污染等现场调查及污染含量检测,分析建设用地环境污染现状、污染成因、预测污染趋势并提出相应的修复治理措施。

③ 根据起步区用地现状筛选生态敏感因子,进行生态诊断中的敏感性分析。通过对各生态敏感性因子分级分区图的叠加分析,获得研究区域的综合生态敏感性分区。

④ 综合分析地质安全、环境安全及生态敏感性等多个层面,对场地适宜性进行综合评价,并提出相应的治理修复措施。

场地生态诊断涉及地质、环境、生态、规划等多个专业领域,起步区 1.32km² 生态诊断费用约 50 万～80 万元(其中地质调查、钻探、物探、抽水试验等实物工作量费用 20 万～25 万元,环境污染检测及分析费用 10 万元,生态敏感性分析、解译费用约 10 万～20 万元),其成果的高预见性,能为传统规划模式所导致的后期不可预估的损失节省成本几百万元至上亿元。

充分开发利用城市地下空间能够大量节约城市用地，缓解并减少环境污染、城市交通将得到改善、城市的开发空间得到极大的提升。开发城市地下空间的意义重大。

地下空间环境质量控制是地下空间开发的一个重要环节。和地面环境相比，地下空间环境有着明显的不同之处，主要表现在地下空间位于地下、封闭、自然光线缺乏、空气流通较差等，对人的生理和心理都有一定的影响，人体对空气环境的要求有清洁程度、舒适的电化学性能、合适的温度湿度和恰当的气流速度等，加上人们认识上的局限性和物质上的限制，要达到城市地下空间所要求的环境标准是比较困难的。随着地下建筑功能的日益复杂，决定了地下建筑的空气环境质量更加不容乐观。

⑤ 设计时加强地下空间的自然通风，采用 CFD 数值模拟、下沉式庭院、结合地下车道路线设计自然通风口等手段加强地下与室外空间的互通性。

⑥ 加强地下空间的自然采光，利用中庭或天井、导光管或者采光井将自然光导入地下空间。

⑦ 室内游离甲醛、苯、氨、氡和 TVOC 等空气污染物浓度符合现行国家标准《民用建筑工程室内环境污染控制标准》GB 50325—2020 中的有关规定。

⑧ 地下停车库的通风系统根据车库内的一氧化碳浓度进行通风机自动运行控制。

⑨ 地下停车库采用吸声降噪措施减少地下车行的噪声影响。

地下空间环境质量控制技术由被动式的设计技术和主动式的设备技术组成，其中地下车库一氧化碳浓度监测需要增加初期投资，监测点每个约 1500 元，具体设置个数根据设计情况确定。

长期以来，我国在建设过程中存在着无视环境承载力、过度开发的现象。生态补偿是指对场地整体生态环境进行改造、恢复和建设，以弥补开发活动引起的不可避免的环境变化影响，以保证建设项目中人工-自然复合生态系统的良性发展。

（2）广州某智慧城区起步区内生态营造珠江边和区内水系边的生态链的完整性。

① 在起步区绿化景观设计中采用提高绿容率的植物性补偿策略，改善区域环境质量，逐步恢复由于建设活动破坏的自然生态系统自身的调节功能并保持系统的健康稳定。

② 场地规划设计保护和利用地表水体。沿河涌采用生态堤岸设计等措施。

③ 综合考虑起步区高强度开发后的生态补偿措施。如：临珠江和河涌地块应避免填埋、侵占航道及场地规划水体。应采用生态堤岸设计等措施以利于鱼虾、鸟类栖息繁殖。结合屋顶绿化、沿岸滩涂景观等开辟鸟类、小动物等的栖息场所。

（3）场地生态补偿技术主要为设计技术。

① 是对常规设计观念的调整。

由于项目建筑容积率和密度大，带来夏季室外热环境不利影响，并增加建筑的空调能耗，会给起步区人们的工作生活带来严重的负面影响。设计中通过室外风环境、建筑材料、建筑布局、绿地率和水景设施、空调排热、交通排热因素综合优化设计降低园区"热岛"现象。

② 场地规划应有利于自然通风，场地风环境应有利于过渡季、夏季的自然通风及冬季室外行走舒适。建筑物周围人行区域距地面 1.5m 高处的风速放大系数不应大于 2 或风速应低于 5m/s，80% 人行区域的风速放大系数不应小于 0.3。

③ 场地规划应进行热岛效应控制设计，利用适应广州气候条件的树木、大灌木丛、植物格栅或者其他室外植被覆盖的构筑物提供遮阳，场地应有不少于50%的硬质地面有遮荫或铺设太阳辐射吸收率0.3～0.5的浅色材料；增加植被或其他透水材料的覆盖，减少不透水硬质铺装面积，室外透水地面面积比应大于40%。

④ 建筑外墙宜为浅色饰面，墙面太阳辐射吸收率小于0.5。

⑤ 起步区绿化设计：根据场地环境进行复层种植设计，优化草皮、灌木的位置和数量，适当增加乔木的数量。

⑥ 结合建筑设计，采用垂直绿化和屋顶绿化等立体绿化方式。裙房屋顶绿化面积应占屋顶可绿化总面积的50%以上，其他应有不少于30%的可绿化屋面实施绿化或不少于75%的屋面为浅色饰面。

⑦ 对于采用多联机或分体式空调器时，应考虑空调室外机的安放位置和搁板构造以降低室外机排热的聚集。

热岛控制技术主要为设计技术，其中透水地面和屋顶绿化设计相对于常规设计存在增量投资。屋顶绿化约200元/m²，透水地面设计约100元/m²。

（4）城市设计阶段已经制定了"城内慢生活、地面绿公交、地下快节奏"的绿色交通规划策略。为绿色交通提供便捷、舒适的配套服务设施，可以引导市民乐于利用绿色交通工具。

① 广州某智慧城区起步区内各级道路与慢性系统规划相结合设置非机动车道和人行道。

② 在各个地块按不同需求合理设置非机动车停车位，非机动车停车场宜单独设置，对非机动车停车位数量提出具体要求。

③ 居住区内停车泊位配置宜向城市开放；设置地下停车库、多层停车楼或机械式停车库等停车设施；为电动车、混合动力车等清洁交通工具及合乘车等提供优先停车位，并预留充电设施。住区无遮荫的地面停车位占总停车位的比例不应超过10%，可通过采用种植乔木或设置遮阳棚等措施实现地面停车遮荫，无遮荫的地面停车位应铺砌植草砖或采用透水地面等。

绿色交通配套技术主要是起步区绿色交通规划的落实和具体化，基本无直接的绿色建筑额外投资。起步区建筑容积率和建筑密度很高，减少项目对周边市政管网压力是需重要解决的问题。低冲击开发技术能有效减少项目对市政排水管网系统的压力。

项目设计中采用各种低冲击开发技术：屋顶花园、透水地面、下凹式绿地等。本项目各建筑屋面雨水按重力流设置雨水立管将建筑屋面雨水排至室外低势绿地或雨水花园等渗透设施，室外场地、停车场等地采用渗水砖铺装，消防车道上雨水采用漫流至道路两侧渗水场地或草地，可以增加雨水下渗量以营养地下水及减少地面热岛效应，从而有效降低地表径流系数，大大降低雨水地表径流量。雨水经过入渗后剩余量通过雨水口收集，集中排放到珠江。

低冲击开发（LID）技术主要是室外景观设计和雨水渗透回收技术的结合，如果项目确定建设集中的市政再生水厂，则各地块的雨水利用以下渗为主，基本不存在增量成本的投入；如果项目确定无集中的市政再生水厂，则各地块的雨水利用以收集利用为主，存在雨水收集系统的初期投资成本，具体按各地块的收集利用规模确定。

（5）公共建筑的全年能耗中大约 $50\%\sim60\%$ 用于空调，照明用电量达到建筑总用电量的 $10\%\sim12\%$，因此，空调系统和照明设备的节能意义十分重大。

公建和住宅空调冷热源的能效比相比广东省标准提高了一个等级。

① 全空气空调系统过渡季节采取实现全新风运行或可调新风比的措施，最大可调新风比不小于 50%。

② 新风宜经排风热回收装置进行预冷或预热处理，热回收装置宜设置旁通风管。

③ 全空气变风量空调系统送（回）风机和大空间全空气空调系统送（回）风机宜采用变频控制，满足低负荷运行的要求。空调冷却塔风机宜采用变频控制。

④ 各类房间或场所的照明功率密度值，应满足《建筑照明设计标准》GB 50034 规定的现行值，办公室的照明功率密度值还需满足 GB 50034 的目标值。

根据每栋建筑的空调系统采用节能措施的不同，增加的初投资初步估算约为 50 元/m^2。

运营阶段起步区内水、电、燃气等各类能源的消耗监管是物业管理重点，也是体现绿色低碳城区的重要指标之一。对起步区内各栋建筑和公共地块的能源消耗量进行分项分类计量、统计分析，为园区的各栋建筑设置资源消耗计量系统，与楼宇自控系统结合建设。系统分软件、硬件两部分，硬件主要为各种能耗计量表，如水表、电表、燃气表、热能表等，抄收部分硬件，如抄表模块、集中器等，数据接收处理部分，如管理电脑（结合楼宇自控系统管理电脑使用）、数据库服务器等。

项目在各栋建筑设置楼宇自身的管理中心，对建筑的各种用能系统用能量进行计量、加工、存储，提出运营改进措施，实现精细化运营管理。也可以设置起步区集中的建筑能耗数据管理中心，集中统计管理，也是展示起步区绿色低碳生态城区建设成果的重要手段之一。

根据监测内容的不同，每栋建筑的软硬件投入约 20 万元。

7. 绿色建筑指南编制研究

（1）本土化：岭南气候响应，强调雨水利用、自然通风、遮阳、隔热等。

（2）对接性：与规划指标体系的对接，保证生态规划成果的落地与国标《绿色建筑评价标准》的对接，保证绿色建筑达标。

（3）定量化：尽可能地进行定量说明，增强可操作性。

（4）图文并茂：配有大量插图详细说明条文的具体做法，增强可读性。

（5）可操作性：制定可行的实施途径，保障绿色建筑基本要求在建设全过程予以落实和监管，针对不同使用者提供不同的用途。

（6）特色条文：从涵盖范围来看，对比国家和省市其他绿色标准，本指南在常规的绿色建筑"四节两环保"内容的基础上，根据项目实际情况增加了专门的"场地生态诊断"和"地下空间环境质量"的条文，使得指南涵盖内容更加广泛和有针对性。

8. 绿色建筑成果应用研究

最后编制完成的建筑《绿色设计指南》是作为起步区建筑实现低碳生态建设的指导性文件，在满足国家、广东省及广州市绿色建筑标准、导则的基础上，适用于起步区内地下空间、新建居住建筑和公共建筑的绿色设计。

在项目的绿色建筑等级分布规划中已经根据各地块的建设适宜性分析初步确定了各地块的绿色建筑等级定位，配合设计指南中的绿色技术选用索引，可以明确各地块项目达到绿色建筑目标所采用的绿色技术措施。

2.2.2 研究内容

2.2.2.1 重大工程结构安全自动化监测监管创新技术研究

时间：2018年10月至2019年6月

依托工程：华南理工大学广州国际校区、广州大学抗震中心、中山大学东校区人文社科楼

1. 背景概要

当前我国工程建设面临着新的发展趋势，城市建设出现了越来越多的深基坑、高大边坡工程、大坝、高层建筑、市政隧道、大跨度桥梁等工程。此类工程一旦发生事故，会导致严重的经济损失和恶劣的社会影响。但是随着近年来地震灾害和建筑火灾事故的一系列安全问题频发，工程建筑的健康状况开始引起了人们的担忧。如何将信息化技术引入到传统的施工与管理领域，尤其是结构安全的自动化监测，已然成为广大土木科技工作者关注的热点和难点。

针对所依托项目的工程难点与重点，拟开展基于物联网的城市轨道交通基础设施项目自动化监测监管云平台技术集成创新研究与实践课题研究，有效提升本依托项目的施工技术与管理水平，达到全方位实时安全管控、降本增效、绿色环保的目的，同时，为自动化监测等信息化技术以及绿色建造理念在大型基础设施中的推广应用探明路径和提供示范，为我局所管理的项目积累经验和技术支持。

2. 主要研究内容

（1）基于物联网的重大工程自动化监测云平台系统构架

在工程结构施工过程中，如果临界破坏，结构的某些局部和整体的参数将表现出与正常状态不同的特征，通过安装传感器系统便可拾取这些信息，而对信息的识别则可确定损伤的位置及相对程度。经过对损伤敏感特征量的长期观测及分析，可掌握工程结构性能劣化的演变规律，迅速采取加固措施，保障安全。其安全监测系统由四个子系统组成：

- 传感器子系统：包括各类前端传感设备；
- 数据采集和传输子系统：包括信号采集、调理等设备以及网络通信设备；
- 数据处理和控制子系统：包括数据处理、设备控制等；
- 综合评估和报警子系统：包括数据库管理与查询、状态评估及管理决策建议等。

（2）重大工程结构损伤诊断理论和方法

损伤诊断确定性方法将损伤特征参量作为确定量处理，其研究焦点为损伤特征参量与损伤之间的确定性映射关系，基于这种映射关系通过确定性计算和推理方式来识别损伤。这方面的研究主要集中在两个方面：基于损伤特征参量的损伤诊断确定性方法和基于模型修正的损伤诊断确定性方法。

（3）重大工程结构安全在线监测云平台的设备研制及数据传输技术开发

考虑到监测的投入以及监测对象的重要性，监测主要通过有线或无线的方式，针对大型、复杂结构实施一对一的集中监测，按照该思路构建的桥梁安全监测系统均为单一的专用系统，即一套监测系统只对某一特定的桥梁进行监测，不同的监测系统基本上都采用了不同的网络结构和组网设备，系统兼容性较差，无法组建较大规模的监控网络。近年来，工程上陆续提出了新的监测理念和方法，如无线传感网络技术、多点分布式监测技术等，

为解决区域性监测、组建较大规模的监控网络提供了技术支持。

基于目前安全监测的技术水平，并结合建设项目的施工过程和结构特点，课题组提出了一种布局方案，如图 2.2-8 所示。

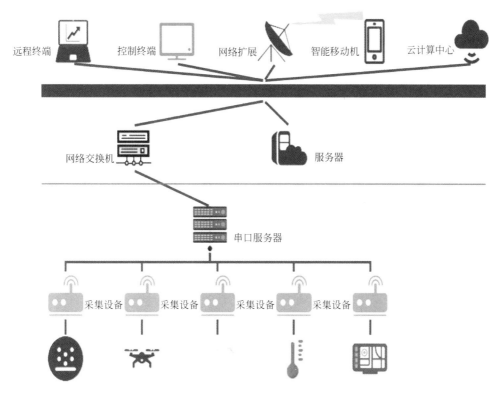

图 2.2-8　组网布局方案

该方案属于多点分布式布局，完全适用于区域性安全监测。此方案的核心思想是：根据地域限制和监测需求将监测对象划分为不同的区域（Monitoring Area），每个监测区域由一个或多个同类型的节点平台构成（Node Platform），该平台具有信号调理、数据采集、数据传输、数据存储、反向控制等主要功能，节点平台下设若干监测节点（Node），为保证信号质量每个节点平台通过有线的方式与下设备节点通信，并通过通信基站接入GPRS/CDMA、5G 等无线或有线网络，连接到 Internet，进而连接到监控中心计算机。通过这种网络连接方式，监控中心计算机可异步地同时与多个监测点建立通信，实现多点监测和控制。监控中心计算机的数据处理单元采用多线程的方式，实现多任务数据采集和数据处理。同时，该系统也考虑了移动终端用户的监测需求，用户可通过手机随时随地获取关键数据，并对系统进行控制。

综上所述，节点平台作为上联监控中心、下联各个传感器节点进行数据管理和系统控制的关键，是实现区域性分布监测的技术核心。节点平台的设计要充分满足市场上成熟的传感设备和网络设备的接口适配需求，如针对不同传感信号的调理和采集，以及传输、控制的物理接口和通信协议等，其最终目标是统一管理和控制不同类型的传感设备，形成统一的硬件集成和信息管理的技术平台。因此，本课题将节点平台的设计研发作为完成课题任务的最重要内容之一。

（4）城市轨道交通结构安全在线监测云平台大数据分析与计算技术

数据处理与控制，主要指现场和监控中心的数据处理、系统控制以及数据管理等功能。工程结构监测系统的现场条件极其复杂，采集得到的信号中往往包含了各种干扰信号。另外，并非所有的采集信号都是有用信号，如系统工作模式变更期间数据的失真，因此系统要求对采集到的数据进行预处理得到有效信号段。在完成预处理后需要对采样数据进行各种数学分析，如统计分析、时域分析、频域分析和功率谱分析等。具体来说，不同类别的传感器数据，需要不同的处理方法，如位移数据要用到影响线；应变要进行疲劳、局部受力分析。分析结果作为综合评估和管理子系统的根据。

安全监测系统云服务平台如图 2.2-9 所示。

图 2.2-9　安全监测系统云服务平台

① 数据处理功能

监测数据的处理包括预处理和后处理两个过程：

数据的预处理：主要进行简单的运算分析，如最值、均值、方差、标准差、变化幅值等，该过程的计算结果一方面作为常规预警的输入，用以初步判定结构状态以及信号是否正常；另一方面可以作为进一步结构评估的基础。常用的方法是数学统计与信号处理。

数据的后处理：主要进行监测数据的高级分析。例如桥梁特征量与环境因素之间的相关性分析、动态数据的时频域分析等。这一过程需要耗费较大的计算机资源和时间，往往在监控中心完成。

考虑到结构安全监测系统的特点，数据处理的主要工作应该放在监控中心完成，但对于动态数据，由于数据量巨大，原始数据对网络传输和数据分析无疑都是沉重的负担，因此动态数据处理应分为现场和监控中心两部分完成。现场数据分析通过简单算法，筛选并处理原始数据，突出并传输重点数据；监控中心则以预警和评估为目的侧重于数据的深入挖掘。

② 数据管理和控制功能

有了合理的传感器配置和安全稳定的数据采集、传输系统，保证结构安全监测系统高效运作的另一个关键方面就是数据的有效管理，主要是通过构建科学、高效的数据库实现数据存储、数据查询和显示等主要功能。

数据存储：监测现场直接以数据文件形式存储原始数据，构建能够记录采集设备、采集时间等索引信息的文件名，以便引用和检索；完成采样、记录等工作后，文件和数据通过网络传输给监控中心，导入数据库进行存储，一般来说，监控中心数据库内除原始数据外，还包括完成分析处理的结果数据。

数据查询和显示：数据的查询和显示工作主要通过数据库来实现。要求系统能够快速及时地通过计算机网络提供数据库中相关的桥梁状态信息，灵活地以图文并茂、友好自主的方式显示。数据库系统通常安装于监控中心服务器上。根据系统对数据的管理需求，选择用合适的数据库管理系统。由于数据来源多样，形式复杂，格式不一，因此对数据收集与整理入库必须统一规划。数据库的访问控制一般是通过设置不同的访问级别区别不同类别用户的访问权限，从而保证用户的使用以及系统安全。

③ 基于云计算服务的综合评估和报警子系统

当数据采集和处理完成后，就需要对获得的数据进行评估，根据评估的结果来判定结构目前的运行状态。具体来说就是把处理后的数据运用一定的分析手段（如层次分析法、可靠度理论、模糊理论等），判断结构当前所处的状态。最终，为结构是否需要维修以及如何维修提供科学依据。

预警信息是根据客户在设备设置里配置得来的，用户配置阈值会根据采集过来的值进行比对，如果比设置的阈值大，会响应报警功能。用户会在进入系统的第一时间得知报警数据。

短信报警可根据用户设置的级别发送手机预警信息，如图 2.2-10 所示。

图 2.2-10　短信预警界面示意图

用户可自行添加报警时通知的用户。根据用户添加不同的报警等级，系统会自动按照报警的级别进行短信发送，例如：配置报警等级为一级，系统所有的报警都会发送给此用户，例如用户配置报警等级为二级，只有系统发生黄色预警（二级预警）时才会发送给此用户。

现场声光报警：当预警系统综合判断属于一、二、三级预警时可输出一个数字信号，数字信号通过声光报警控制电路识别或收到，控制电路发出指令控制电源控制装置打开声光报警模块，从而控制声光报警模块发出声光报警。

3. 研究技术路线

（1）调查研究

以中心的相关重大工程项目为对象，组织相关科研人员，通过广泛的文献调查、实地调研、资料收集、试验探索等方法，针对国内外既有的绿色施工技术、信息化施工技术、BIM 建模与应用技术、高风险节点施工风险评价与处治对策以及相关的新型项目管理理念等方面进行调查研究，系统归纳总结，形成调研报告，指导中心有序开展信息安全建设。

（2）理论研究

本课题研究的目的和核心之一是解决施工过程中存在的风险高、预测难、管控烦等问题。为此，本课题研究过程中基于国内外既有的风险评价理论，结合工程实际开展系统的大型建筑工程的施工风险预测、评价、控制理论研究。具体包括：基于人-机-环境系统的风险评价理论、基于时空变形计算的风险预测理论以及基于实测信息的风险决策理论等。

（3）软件开发

本课题研究成果以集成 BIM 模型的形式提交和应用，在前述数据和接口标准化的基础上，实际开发过程采用模块化进行，具体包括：地理信息数据库模块、BIM 数字精细化模型模块、时空动态变形预测模块、风险评价与智能决策模块、自动化信息监测模块等。

重大结构安全自动化监测监管平台系统整体开发技术路线及布局如图 2.2-11 所示。

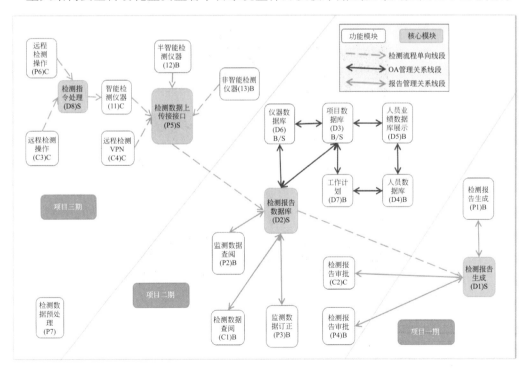

图 2.2-11　系统开发技术路线

以市代建局代建的相关重大工程项目为对象，成立课题组，通过理论分析、调查研究及工程实测、试验探索、工程应用，探究、形成并完善"智慧代建"体系，指导构建共建共享协作平台，提升中心的科技研发能力，从而增强中心的生产力和竞争力，推动国内大型基础设施信息化建设水平的发展和进步。

4. 技术先进性分析

（1）多传感器的信息融合技术和变形信息深度挖掘

① 运用物联网技术实现各类监测数据的自动化采集、传输、管理及互联互通，如徕卡系列、天宝系列、斯比特、新科、金码、基康、飞尚等主流厂家传感器及采集设备，有效地保证硬件设备的快速对接；

② 系统融合了人工及自动化监测多种通用算法，如小角法、截面法、（极）坐标法、倾斜、应力应变、水位等 100 多种算法确保项目能快速有效地接入云平台中，并且通过多种算法对数据深度分析，自动提取工程安全关键信息并及时、有效预警；

③ 通过 APP、微信公众号、短信等方式全方位展示变形成果，实现数据利用最大化；

④ 系统实现企业所有项目安全监测在线监管、基础资料管理、测量基本参数设定、各项监测内容适时显示发布、图形报表制作、数据分析、综合预警等功能；

⑤ 建立可视化展现的图像功能，实现三维模型的实景对应图像，以时间、空间等多种维度直观体现区间基坑变形状态，同时预留接口能接入其他三维模型、BIM 模型，让系统具有强大的开放性和兼容性。

（2）基于行业规范或管理者意志多维度有效管控监测全过程

① 通过系统账户定制化配置满足建设主管部门、业主、监理、施工方、监测单位等相关各方需求；

② 通过跟踪进场计划和分析人员设备有效把控生产效能；

③ 采用来源于行业规范和实际需求的多种关键算法对测量过程有效管控，确保数据准确、有效；

④ 通过对上传频率实时监控并动态提醒，确保监测人员进场及时；

⑤ 通过对关键时间、地点、人员、设备、环境、原始数据等多要素的全面存储确保变形量值有效溯源，保证监测公信力。

（3）打破传统监测管理模式的时间局限性、人员局限性、地域局限性

① 打破传统监测管理模式，通过基坑关键部位布设一定数量的自动化监测设备，其他部位采用常规人工监测方式，保证了即使在恶劣天气的情况下依旧有有效数据能及时反馈，做到了技术上先进可靠、经济上合理可控；

② 通过数据采集、处理和反馈采用自动化和信息化手段，大幅度缩短现场作业时间；

③ 通过报告编制工作采用系统自动完成，节省内业处理人员；报告成果审批签名通过手机 APP 实现，随时随地均能快速完成。

5. 研究结果及分析

"重大工程结构安全自动化监测监管集成创新技术研究与实践"课题在传统安全监测的技术以及理念的基础上，把物联网、云计算和安全监测三者结合起来，使先进方法、技术更高效地服务于重大工程的监测应用。

（1）自动化监测可以覆盖一部分传统人工监测项目，如深层水平位移、地下水位监

测。当自动化监测用于这些监测项目时，由于监测受到的扰动较少，且对施工操作人员要求较低，因此可以做到更高频率、更精确的监测，并能做到数据的自动传输，有助于对基坑施工安全的实时管理。

（2）自动化监测还可以应用于一些不便采用人工监测的监测项目，如电压监测和锚索应力监测，有效地保障了施工的各项仪器的用电及基坑支护的安全。自动化监测由于成本的限制，采用的测点较少，一般在重要的测点设置自动化监测点，对重要位置重点观测。

（3）人工监测无法被自动化监测取代的部分主要是不采用埋设传感器的表面位移（沉降）监测，因为沉降和位移都需要使用全站仪这类的高精度、对人工操作高度依赖的仪器来进行数据的读取和调校，不能使用不受外部环境影响的埋设型传感器进行监测。同时，人工监测具有成本较低、测点较多的优点，数据更加多样。

（4）人工监测虽然在桩顶沉降等不便于采用自动化监测的监测项目方面有难以替代的优势，可以方便地得到监测数据的大致的变化趋势，但是由于施工场地不同施工阶段对监测工作人员的限制和对操作人员的操作水平等的要求，使得人工监测的频率远远低于自动化监测，因此人工监测不便于施工管理人员对实时数据进行快速反馈，具有明显的滞后性。

（5）对于土体深层水平位移这一自动化和人工都可以进行监测的项目，人工监测的特点是可以测出不同测点的多个深度的土体深层水平位移值，对于不同深度的测点有详细的监测和记录。而自动化监测选取的测点较少，单个测点仅选取了三个不同的深度位置进行监测，对于不同深度的土体的深层水平位移的监测可能没有人工监测的那么全面。但是，自动化监测一方面可以获得实时的监测数据，另一方面测点的某深度位移值被区分为两个方向，可以方便地获得土体深层水平位移的方向和变化趋势，即对于土体深层水平位移这一项目，自动化监测相对于人工监测来说，虽然对于某个测点的某时间点的不同深度的监测数据量不够丰富，但是它获取的信息的内容更全面，可以方便管理人员判断工程的安全情况，结合监测云平台的预警系统后，一旦出现安全问题，可以立刻排查工程的施工问题进行维护，对于工程安全的管理更有帮助。

（6）自动化监测的数据结果与测点的选取有关，当测点选取的位置受到的施工影响较小时，自动化监测的数据的波动范围相对于人工监测的某些测点来说会明显较小，不利于预警最可能出现安全风险的位置。因此，自动化监测需要有经验的施工人员预先选取最佳的测点布设位置，或者提前做一段时间的人工监测，根据人工监测的波动最大的位置来选取自动化监测的测点，这样有利于监测效率达到最大化。

（7）高风险节点工程自动化监测动态预警与智能控制技术。基于自动化监测技术实现高风险节点工程的动态预警与智能控制尚属首次，特别是如何实现智能控制更是该课题技术部分的基础技术核心。

（8）开发实用的以结构模型修正理论为基础的结构损伤识别、定位和评估技术，研究非线性结构模型的时域评估方法及系统识别技术软件已取得良好效果。

（9）充分利用区块链技术的不可篡改、全程留痕、可溯源、公开透明、非对称加密、集体维护等优势，以及数据与CIM模型的结合，借鉴既有建筑工程中应用的相关研究成果和经验，针对重大工程体量大、施工工法多、地质条件复杂、人文环境要求高等特点，分别进行大型建筑工程项目现场的管理，对劳务人员、施工机械、施工材料、施工进度等关键性要素实行精细化管控。

（10）安全自动化监测系统等技术的开发和研究，研发 CIM 和区块链为基础的数字化、智能化管理平台，实现大型建筑工程项目由传统的重劳力、流水作业、粗放管理体系向数据赋能后智慧分析管理的智慧建造体系转变，大力提升建筑行业高质量发展的需求，提高工程质量和投资效益。

近年来各研究成果可直接为中心项目提供施工设计深化和技术优化指导，一方面可保证工程施工的顺利进行，从而产生良好的经济效益和社会效益；另一方面可有效解决高风险结构安全施工关键技术，为工程顺利进行提供技术支撑。根据以上研究，工程施工风险可化解，施工成本可以降低，工期效益能最大化。

本课题研发相关平台可以为最终用户即监管者提供及时的数据分析、结构健康评估报告和必要建议，还可以为监管及生产单位提供基础技术服务、为监管单位提供管理服务以及科学研究。

本课题的开展将大大提高中心在基础设施领域（特别是城市重大工程建设）自动化监测技术的应用能力和绿色施工水平，为持续提高参建单位施工能力和水平，促进行业数字化转型升级提供动力。

2.2.2.2　基于 BIM 的复杂环境下危大工程安全监测监管研究

时间：2019 年 6 月至 2020 年 3 月

依托工程：广州某医院项目

1. 背景概要

本书拟结合在建的广州某医院项目，开展 BIM 模型在大型建筑工程项目施工管理过程中的应用探索与实践，旨在充分利用 BIM 等信息技术的可视化、虚拟化、协同管理等优势，借鉴既有的在建筑工程中应用的相关研究成果和经验，针对重大工程体量大、施工工法多、地质条件复杂、人文环境要求高等特点，分别进行大型建筑工程项目 BIM 模型、高风险节点工程精细化管控、安全自动化监测云平台等技术的开发和研究，研发多维、多尺度数字模型及操作平台，实现大型建筑工程项目由传统的平面建设管理向三维、甚至多维度数字化建造方式转变，大力提升建造信息化水平，提高工程质量和投资效益。研究成果可直接为广州某医院新址项目提供施工设计深化和技术优化指导，一方面可保证工程施工的顺利进行，节省工程造价，从而产生良好的经济效益和社会效益；另一方面可有效解决高风险节点工程施工关键技术，为工程顺利进行提供技术支撑。根据以上研究，工程施工风险可化解，施工成本可降低，工期效益能最大化。

2. 主要研究内容

（1）基于 BIM 技术的危大工程项目施工结构安全管控平台模型

根据大型建筑工程项目的结构形式多、工序繁杂等特点，通过对既有技术与管理资料的全面统计分析，针对不同结构形式以及结构功能的重要性，分别按不同尺度建立结构单元的数字化模型图库，为结构安全分析提供统一的数据源，加入对于施工现场监控和管理信息的集成统一，针对上述模型进行几何存储与显示方面的优化处理。

（2）基于 BIM 技术的高风险节点工程施工安全精细化管控技术

系统调查分析本课题依托项目的节点工程，并进行风险预评估，选取若干典型高风险节点工程，运用包括理论分析、现场测试和数值模拟等手段在内的各种方法，对其进行深化设计和研究，解决基础技术问题，进一步建立基于 BIM 技术的实时动态反馈机制，实现高风险节点工程施工精细化管控与智能决策技术，确保施工安全。

（3）基于 BIM 技术的危大工程结构安全自动化监测云平台

针对大型建筑工程地质情况复杂、工程规模大、人工监测困难、长期监测难度大等影响结构安全的因素，以及大型建筑工程结构性能特点、荷载特性，基于物联网以及云计算平台，研制结构安全在线监测设备和技术诊断系统，实现大面积长距离在线监测与早期诊断，服务于大型建筑工程结构的安全稳定运行。

2.2.2.3　基于 CIM 区块链技术的工程协同监管系统研究

时间：2021 年 6 月至 2022 年 6 月

依托工程：某展馆扩建项目

1. 背景概要

为进一步认真贯彻落实《住房和城乡建设部等部门关于推动智能建造与建筑工业化协同发展的指导意见》（建市〔2020〕60 号）的工作重点，加快推动新一代信息技术与建筑工业化技术协同发展，在建造全过程加大建筑信息模型（BIM）、互联网、物联网、大数据、云计算、移动通信、人工智能、区块链等新技术的集成与创新应用的工作要求，根据中心领导的统一部署，启动本次的基于 CIM 的区块链工程协同监管系统研究与应用项目。

2. 主要研发内容

针对区块链技术去中心化理念，可信、安全等特性，在建筑工程领域，可进行工程数据的采集与存储、工程资料的存证、工程人力和机械资源的存档、工程现场安全检查数据存证等，可提高建筑行业效率，提升协同监管能力。

智慧建造是以 BIM、区块链、物联网等技术的应用为实现基础，面向项目全生命周期，实现项目信息的集成化、系统化、智慧化管理，以满足项目参与方的个性化信息管理需求。近年来，区块链技术作为具有普适性的底层技术框架，其研究和应用不断增长，在金融、经济、科技等领域已掀起广泛变革。建筑业作为传统的基础产业，是国民经济的支柱产业，对国计民生具有重要而深刻的影响。在传统的建筑行业中引入区块链技术，有助于建筑业更高效、更智能、更安全和更环保，有助于优化和改善现有的建筑业业务模式和服务方式。

（1）区块链技术的不可篡改性，使得建筑行业从业人员的从业经历有可能更加透明和可信赖，从而可辅助身份验证。如在大型工程项目招标时，按照现在的规定需要对项目负责人的执业资格、职称、以往同类规模和专业的项目经验等有较为严格细致的要求，在政府项目和依法必须招标的社会投资项目进行资格预审和评标时需要花费大量时间和精力进行真伪验证等。采用区块链技术后，可以更好地反映和输出建筑行业从业人员的真实经验，从而有效降低交易成本。

（2）区块链技术可提供溯源性追索，在建设工程项目质量安全事故调查中，可以快速、清晰地查证到究竟是哪一步未按照质量安全规范进行操作，应当由哪家参建单位哪位工程师负责，从而进一步保证了建设工程项目质量安全，有利于政府监管部门对市场参与者的实时监督和事后追责。

（3）利用区块链技术实现工程造价数据积累和传递，通过区块链技术的加密算法帮助工程造价数据的积累与分析，将单个工程项目的钢材、水泥、人工、机械等数据信息进行脱敏处理后，在保护项目业主隐私的情况下提供分布式造价数据存储方案，这种存储机制下的数据可以用来进行价值工程分析和改进，通过造价数据的流通和整合推动建筑工程成本的降低，也有助于建筑行业知识积累与传递。

智慧建造是信息化与工业化深度融合的一种新型工业形态，也是一种工程项目管理理念，它体现了项目建设从机械化、自动化向数字化、智慧化的转变趋势。具体以协同监管平台为工程项目管理信息门户，以建造技术、区块链和数字技术为手段，立足于项目全生命周期，营造项目建造和运维智慧化环境，通过技术创新、信息集成和管理优化，对项目全过程实施有效管理。

区块链是一种链式信息存储结构，具有去中心化、可溯源、信任度高等特点。区块链技术的透明、公平以及可追溯性与工程项目信息集成管理理念相吻合。并且建筑业全球风险咨询企业估计，95％的建筑数据在交付给第一任业主时就已遗失。因此区块链分类账本能保护建设项目文档的完整性、准确性、未篡改性，并且业主方、施工方、运维方可在线实时协同共享。

区块链技术应用于工程协同监管系统在一定程度上提高了信息交互能力、弱化了信息割裂程度，具有项目全生命周期的信息共享协同和监管能力。全生命周期上区块链数据包括：

前期文件：立项文件、概算文件、用地审批文件、施工许可文件等；

招标投标文件：招标投标文件、合同管理、资金支付文件等；

管理文件：上级要求文件、相关单位来往文件、会议纪要、监理月报等；

工程管理：设计文件、施工详细设计文件、工法交底、专业人员资质文件、安全监测资料、质量检测文件、变更材料、竣工验收文件等；

其他：其他材料、效果图、现场照片。

课题研究具体目标如下：

目标一，打通工程项目管理信息孤岛，实现五方单位数据互通互享。

目标二，利用区块链技术打造工程生命周期管理链，实现健全的工程管理数据管理机制。

目标三，打造一个基于 CIM 的区块链工程协同监管平台，实现不同工程链的管理，提升现阶段代建管理水平。

目标四，构建工程建设项目管理数字矩阵协同评估及预警模型，深化智慧搭建体系建设。

本课题研究成果如下：

成果一，已完成提交第一阶段调研和研究成果报告 1 份，为课题研究工作奠定基础。

成果二，已初步完成基于 CIM 的区块链工程协同监管平台搭建，正在深化完善。实现优化业务流程、降低运营成本、提升协同效力、建立可信体系。

成果三，培养一支建筑工程区块链技术工程师团队，实现为智慧代建发展提供人才储备。

成果四，争取并取得国家发明专利 1 项、获得软件著作权 2 项、发表学术论文 1 篇、争创"华夏建设科学技术奖二等奖" 1 个、"广东省土木建筑学会科学技术奖一等奖" 1 个。作为项目技术创优的依据。

2.2.3　已获得成果

1.2018 年重大工程结构安全自动化监测监管创新技术研究成果

项目进行了重大工程结构损伤诊断理论和方法的研究，建立了基于云计算服务的安全监测监管平台，针对基坑的不同监测项目建立了人工监测与自动化监测有机结合的监测方案。

项目成果在广州某城起步区、中山大学广州某校区、华南理工大学广州国际校区（C地块）和广州大学减震控制与结构安全实验大楼四个项目中成功应用。该成果获得了2019年广东省土木建筑学会科学技术二等奖。

2.2019年基于BIM复杂环境下危大工程结构安全监测监管研究

开展BIM模型在大型建筑工程项目施工结构安全过程中的应用探索与实践，充分利用BIM等信息技术的可视化、虚拟化、协同管理等优势，实现大型建筑工程项目由传统的平面建设管理向三维、甚至多维度数字化建造方式转变，大力提升建造信息化水平，提高工程质量和投资效益；基于物联网、无人机、AI人工智能、大数据智能分析等新一代信息技术，以制度为本、以标准为先，围绕压实主体责任、提高监管效能、强化过程实时管理、突出重大风险管控。

通过BIM技术和区块链技术的结合，将建设管理的参与各方，包括规划、设计、采购、制造、施工、运营等各相关利益方纳入项目全生命周期协同管理，充分发挥区块链技术去中心化和不可篡改性等特征，推动以CIM平台为基础的、基于区块链和BIM技术的项目全生命周期协同管理，推行"智慧代建"管理模式，以"制度流程化、流程表单化、表单标准化、标准信息化、信息数字化、数字智能化"的方针，打造项目智慧协同管理体系，将建设项目管理从传统管理模式向"数据一个库、监管一张网、管理一条线"的智慧管理模式转变，实现建设工程供应链系统可溯源、可追踪、采购系统及建造系统信息不可篡改，利用基于5G、大数据、云存储等信息化技术手段实现对建设项目的科学化管理与监督。

3.2020年区块链工程协同监管系统立项研究与应用

开展CIM和区块链技术在大型建筑工程项目协同监管中的应用探索与实践，旨在充分利用区块链技术的不可篡改、全程留痕、可溯源、公开透明、非对称加密、集体维护等优势，以及数据与CIM模型的结合，借鉴既有建筑工程中应用的相关研究成果和经验，针对重大工程体量大、施工工法多、地质条件复杂、人文环境要求高等特点，分别进行大型建筑工程项目现场的管理，对劳务人员、施工机械、施工材料、施工进度等关键性要素实行精细化管控、安全自动化监测系统等技术的开发和研究，研发CIM和区块链为基础的数字化、智能化管理平台，实现大型建筑工程项目由传统的重劳力、流水作业、粗放管理体系向数据赋能后智慧分析管理的智慧建造体系转变，大力提升建筑行业高质量发展的需求，提高工程质量和投资效益。

4.系列论文

（1）《基于CIM的建设项目协同管理体系研究与应用》——广东土木与建筑；

（2）《公共建设项目管理高质量发展的探讨——基于大数据的"智慧代建"管理模式》——城市住宅；

（3）《基于BIM技术的混凝土预制装配式建筑施工安全管理研究》——广东土木与建筑；

（4）《自动化监测在建设项目安全预警管理中的应用研究》——建筑安全；

（5）《建筑工程绿色施工精细化管理应用研究》——低碳地产；

（6）《精益建设理论在公共建设项目安全管理中的应用探讨》——建筑工程技术与设计；

（7）《动静对比试验在亚运城项目的应用——间歇时间对桩基础承载性状的影响》——广东土木与建筑。

5. 系列奖项及其他成果

（1）《重大结构损伤诊断理论与结构安全智能监测应用》科学技术类一等奖——广东省土木建筑学会，2019 年 6 月 20 日。

（2）华南理工大学致"广州市重点公共建设项目管理中心"感谢信，2020 年 1 月 8 日。

（3）《华南理工大学广州国际校区一期工程关键技术研究与应用》一等奖——广东省土木建筑学会，2020 年 7 月。

（4）《重大结构损伤诊断理论与结构安全智能监测应用》科学技术类二等奖——广东省土木建筑学会，2019 年 6 月 20 日。

（5）《基于多维立体扫描与精确建模的大体积混凝土缺陷探测技术研究》技术开发类一等奖——广东省市政行业协会，2019 年 9 月。

（6）《公共建设项目管理高质量发展的探讨——基于"大数据"的"智慧代建"管理模式》，在 2019 年度广东省代建学会优秀论文征集评选中，荣获一等奖——广东省代建学会，2019 年 12 月 20 日。

（7）《工业化信息化绿色建造技术的研究与应用》一等奖——广东省土木建筑学会，2020 年 7 月。

（8）《自动化监测在建设项目安全预警管理中的应用研究》——建筑安全期刊，2020 年第 7 期。

（9）《公共建设项目管理高质量发展的探讨——基于"大数据"的"智慧代建"管理模式》——广东省代建学会论文集。

（10）"华南理工大学广州国际校区一期工程"荣获"广东省土木工程詹天佑故乡杯"证书——广东省土木建设学会，2020 年 7 月。

（11）《基于 CIM 的建设项目协同管理体系研究与应用》，在 2021 年度广东省代建学会优秀调研报告征集评选中，荣获优胜奖——广东省代建学会，2021 年 5 月 11 日。

（12）发明专利：《一种高支模的沉降监测装置及方法》202010234826X，2021 年 9 月 7 日。

（13）纳入规划：智慧代建模式及"六化 30 字"方针已纳入《广州市基于城市信息模型的智慧城建"十四五"规划》（征求意见修改稿）。

2.3　构建智慧代建管理体系

为解决传统代建存在的系统问题，2018 年 12 月 14 日，在市代建局单位学术交流讲座上，刁尚东博士首次创新提出"传统代建"和"智慧代建"的概念，并先后分别于 2020 年 6 月在《城市住宅》公开发表《公共建设项目管理高质量发展探讨——基于"大数据"的"智慧代建"管理模式》，于 2021 年 8 月在《广东土木与建筑》公开发表《基于 CIM 的建设项目协同管理体系研究与应用》，首创"智慧代建 1＋1＋6＋N"管理体系，提出"制度流程化、流程表单化、表单标准化、标准信息化、信息数字化、数字智能化"的六化 30 字方针。

"智慧代建 1＋1＋6＋N"管理体系核心内容如下：

第一个 1 是指：首创工程建设项目"三位一体"管理模式（图 2.3-1），它的核心有 3 个：①代建单位＋监理单位高度融合的项目指挥部模式，其中又以指挥长为核心，推行设计施工总承包模式（EPC）。②引入"法人管项目"理念：是指在法人层面建立起一个对项目的经营管理体系，企业各职能部门按规范化的程序实施对项目的管理控制、支持项目经理执行合同，确保项目目标实现。在"法人管项目"管理模式下的项目经理只是代表企业去管理项目，是执行人而不是决策者。项目经理的管理是通过执行企业项目管理制度，体现企业管理项目的旨意，法人管项目的责任主体是"法人"，"管"是手段，"项目"是对象，其核心就是实现法人对项目管理的全过程实际有效监控。强化后台管理水平，支撑项目前台管理，实现项目管理从粗放管理向集约管理的转变，从经验管理向科学管理的转变，项目部和监理部是以法人单位进行管理，规避传统的过度依赖项目经理、总监管项目，由于资源、权责不对等容易造成资源配置和项目管理不到位等短板。③建设单位各部门之间和各参建单位之间通过协同管理信息平台协同作业，减少信息不对称造成效率低下等现象。

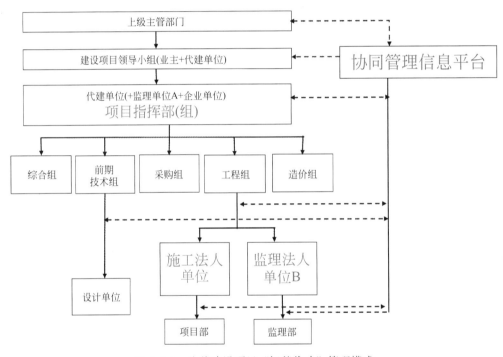

图 2.3-1　公共建设项目"智慧代建"管理模式

根据《国务院办公厅关于促进建筑业持续健康发展的意见》（国办发〔2017〕19 号）就建筑市场模式改革以及政府监管方式改革等作出了明确规定，关于市场模式改革，要求政府投资工程应完善建设管理模式，带头推行工程总承包，明确鼓励设计施工总承包模式；关于招标投标制度改革，明确按投资主体重新要求，对社会资本投资项目不再简单一刀切；关于政府监管方式改革，明确对甲乙双方同等要求同等问责；关于质量监督主体责任改革，明确要研究建立质量监督体制；关于全过程咨询，明确适时推进工程建设项目的全过程咨询等。这些改革都是深层次的，方向是正确的，效果令建筑业期待。现在，关键的关键就是看这些改革"怎么落地，什么时候落地"，要关注后续一系列的配套文件及其落实情况。

为什么要推行 EPC 模式？推行设计施工总承包模式（EPC）是市场模式改革的突破

口。推进公共投资项目供给侧结构改革，关键在于转变发展方式，一是建设模式转变，即要在节能、节地、节水、节材和环境保护基础上，实现绿色发展、可持续发展；二是市场模式转变。目前，我国建设市场有两种模式并存，一种是传统的沿革于计划经济条件下的模式，即建设单位分别对应勘察、设计、施工、监理等多个企业；另一种是从 1987 年推行"鲁布革经验"开始引入的，国际上比较普遍采用的总承包模式，即建设单位在工程实施阶段只对应一个设计施工总承包单位。从微观经济学的基本原理来看，传统模式属于"花别人的钱办别人的事"，勘察、设计、施工、监理单位缺乏优化设计、降低成本、缩短工期的根本动因，其效果必然是客观上既不讲节约也不讲效率，有悖于市场经济的规律，导致项目普遍超概算、超工期严重，腐败问题时有发生。设计施工总承包模式则是属于"花自己的钱办自己的事"，一旦总承包中标，通过一次性定价，总包单位可单独或与业主共享优化设计、降低成本、缩短工期所带来的效益，使得总包单位有动因既讲节约又讲效率。推进公共投资项目特别是房屋和市政基础设施项目供给侧结构性改革，必须从转型发展的高度来认识和破题。目前，设计施工总承包模式在我国的工业项目以及部分铁道、交通、水利项目中推行较为顺利，一般可比同类型传统模式项目节省投资 10％～15％，缩短工期 10％～30％，质量也能得到有效控制，在节约资源、节省投资、缩短工期、保证质量安全等方面显示出明显优势，取得了显著成效。而公共投资的城市房屋建筑和市政基础设施项目则推行缓慢。相比较而言，公共投资的城市房屋建筑和市政基础设施工程，其事权、财权均在地方政府，由于投资主体复杂，利益交织，对推行总承包模式，往往相互观望，动因始终不强。可以看出，如何引导和推动各地迈出公共投资项目设计施工总承包模式的第一步，将是有关部门要重点解决的问题。

第二个 1 是指一个基于 CIM 的全生命周期的建设项目智慧协同管理平台架构（图 2.3-2），图 2.3-3 为基于 CIM 的全生命周期的建设项目协同管理平台示例，平台是通过项目全过程管理的"制度流程化、流程表单化、表单标准化、标准信息化、信息数字化、数字智能化"的"30 字方针"简称"六化原则"来规范平台的打造、运作（图 2.3-4）。平台的作用是参与建设项目的决策部门、行政主管部门、建设、勘察、设计、施工、监理、供应商和运维单位等各方实现建设项目全生命周期的信息共建、共享、共管，并且还能在线会商。平台使工程项目管理数据化，即对象数字化、过程数字化、评价数字化，保证管理的敏捷、精准、高效；同时还有科学的管理机制，从而通过"发现、派遣、处理、存档"四个步骤形成一个全生命周期的管理闭环。

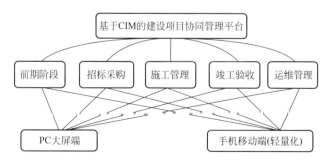

图 2.3-2　基于 CIM 的全生命周期的建设项目智慧协同管理平台架构

图 2.3-3　基于 CIM 的全生命周期的建设项目智慧协同管理平台示例

图 2.3-4　"六化 30 字方针"示例图

"六化 30 字"方针的核心内容和作用是什么？

以"六化 30 字"方针即"制度流程化、流程表单化、表单标准化、标准信息化、信息数字化、数字智能化"作为核心要素构建智慧代建协同管理平台，实现"数据一个库、监管一张网、管理一条线"的管理目标，达到工程管理可视化、数字化、智能化的目的，是构建智慧协同平台核心依据。详见如下：

制度流程化

根据《代建单位材料设备及供应方库管理办法》《建设项目乙供材料看样定板管理办法》《代建单位建设项目工程签证管理办法》《代建单位设计变更管理办法》《代建单位第三方检测（监测）及白蚁防治服务单位库管理办法》《代建单位建设工程勘察设计管理办法》等相关工作制度梳理出建筑工程全生命周期流程。制度管理办法具体内容详见附录 1。

（1）建设工程项目主要外部工作流程图（图 2.3-5）

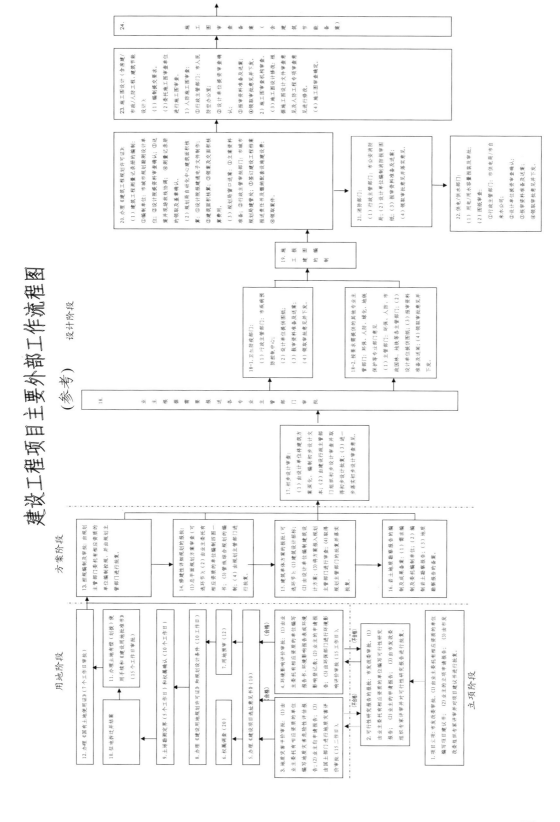

建设工程项目主要外部工作流程图（参考）

建设工程项目主要外部工作流程图（续前图）

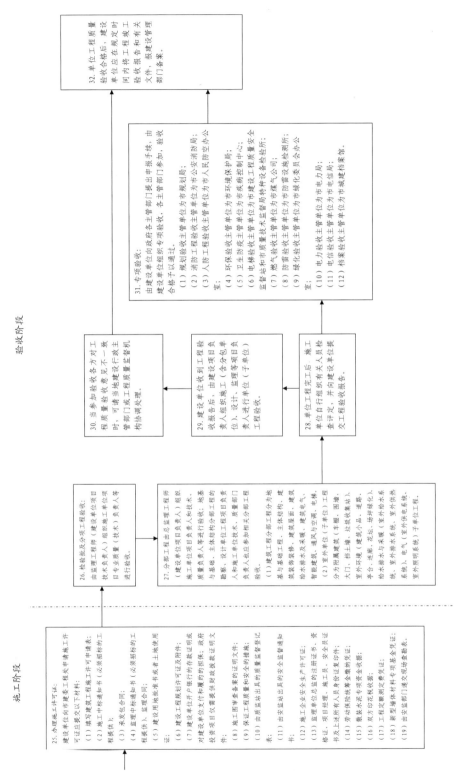

施工阶段

验收阶段

25. 办理施工许可证：
建设单位向市建委工程处申请施工可证应提交以下材料：
(1) 填写建筑工程施工许可申请表；
(2) 施工中标通知书（必须招标的工程提供）；
(3) 承发包合同；
(4) 监理合同、监理通知书（必须招标的工程提供）、监理合同；
(5) 建设用地批准书或者土地使用证；
(6) 建设工程规划许可证及其附件；
(7) 建设单位应与户银行的存有效证明或对建设资金支付和履约的担保；政府投资项目仅需提供财政投款证明文件；
(8) 施工图审查备案的证明文件；
(9) 保证工程质量的安全的措施；
(10) 由质监站出具具有的质量监督证件；
(11) 由安监站出具具有的安全监督登记表；
(12) 由安全监理总监的注册证书、安全员登记证；
(13) 施工企业安全生产许可证、资格证、项目经理、施工员、保险安全员身份证件及上述所有人员安全资信印件；
(14) 劳动保险缴费金缴纳凭证；
(15) 散装水泥专项资金收据；
(16) 双方印花税收据；
(17) 工程定额测定费收据；
(18) 新型墙体材料专项基金凭证；
(19) 由安监部门出具交现场勘查批准。

26. 检查批及分项工程验收：
由监理工程师（技术负责人等）组织施工单位项目技术负责人（技术）、项目专业质量（技术）负责人等进行验收。

27. 分部工程由总监理工程师（建设单位项目负责人等）组织，施工单位项目负责人和技术、质量负责人等进行验收。地基与基础、主体结构分部工程的勘察、设计单位工程项目负责人和施工单位参加相关分部工程验收。
建筑工程分部工程分为地基与基础工程、主体结构、建筑装饰装修、建筑屋面、建筑给水排水及采暖、通风与空调、电气、智能建筑、建筑节能、电梯。
(2) 室外工程（子单位）工程分为附属建筑（车棚、围墙、大门、挡土墙、垃圾集站）、室外环境（小品、道路、亭台、连廊、花坛、场坪绿化）。
给水排水与采暖（室外给水系统、室外排水系统、室外供热系统、室外供电系统），电气（室外供电系统、室外照明系统）等分项工程。

28. 单位工程完工后，施工单位自行组织有关人员进行查评定，并向工程验收报告。

29. 建设单位收到工程验收报告后，由建设施工（含分包单位）、设计、监理等项目负责人进行（子单位）工程验收。

30. 当参加验收各方对工程质量验收意见不一致时，可请当地建设主管主管部门或质监机构协调处理。

31. 专项验收：
由建设单位向政府各主管部门提出申报手续，各主管部门参加、验收合格子以通过。
(1) 规划验收主管单位为市规划局；
(2) 消防验收主管单位为市公安消防局；
(3) 人防验收主管单位为市人民防空办公室；
(4) 环保验收主管单位为市环境保护局；
(5) 卫生防疫验收主管单位为市疾病控制中心；
(6) 电梯验收主管单位为市建设工程质量安全监督和市质量技术监督局特种设备检查所；
(7) 燃气验收主管单位为市建设工程防雷设施检测所；
(8) 防雷验收主管单位为市建设工程绿化委员会办公室；
(9) 绿化验收主管单位为市建设工程城建档案馆。
(10) 电力验收主管单位为市电力公司；
(11) 电信验收主管单位为市电信局；
(12) 档案验收主管单位为市城建档案馆。

32. 单位工程质量验收合格后，建设单位应在规定时间内将工程或有关竣工验收报告和有关建设管理文件，报送建设部门备案。

图 2.3-5

（2）项目承接、立项阶段（图 2.3-6）

项目承接阶段	进度控制	一、立项阶段							
XX年X月	总计划时间（完成目标）	XX年X月完成							
		1	2	3	4	5	6	7	8
落实业主需求	拟建设实施方案	编制并报批项目建设总体规划	建设项目决策	项目建议书	用地规划阶段及报批	规划阶段及审查	立项备案证	可行性研究报告（大中型项目）	工程勘察设计方案招标
	办理天数								

图 2.3-6

项目承接、立项阶段工作内容包括业主需求并拟定建设实施方案，编制并报批项目建设总体规划、编制可行性研究报告等。

（3）设计前期阶段（图 2.3-7）

						二、设计前期阶段																		
						XX年X月完成该阶段工作并取得成果																		
15	16	17	18	19	20	21	22	23	24	25	26	27	28	29	30	31	32	33	34	35	36	37	38	39
												并联申报工作												
进行摸查阶段	完成摸查报告	考古调查勘探（根据实际情况）	地下管线（物线单位申报）	地下管线（物探单位）	开展物探工作	物探现场踏查	物探成果评审	提交物探报告	申报水条件（水务局）	广州市排水设施接驳条件咨询意见	跟进排水意见开展设计工作	编制环境影响报告书	人防咨询	取得人防审批	公共排水设施接驳核准（网上申请）1.1	广州市公共排水设施接驳核准申请表1.2	首层排水总平面图（含接驳井接驳管段）包含：标明管径、流向，水质检测井及所在道路名称等并且盖章，个人应手写签名并按指模1.3	公共排水设施接驳核准（回复意见）1.4	建设项目环境影响评价文件审批（根据实际地情况）	氡浓度检测	地铁保护（征询地铁公司）	水土保持咨询	节能评估报告（是否办理根据实际情况）	拆除工作同步进行（根据项目实际确定）

图 2.3-7

设计前期阶段工作内容包括进行摸查并完成摸查报告开展物探工作等。

（4）管线综合阶段（图 2.3-8）

三、管线综合阶段

XX年X月完成

40	41	42	43	44	45	46	47
经审查合格的地质勘察报告	编制管线方案	征询各管线相关业主单位意见	征询各管业主单位回复意见	修改管线综合设计征询意见稿	管线规划综合汇报（PPT）	管线综合报建图包含在设计图纸内）	勘察设计成果

图 2.3-8

（5）工程设计方案技术审查（修规）建设工程规划许可证（图 2.3-9）

四、工程设计方案技术审查（修规）建设工程规划许可证

★《建设工程规划许可证》XX年XX月取得批复开展阶段												外景观会阶段			取得规划证阶段
48	49	50	51	52	53	54	55	56	57	58	59	60	61	62	63	64
建设单位编制修建性详细规划	办理修建性详细规划	办理建设工程设计方案的总平面图	建筑工程设计方案（初稿）	办理报建通	建筑工程设计方案（经修改确认最终稿）	建筑工程设计方案（经第三方技术审查阶段）	建筑工程设计方案技术审查（经第三方技术审查回复意见）	完成《建设工程设计方案技术审查报告》	开展建筑工程放线工作	《建筑工程放测线量记册》	修建性详细规划、建设工程设计方案的总平面图予以公布	编制外景观方案（根据实情况）	外景观会汇报	外景观成果	申报建设规划许可证工作	★《建设规划许可证》批复

图 2.3-9

（6）初步设阶段及概算（图 2.3-10）

五、初步设计阶段及概算

评审范围：政府投资的大型新建、改建、扩建房屋建筑工程，建设项目规模划分标准按照现行《工程设计资质标准（2007年修订本）"建筑行业（建筑工程）建设项目设计规模划分表"的要求执行。（粤建市【2018】85号

XX年XX月完成，X月取复批复.

65	66	67	68	69	70	71	72	73	74	75	76	77	78	79
	管线迁改是否在存，若有在编制初步设计费用需考虑在内				并联工作									
					初步设计系统申报流程						初步概算阶段			
编制初步设计	编制管线迁改方案	管线迁改费用（初步设计包含）	编制初步设计文件	确定初步设计文件	政府委托第三方专业技术服务机构或自行组织初步设计评审工作（根据实际情况）	通过电子评审系统申请技术评审申请工作（http:210.72.5.161/）	报送市建设科技中心对初步方案进行复核	符合受理条件并组织专家评审工作	组织专家评审会并出具专家组意见	初步设计审查批复	初步设计概算审查工作	完成初步设计概算审查		完成初步设计批复（由校方批复）

图 2.3-10

（7）施工图审查阶段（图 2.3-11）

六、施工图审查阶段　　（并联工作）

XXX年XX月开起招标

80	81	82	83	84	85	86	87	88	89	90	91	92	93	94	95
				基坑审查											
				施工图联合审查											
人防工作	编制施工图	完成施工图完整版	技术需求书及预算编制	建筑	消防报审	人防报审	规划	交通	市政	卫生	施工图审查及备案	施工图预算编制及审查	通过施工图审查	取复工图审查报告	招标限价

图 2.3-11

（8）施工单位招标阶段（图 2.3-12）

七、施工单位招标阶段		
XXX年XX月开起招标		
96	97	98
施工招标工作	完成监理招标	完成施工总承包招标

图 2.3-12

（9）施工许可证（图 2.3-13）

八、施工许可证																	
XXX年XX月取得施工许可证																	
99	100	101	102	103	104	105	106	107	108	109	110	111	112	113	114	115	116
市政管线报装					房屋建筑工程分"三阶段"办理施工许可证						申请领取施工许可证前期条件						
					1	2	3	备注	建设工程质量安全监督登记中报工作	《建设工程质量安全监督登记》							★《建设施工许可证》，对符合条件的自申请之日起七日内取得批复
临时用电	临时用水	永久用电	永久用水	燃气	"基坑支护和土方开挖"阶段	"地下室"阶段	"±0.000以上"阶段	该阶段根据实际情况考虑			已办理建筑工程用地批准手续	已取得《建设工程规划许可证》	需要拆迁的，其拆迁进度符合施工要求	已确定建筑施工企业	有满足施工需求的资金安排、施工、工图及技术资料	有保证工程质量和安全的具体措施	

图 2.3-13

（10）施工阶段以及技术服务（图 2.3-14）

九、施工阶段以及技术服务																	
XX年X月																	
117	118	119	120	121	122	123	124	125	126	127	128	129	130	131	132	133	134
开工前完成的成果																	
城市管理综合执法部门	水务部门	水务部门	交通运输部门	园森部门	住房城乡建设局	备注											
（1）完成"城市建筑垃圾处置核准"	（2）完成"污水排水管网许可证核发"	（3）供水排水工程开工审批	（4）市政设施建设类审批、占用、挖掘公路审批	（5）占用城市绿地审批、砍伐、迁移城市树木	（6）建设工程项目使用袋装水泥和现场搅拌混凝土许可	（3）至（6）该环节根据实际需求（用地范围内豁免）	开工	设计交底	图纸会审	基坑支护及开挖	地下室主体工程	地上主体结构	砌体工程	水电设备安装	外立面及室内装修	室外管道及园林绿化工程	施工阶段配合

图 2.3-14

（11）竣工验收（图 2.3-15 和图 2.3-16）

十、竣工验收阶段														
XX年X月完成														
135	136	137	138	139	140	141	142	143	144	145	146	147	148	149
建设单位组织验收					联合验收，在满足条件前提下，并联审批7个工作日。									
工程质量竣工验收	人民防空工程竣工验收	水土保持设施竣工验收	环保设施竣工验收	光纤到户通讯配套竣工验收	防雷装置竣工验收	人防验收	消防验收	卫生防疫验收	通信验收	规划验收	消防验收	建设工程档案认可	完成竣工联合体验收	竣工验收备案

图 2.3-15

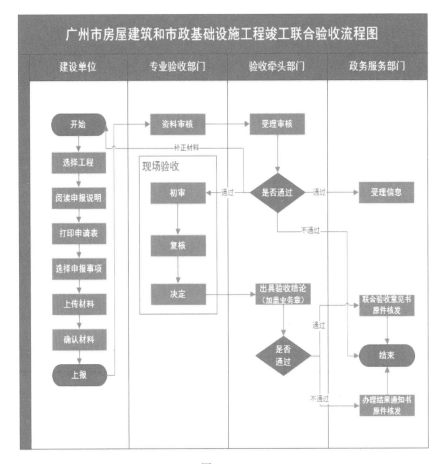

图 2.3-16

流程表单化

以施工阶段的施工单位履行质量安全责任违规行为处理通知单、第三方检测（监测）单位综合考评表为样例。上述每个表单均与具体的施工流程场景相对应。详见附录2工程项目管理表单样例1～19。

表单标准化

企业管理最重要的数据分析工具之一，就是最基础的四级文件——表单。表单可为企业的经营管理者和企业外部各个方面提供企业经营状况及其变动和经营成果、经营决策等方面的情况，以便他们作出合理决策。世界500强企业都有根据各方面的实际业务着手，研究须规划的表单，各项表单的实际作用、要求，形成表单范本，这些表单范本的实际可操作性极强，可拿来就用，或稍加修改可成为符合所在企业特点、业务的个性化表单，是进行企业管理不可或缺的重要抓手。

在项目管理过程中会产生复杂多样的管理流程表单，须对不同表单制定统一的标准，是项目全周期管理流程中的重要依据。表单包含但不限于以下要素：项目名称、内容、时间、经办人、审核人、批准人、盖章等。

标准信息化

信息化定义：将单位的线下业务，搬到 IT 系统中。信息化代表了一种信息技术被高度应用，信息资源被高度共享，从而使得人的智能潜力以及社会物质资源潜力被充分发挥，个人行为、组织决策和社会运行趋于合理化的理想状态。标准信息化将为代建管理带来重大意义。传统代建常常面临沟通不畅，信息无法及时获得，管理效率低下，资源和资源之间各自为政，难以统一管理和协调的现状。尤其是当各建设项目业务流程日益复杂，业务与业务之间关联与交叉频繁，人与人、部门与部门、参建单位与建设单位等之间的沟通和协作愈发凸现重要性的时候，更需要打破各种沟通和管理的屏障，实现对管理和运营各环节的掌控、调配和协作。而引进一套能充分发挥出协同理念的智慧协同平台系统，能有效帮助传统代建突破以上瓶颈。

建立信息化标准流程，规范化运作，为建设项目管理协同、交流提供一个有效场所，使项目管理的规章制度、简报、技术交流、公告事项、应急事件等都能及时处理，而各参建单位员工也能借此及时获知相关建设项目的发展动态。

将各参建单位的各类相关业务集成到智慧协同平台系统当中，制定标准，将各参建单位的传统垂直化领导模式转化为基于项目或任务的"扁平式管理"模式，使普通员工与管理层之间的距离在物理空间上缩小的同时，心理距离也逐渐缩小，从而提高各参建单位团队化协作能力，最大限度地释放人的创造力。

信息数字化

从信息化到智能化的过程，叫数字化。数字化并不是对单位以往的信息化推倒重来，而是需要整合优化以往的单位信息化系统，在整合优化的基础上，提升管理和运营水平，用新的技术手段提升单位新的技术能力，以支撑单位适应数字化转型变化带来的新要求。数字化转型实际上就是对业务的过程进行重塑，通过重塑使其适应更方便的在线环境，从用户接触到后端的办公室工作，到全方面实现无需人工介入的过程自动化。就采购行业来讲，智能数字化采购转型优势明显，可以降低采购成本。传统的采购模式是采购人员通过货比三家，根据价格比对做出最优选择，这样方式比较局限，而数字化采购可以从货比三家到货比百家、千家，通过规模化采购来提高企业的议价优势，将供应商、价格、成本等信息实现可视化、透明化，能为决策者提供具有预测性的可靠数据，从而大幅度降低采购费用，降低工程造价，节约投资。

在建筑行业的 BIM（建筑信息模型），英文是 Building Information Modeling，我们可以简要地描述它：通过数字信息仿真模拟建筑物所具有的真实信息，在这里，信息不仅仅是三维几何形状信息，还包括大量的非几何形状信息，如建筑构件的材料、重量、价格等。BIM 是以建筑工程项目的各项相关信息数据作为模型的基础，进行建筑模型的建立，通过数字信息仿真模拟建筑物所具有的真实信息，并利用数字模型对项目进行设计、建造及运营管理的过程。BIM 不是软件，而是一个理念，是一个可以提升工程建设行业从策划、设计、施工到运营全产业链各个环节质量和效率的系统工程。BIM 通过数字信息仿真模拟建筑物所具有的真实信息。它具有信息完备性、信息关联性、信息一致性、可视化、协调性、模拟性、优化性和可出图性八大特点。

城市信息模型（City Information Modeling），是以城市信息数据为基础，建立起三维城市空间模型和城市信息的有机综合体。从数据类型上讲是由大场景的 GIS 数据＋BIM 数据构成，属于智慧城市建设的基础数据。从 20 世纪 90 年代中国开始 3DGIS 的研究，第一步只实现数字化，也就是将建筑和场景进行数字表达，展示在屏幕上。到了 21 世纪初，数字化逐步转变为信息化，在展现的同时，也加入了属性信息和关联信息。近年来，信息化实现了跨部门、跨学科的融合，真正将信息化技术应用到了生产生活中。接下来的若干年中，不管我们的方向如何变动，大数据、综合管廊、海绵城市，或者是其他的城市信息相关的技术，都会围绕城市信息的采集和使用展开，这些就是城市信息模型 CIM 的由来。从 2020 年开始，国家陆续发布了相关的指导意见、导则、纲要等；2020 年 7 月，住房和城乡建设部、工业和信息化部、中央网信办印发《关于开展城市信息模型（CIM）基础平台建设的指导意见》；2020 年 9 月，住房和城乡建设部办公厅关于印发《城市信息模型（CIM）基础平台技术导则》的通知；2021 年 3 月，城市信息模型平台建设纳入《中华人民共和国国民经济和社会发展第十四个五年规划和 2035 年远景目标纲要》；2021 年 3 月，国家发改委等 28 部门印发《加快培育新型消费实施方案》；2021 年 6 月 1 日，住房和城乡建设部在总结各地 CIM 基础平台建设经验的基础上，印发《城市信息模型（CIM）基础平台技术导则》（修订版）。建立了城市级的 CIM 基础平台，CIM 基础平台是在城市基础地理信息的基础上，建立建筑物、基础设施等三维数字模型，表达和管理城市三维空间的基础平台，是城市规划、建设、管理、运行工作的基础性操作平台，是智慧城市的基础性、关键性和实体性信息基础设施。2021 年 9 月，由全国智能建筑及居住区数字化标准化技术委员会（SAC/TC426）、中国城市公共交通协会主办，全国智标委 BIM/CIM 标准工作组（SAC/TC426/WG4）等单位协办的"2021 第二十届互联互通合作者大会"在重庆成功召开，会上发布了《基于城市信息模型（CIM）的智慧社区建设指南》《基于城市信息模型（CIM）的智慧园区建设指南》白皮书，对城市信息模型（CIM）技术在智慧城市、智慧社区和智慧园区的应用进行了阐述。

2021 年 7 月 28 日，全国首个城市信息模型（CIM）基础平台——广州 CIM 平台正式发布，广州市 CIM 平台可谓好处多多，而且对设计、施工、竣工产生了深远影响。根据 BIM 相关标准作为引领，住建行业可以打造联动工建改革与智慧城市建设的统一场景与平台，基于 GIS、政务信息、物联网数据、三维模型、BIM 模型等多源数据的汇聚互通，形成多方应用的智慧数据资产。其中，基础平台的核心应用具有三维模型与信息全集成、可视化分析、模拟仿真、AI 辅助审查、多视频接入的无缝衔接与三维场景融合、物联网设备接入、BIM 模型轻量化格式高效转接等多项功能，有利于大幅提升智慧城市和建设工程多方主体的精细化管理水平。当前，广州市探索发展新基建与新城建新思路，将进一步推动 BIM、CIM 等新技术与新城建项目落地应用，为城市发展注入新动能，激发数字新基建发展热情，培育孵化智慧生态产业，推动广州市经济高质量发展，实现"老城市新活力"。为保障 CIM 平台基础数据的准确性、可靠性，广州市大力推动 BIM 正向设计发展，按照示范引导、以点带面的工作思路，启动了 BIM 正向设计示范工程评选工作，以促进行业的 BIM 正向设计能力提升。首批评选出 7 家单位的 14 个项目为 BIM 正向设计示范工程。广州 CIM 基础平台可实现对全市 2000 多个工地的智慧化管理，可以查看工地的各类详细信息，如：在质量安全方面实现对深基坑、起重机械设备的可视化实时监测查看，对关键位置进行定点巡检等方式的巡检。

数字智能化

智能化：是指事物在网络、大数据、物联网和人工智能等技术的支持下，所具有的能动地满足人的各种需求的属性。比如无人驾驶汽车，就是一种智能化的事物，它将传感器物联网、移动互联网、大数据分析等技术融为一体，从而能动地满足人的出行需求，建筑工程智能监测预警也是一种通过工程现场物联网设备对接，通过传感器物联网、移动互联网、大数据分析等技术实现智能化的监测预警。智能化是机器有了思考的能力。智能化的特点：机器做决策。当前我们正处于从信息化向智能化发展变化的关键时点，而这种变化的核心正是"数字化转型"。在智能化时代，互联网以及运行在其上的数据会形成决策，而人将与其他智能机器一样成为智能化网络管理的一个执行节点。随着时代的发展，信息技术逐渐成为发展的主流，数字化、智能化推动我国经济快速发展。在"十四五"规划中也提出，要打造数字化经济。在未来，智能、云计算、数字化等主线将迎来发展机遇。

智能化是指事物在计算机网络、大数据、物联网和人工智能等技术的支持下，所具有的能满足人的各种需求的属性，它将传感器物联网、移动互联网、大数据分析等技术融为一体，从而能动地满足工程管理需求，最终通过智能化算法的数字协同平台对数字化数据进行智能分析研判。

近几年，中心以"六化30字"方针作为核心要素构建智慧代建协同管理平台取得了一定的成果。为推动实现各参建单位信息互联互通，协同监管，实现"数据一个库、监管一张网、管理一条线"的管理目标，为大力推动"传统代建"向"智慧代建"数字化转型升级研发，为推动实现"数字化、可视化、智能化"三化功能提供了强大技术支撑。

推动实现各参建单位项目管理协同

建设项目智慧协同管理平台体系主要是以 BIM 作为核心技术，深度融合 GIS 技术、IoT 技术（万物互联数据）、AI 技术、区块链技术、5G 技术、大数据技术等新技术应用，打造建设项目智慧协同平台，向下兼容各类 BIM 模型与智能化系统数据接入，向上支持智慧城市各类应用系统，是现阶段"智慧代建"落地的最佳方案，是多种技术的集成和深化，在智慧城市建设管理的具体应用中，发挥了巨大的价值，可以更好地服务建设工程项目全生命周期管理的更新迭代。

全生命周期的建设项目智慧协同平台，是通过项目全过程管理的"制度流程化、流程表单化、表单标准化、标准信息化、信息数字化、数字智能化"的"30 字方针"原则，简称"六化原则"来规范平台的打造、运作，平台的作用是为参与建设项目的决策部门、行政主管部门、建设、勘察、设计、施工、监理、监测、检测、供应商和运维单位等各方实现建设项目全生命周期的信息共建、共享、共管，并且还能在线会商。平台使工程项目管理数据化，即对象数字化、过程数字化、评价数字化，保证管理的敏捷、精准、高效；同时还有科学的管理机制，从而通过"发现、派遣、处理、存档"四个步骤形成一个全生命周期的协同管理闭环。详见附录 3 智慧协同平台展示图。

智慧协同平台指利用区块链技术去中心化理念、分布式存储、不可篡改、不可伪造、非对称加密、透明公开等特性，在建筑工程领域，将人与物进行了自动感知化，工作互联化、实体物联化、智能化，借助于 CIM 与区块链技术，将所有数据进行了存证化，同时数据与 CIM 模型深度结合，CIM 技术通过将物联网传感设备、数据和三维模型结合，形成一个可更新且能够用于信息共享与传递的数据库，采用数据模型、数据融合和空间信息化等手段，为后续的基于数据的分析以及决策提供支撑。依托项目体量大，协调管理难度大，整个施工过程中对环保、水保、生态维护及人文环境、工程质量、工程进度、施工安全要求高，故项目实施过程中，存在施工难度大、风险高、管控难、资源配置和人员素质要求高等问题。采用先进的技术手段和管理理念进行安全施工、降本增效、提升项目管理能力与水平是项目工作的重点。智慧协同平台将打通数据孤岛，打造工程生命周期管理链以及 CIM 融合展示。

构建以二维地图、三维模型、BIM 等数据为底板，运用区块链技术特点，汇集工程项目全生命周期信息，对设计、勘探、施工、监理、业主五方单位工程档案管理、安全管理流程、工程进度管理流程、工程质量管理流程、资金计划管理流程、工程材料管理等数据，深入挖掘其潜在价值，使其能够提高建筑工程管理水平。

具体可分三步走：

第一步，基于 CIM 的工程协同监管系统以"区块链技术"为依托，实现工程管理系统与工程施工实际情况相整合。具体包括：档案管理模块、工程质量监管模块、施工安全监管模块、文明施工监管模块、施工进度智慧化监管模块等。

第二步，推进建筑信息模型 CIM 平台对接，逐步将各类建筑和基础设施全生命周期的三维信息纳入 CIM 平台，不断地丰富和完善智慧代建的基础平台，使其从二维拓展到三维。

第三步，逐步将部署与各类建筑和基础设施的传感网纳入智慧代建基础平台，将工程建造动态数据全面接入智慧代建的基础平台。建设未来智慧代建管理平台，最终是建设更加智能、更加美好的现代化的城市。

开展 CIM 和区块链技术在大型建筑工程项目协同监管中的应用探索与实践，旨在充分利用区块链技术的不可篡改、全程留痕、可溯源、公开透明、非对称加密、集体维护等优势，以及数据与 CIM 模型的结合，借鉴既有建筑工程中应用的相关研究成果和经验，针对重大工程体量大、施工工法多、地质条件复杂、人文环境要求高等特点，分别进行大型建筑工程项目现场的管理，对劳务人员、施工机械、施工材料、施工进度等关键性要素实行精细化管控、安全自动化监测系统等技术的开发和研究，研发 CIM 和区块链为基础的数字化、智能化管理平台，实现大型建筑工程项目由传统的重劳力、流水作业、粗放管理体系向数据赋能后智慧分析管理的智慧建造体系转变，大力提升建筑行业高质量发展的需求，提高工程质量和投资效益。基于 CIM 和区块链技术，结合 BIM、物联网、AI 人工智能、大数据智能分析等新一代信息技术，以制度为本、以标准为先，围绕压实主体责任、提高监管效能、强化过程实时管理、突出重大风险管控等方面，实现在线动态监控、智能监测预警、电子远程监管、应急联动联调等功能，提高监管效能。研究成果可直接为项目提供施工设计深化和技术优化指导，一方面可保证工程施工的顺利进行，从而产生良好的经济效益和社会效益；另一方面可有效解决高风险结构安全施工关键技术，为工程顺利进行提供技术支撑。根据以上研究，工程施工风险可以化解，施工成本可以降低，工期效益能最大化。

构建可以融合建筑工程项目管理多源异构数据的 CIM 基础数据库，完成现状三维数据采集并实现三维数据的建库；收集现有 BIM 单体模型建库并接入试点项目的建筑设计方案 BIM 模型、施工图 BIM 模型和竣工验收 BIM 模型；梳理整合建筑工程项目二维基础数据，实现工程项目全生命周期管理数据化，利用区块链技术对数据进行维护，实现二、三维数据融合，完成统一建库。

构建基于 CIM 建筑工程协同管理基础平台，实现工程项目管理多源异构 BIM 模型格式转换及轻量化入库，海量 CIM 数据的高效加载浏览及应用，汇聚二维数据、项目施工图 BIM 模型、项目竣工 BIM 模型、倾斜摄影、白模数据以及视频等物联网数据，实现二、三维一体，三维视频融合的可视化展示，提供工程施工安全、施工进度、施工质量、文明施工管理与服务 API 等基础功能，构建智慧代建应用的基础支撑平台，实现"数据一个库、监管一张网、管理一条线"的"三个一"目标，有效推进基于信息化、数字化、智能化的新型城市基础设施建设，从而推动建设项目管理的高质量发展。

第三个 6 代表：6 个项目管理要素。

6 个项目管理要素是指："代建单位与上级主管部门协同管理要素"（CIM、BIM 报批报建、验收等）"代建单位与业主单位协同管理要素""代建单位内部协同管理要素""代建单位与各参建单位管理要素""各参建单位之间管理要素""项目现场管理要素"等。

代建单位与上级主管部门协同管理要素

代建单位部门与上级主管需进行业务和管理互通。（1）共建、共享、共治，打破数据烟囱与孤岛。（2）及时预警与应急处理。

代建单位与业主单位协同管理要素

代建单位部门与业主进行业务沟通与资源协同。（1）进度及时沟通。（2）下一步工作计划。（3）需协调资源。

代建单位内部协同管理要素

代建单位部门之间协同关系直接影响到工程建设效率。（1）沟通途径，创建一种直接高效的沟通渠道。（2）发现问题及时处理，通过协同机制，早发现早处理。（3）数据统计共享，每固定周期统计工程关键指标。（4）工程文件和档案互相联动。

代建单位与各参建单位管理要素

建立各参建单位的评价体系，量化各参建单位的考核指标，根据参建单位不同采用不同的考核指标。监理单位考核指标：进场监理人员与投标文件中不符的数量、进场仪器、设备与投标文件中不符的数量、监理人员被通报的人次、没有按规定时间处理的单据数量及累计拖延时间、监理日志填写情况、所监理的合同段各承包人的综合考评得分。施工单位考核指标：进场主要管理、技术人员与投标文件中不符的数量、进场仪器、设备与投标文件中不符的数量、工程质量得分情况、在管理系统中录入基础数据的情况、内业资料检查情况、申报的单据被退回的次数、累计完成工程量占计划工程量的比例、安全文明施工情况、施工日志填写情况。

各参建单位之间管理要素

（1）"人"，人是决定工程成败的关键，只有一只纪律严明的项目队伍才能确保完成一项质量过硬的工程项目。明确项目队伍的管理体制，各岗位职责、权利明确，做到令出必行。（2）"机"，工程所使用的设备、工具等辅助生产用具。针对工程特点，充分根据现场场地情况和工程进度要求，组织合理的施工方案。施工现场管理明确机械设备管理责任人，进场机械应有出厂以及检验合格证书，特殊工种人员必须持证上岗。（3）"料"，施工物质条件，材料和构配件。工程材料费用约占工程造价的 60%～70%，因此在建设工程的项目管理中，材料管理的成效直接影响到工程的施工成本支出；同时工程材料是工程质量环节最主要的载体。应遵循"事前、事中、事后"全过程管理控制的原则进行工程材料管理。（4）"法"，施工组织方案，结合工程实际，从技术、组织、管理、经济等方面进行全面分析、综合考虑，确保施工方案在技术上可行，在经济上合理，有利于提高工程质量。

（5）"环"，工程环境条件包括工程技术环境、工程管理环境、劳动环境、市场环境等。

项目现场管理要素

建筑工程与周边环境密不可分，充分考虑周边环境对工程的影响，充分利用当地资源，根据不同的场地情况做好施工前的工作准备。施工现场与城市法规和环境保护的关系紧密相关，现场管理涉及城市规划、市容整洁、交通运输、消费安全、文物保护、居民生活、文明建设等。提高施工现场的作业环境，确保工程文明施工。

第四个 N 代表：N 个技术管理要素。

N 是指 N 个技术要素：建设项目管理过程中充分应用 CIM、GIS、BIM、IoT 技术（物联网）、5G、区块链、人工智能、大数据等结合装备式建筑等新技术的"赋能"：

（1）GIS 技术：是一种以地理空间为基础，采用地理模型分析方法，可以实时提供空间与动态地理信息的技术；从功能上，GIS 具有空间数据的获取、存储、显示、编辑、处理、分析、输出和应用等功能；从系统学的角度，GIS 具有一定的结构和功能，是一个完整的系统。

（2）BIM 技术：BIM 技术的模拟化、可视化功能在建设项目全过程管理中能发挥重要作用，能够促进解决设计的错、漏、碰问题，促进施工控制、验收和移交后的运维管理等工作的顺利进行，是实现 CIM 平台智慧管理的核心技术要素之一。BIM 技术不仅建立了一个完整的系统的建筑工程项目数据模型，同时也为建筑工程项目参与方提供了一个信息共享的平台。正是如此，BIM 技术将作用于建筑工程项目的全生命周期中，同时，在 BIM 与智慧建设的概念基础上，借助虚拟现实 VR、增强现实 AR、RFID、三维激光扫描、移动通信等技术手段，发挥互联网、物联网和传感网等网络组织作用，构建基于多维信息及动态决策的工地智慧环境与其运行机制，以加强工程施工阶段现场管理活动的可视化、实时化、高效化与可持续化。

目前，已经完成 BIM 协同管理平台（2020 年 V1.0 版）的研发（图 2.3-17），完成 BIM 技术应用任务书及智慧工地平台需求书的编制并印发执行；结合中心医疗建筑项目管理特点和项目 BIM 信息化需求，完成了《医疗建筑 BIM 技术应用导则》的编制。包

图 2.3-17　BIM 协同管理平台

含 BIM 模型技术要求、BIM 应用协同管理要求、BIM 数据移交要求、BIM 数据对象编码要求等，现阶段已有广州市呼吸中心等 13 个项目在线运行，共开通账号 1342 个，上传资料 10000 多份，运行效果良好。下一步，将打造基于 GIS（V2.0 版）、基于 CIM（V3.0 版）的协同管理平台，是解决传统建设项目管理过程中普遍出现互联互通不畅，信息化（BIM）水平不高，"数据"信息"孤岛"现象突出的有效举措，积极推进基于信息化、数字化、智能化的新型城市基础设施建设，是实现智慧管理的核心技术要素之一。

（3）IoT 技术（物联网）：物联网是通过各类网络，实现物与物、物与人的泛在连接，实现对物品和过程的智能化感知、识别和管理，是实现智慧管理的核心技术要素之一。比如："建设工程智能监测监管预警云平台"与已有的各种监测监管云平台系统相比，以大数据、智能化、移动通信、云计算、物联网、BIM 技术为基础，以兼容各种监测仪器为最终目标，实现监测数据处理自动化，监测数据检校智能化，监测信息实时准确发布，办公管理一体化等内容。

（4）5G 技术赋能：从 1G 到 4G，基本着眼点是解决人和人的沟通问题，人和物、物和物的连接（物联网），是从 5G 才开始打开，5G 比 4G 速率提高 76.8 倍，5G 赋能"智慧工地"：5G＋VR 打造"智慧工地"，通过 5G 传感技术可实现有效定位，及时抢救。据了解，5G＋及时预警提前时间比 4G 超前 5s，仅这一个点上的应用，就有可能把建筑行业安全生产的事故率降低 80%。

（5）区块链技术：区块链是分布式数据存储、点对点传输、共识机制、加密算法等计算机技术的新型应用模式，具有去中心化、不可篡改、全程留痕、可以追溯、集体维护、公开透明等特点。这些特点保证了区块链的"诚实"与"透明"，区块链技术在工程管理上的应用为建筑工程全生命周期的管理和在建造过程中产生的大量过程档案管理，区块链可以通过工程档案上链，在实现去中心化、不可篡改、全程留痕、可以追溯、集体维护、公开透明等方面发挥重要作用。它可以帮助改善透明度，这就可以帮助工程参与各方保持同步并避免潜在的陷阱和疏忽，这对我们建筑行业和代建行业的诚信体系建设是一个重要基础，将会是一场诚信体系的革命。类似地，区块链可以帮助建筑商使用唯一性的数字化标识 ID 来确认厂商和供应商，因此可以根据其工作的表现不断提升其声誉值。这些数字化 ID 的作用是双重的，它们也可以帮助验证其身份。

（6）人工智能（AI 技术）：即用机器来模拟人的智能的行为，在智慧工地管理中的人脸识别、进出的车辆识别、人的安全状态的识别及不安全状态的警示等场景中有广泛的应用。AI 智慧建造潜力非常巨大，现在刚刚开始。国内已经有施工项目在核心筒施工部分，实现自动绑扎钢筋、支模板、浇筑混凝土、养护，然后再自动爬升，实现了无人造楼的概念。当然还是概念，但是发展潜力很大。我们强调 AI 智慧建造，一定是工厂智慧化＋现场智慧化，一定是结构＋机电＋装饰装修全面智慧化，才是完整的建筑产业智慧化。

（7）大数据技术：简单地说，就是超出了传统数据库的储存查找分析计算能力范畴的数据。它有着所谓 5V 的特点——即大量（Volume）、高速（Velocity）、多样（Variety）、价值（Value）、真实（Veracity）。而这些特点，在地理空间数据中得到很好的体现，通过大数据的统计分析计算可以为项目科学决策、项目全过程精细化管理提供科学依据。

（8）CIM技术：CIM是指城市信息模型（City Information Modeling），是以城市信息数据为基础，建立起三维城市空间模型和城市信息的有机综合体。从狭义上的数据类型上讲，CIM是由大场景的GIS数据＋BIM数据构成的，属于智慧城市建设的基础数据。基于BIM和GIS技术的融合，CIM将数据颗粒度精确到城市建筑物内部的单个模块，将静态的传统数字城市增强为可感知的、实时动态的、虚实交互的智慧城市，为城市综合管理和精细治理提供了重要的数据支撑。

CIM的技术框架可分为四层：感知层、传输层、数据处理层和应用层。感知层是CIM平台的基础。平台可以通过物联设备，获取城市地上地下的城市大数据，使城市的管理者可以直观地观察数据，实现对城市的精细化管理。传输层是CIM平台的桥梁，通过传输层，将感知层获取的数据传递给数据处理层。传输层就是各种满足多元异构数据的传输和信息储存、管理的通信设备。数据处理层就是发掘物理世界各种元素之间的相互关系。

（9）数字孪生技术：近年来在城市建设的过程中，CIM通过BIM、三维GIS、大数据、云计算、物联网（IoT）、智能化等先进数字技术，同步形成与实体城市"孪生"的数字城市，实现城市从规划、建设到管理的全过程、全要素、全方位的数字化、在线化和智能化，改变城市面貌，重塑城市基础设施。可以从下面三个方面从广义上去理解CIM的构成：BIM数据，就是城市单一实体的数据，是城市的细胞；GIS作为所有数据的承载，把数据进行融合；通过IoT为CIM平台带来实时呈现，呈现客观世界所有的状态，这就是"数字孪生"城市的概念。在城市建设项目的设计阶段，利用数字孪生技术，构建还原设计方案周边环境，一方面可以在可视化的环境中进行交互设计，另一方面可以充分考虑设计方案和已有环境的相互影响和制约，让原来到施工阶段才能暴露出来的缺陷提前暴露在虚拟设计过程中，方便设计人员及时针对这些缺陷进行优化。在施工阶段，利用数字孪生技术中对象具有的时空特性，将施工方案和计划进行模拟，分析施工进度和计划的合理性，对施工过程进行全面管控。发展智慧城市将会为建筑产业创造新的更大的空间。每年有27万多项新开工项目，还有500万～700万项已竣工项目，需要实现数字化，要求BIM大数据。怎么孪生？把图纸变成BIM大数据是孪生，但是真正意义上的数字孪生是把实际工程通过北斗技术结合无人机和精密测量技术来实现毫米级的真实数字孪生。

目前，管理的项目除了华南理工大学广州国际校区一期工程外，先后纳入广州市CIM平台协同管理的还有：①广州市第一人民医院整体扩建项目作为CIM平台建设测试试点项目，完成建筑、结构与机电BIM模型及市政CIM模型上传广州市CIM平台，后续配合测试施工图审查及竣工验收备案；②广交会展馆四期展馆扩建项目，设计、施工、运营全过程与CIM平台对接，配合测试施工图审查及竣工验收备案；③广州科技图书馆项目；④广发银行总部大楼项目；⑤中国人寿大厦项目等均能满足广州市BIM施工图审查要求，能够将模型对接至广州市CIM平台；⑥广州医科大学新造校区二期工程满足CIM三维数字化施工图审查要求等。后续，我们将进一步推进基于CIM的全生命周期的建设项目智慧项目协同管理平台的打造。如图2.3-18～图2.3-31所示。

数字孪生

图 2.3-18　倾斜摄影实景三维建模

图 2.3-19　BIM 建模

图 2.3-20　平台首页

信息协同

图 2.3-21　项目信息

图 2.3-22　监督检查

图 2.3-23　质量安全

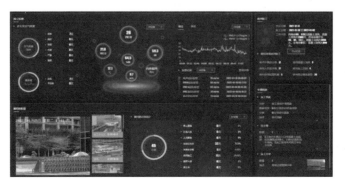

图 2.3-24　文明施工

远程监管

图 2.3-25　无人机巡查

图 2.3-26　720 全景

物联监控

图 2.3-27　视频监控

图 2.3-28 塔式起重机监测

图 2.3-29 扬尘监测

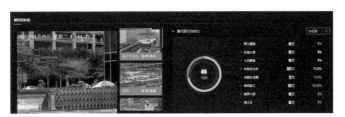

图 2.3-30 AI 识别统计

图 2.3-31 安全帽识别

同时，要充分应用 N 个技术之间的综合、叠加应用，充分发挥技术叠加效应，甚至"超叠加效应"（指 1+1+1＞3），发展建筑业和代建制下数字化转型与工业化装配式建筑技术的叠加效应要把握的重点是什么？BIM 应用中的四个关键问题是什么？数字化转型升级未来已来的 6 个＋问题是什么？

我们说未来已来，实际上是说建筑业和代建制数字化转型升级与科技跨越双重叠加同步到来。我们分析判断，突出体现在"三个绝配"上。

第一，装配式＋BIM。青岛国际会议中心项目采用全钢结构全装配式，结构-机电-装修全装配式仅仅六个月就又好、又省、又快地建成了，没有 BIM 根本无法实现。所有的装配式部品部件，什么时候下订单、什么时候上生产线、什么时候打包运输、什么时候到现场、谁来安装、谁来验收等，全靠 BIM 大数据。

第二，装配式＋EPC。真正推动装配式发展，没有 EPC 是难以实现更好、更省、更快的，所以一定要突出 EPC，这方面中建科技创造了很好的装配式＋EPC 的经验，做到 EPC 下的装配式更好、更省、更快。

第三，装配式＋超低能耗。今后超低能耗被动式在我国将有广阔的发展空间。特别是在冬冷夏热地区十分适合推广超低能耗被动式建筑。超低能耗被动式建筑就是在节能建筑和绿色建筑基础上，把保温、隔热、新风效果做得更好。

第四，在这三个基础上，下一步装配式＋AI 智慧建造将是一个新的广阔领域。每年 27 万多项新开工项目和 26 万多亿元总产值的产业场景全面实现智慧化（包括工厂智慧化、现场智慧化），这是多么巨大的蓝海，将极大地提升建筑产业的科技水平。正如习近平总书记所擘画的，"中国制造、中国创造、中国建造共同发力，继续改变着中国的面貌"。

BIM 应用中的四个关键问题是什么？

现在我国的工程建设项目已经几乎"无 BIM 不项目"，但是要深刻认识到 BIM 应用中存在着四个关键问题。

第一是自主引擎，即"卡脖子问题"。我们现在用的 BIM 核心技术引擎基本上都是国外的。中央领导高度重视这个问题，在四位院士和有关专家学者呈送的报告上作出重要批示，有关部门正积极推动开展课题研究。刚刚有了一个"备胎"，但是应用量还非常小，应鼓励所有重大工程项目主动采用自主引擎，这是应有的政治站位。据了解，在北京怀柔科学城某重大装置项目上率先应用自主引擎，取得良好效果。

第二是自主平台，即安全问题。现在你 BIM，我 BIM，他 BIM，但是所用的三维图形平台基本上都是国外的，而且都是云服务，数据库在哪里？在国外。我们已有几家软件企业有了自主平台，要鼓励更多项目应用自主三维图形平台，特别是重大工程项目一定要用自主三维图形平台，最起码数据库应当在国内。

第三是贯通问题。我们强调要全过程共享，就是设计与施工单位要共同建模，今后运维也可以用。

第四是价值问题，这是核心要义。我们为何要推广 BIM？不是因为别的，就是因为可以带来价值。中国尊项目，在施工阶段应用 BIM，就发现了 11000 多个碰撞问题，解决这些碰撞问题相当于给业主和总包方节省了 2 亿元的成本，缩短了 6 个月的工期，价值非常凸显。所以今后我们所有重大工程项目，用 BIM 一定要讲价值，要给业主方创造价值，为自己创造价值，还要准备好对接即将到来的"智慧城市"的要求。丁烈云院士指出，推广应用 BIM，不但要重视技术，更要重视价值。

数字化转型升级未来已来的 6 个＋问题是什么？

第一是＋CIM，就是智慧城市。这是同济大学吴志强院士率先提出的概念。我们希望所有的城市都能就某个区域提出发展智慧城市的规划。如果发展智慧城市，就会倒过来要求我们所有工程项目都要提供 BIM 大数据，因为 BIM 大数据是 CIM 建设的重要支撑。那个时候就不是我们求甲方、设计院，而是甲方会倒过来求我们与设计共同应用 BIM。

第二是＋供应链。就是要发展供应链平台经济，潜力非常巨大，我国每年 26 万多亿元建筑业总产值中约有一半多是可以通过平台集中采购的，其价值，一是解决了中小微建筑业企业采购融资成本过高，享受不到普惠金融的问题；二是解决了广大的中小微供应商难以收回供货资金的风险问题。现在已经涌现出了公共集采平台的雏形，达到千亿规模了，有几百家特级、一级企业上线，免费上线，享受普惠金融，一般可节省 3％～5％。今后极有可能会发展形成若干万亿级平台，那个时候节省空间将达到 5％～8％，潜力空前，已然就是一场革命。

第三是＋ERP。我们推行 ERP 几年了，但是建筑企业真正可以打通的寥寥无几。最近，上海建工集团要全线打通集团公司、番号公司、区域公司和项目，不但打通层级还要打通管理、财务、税务三个系统，实现数据共享，这会是又一场革命。我们项目管理中的所有痛点和风险点都会通过 ERP 来解决。关于 ERP 也要关注自主引擎问题和自主平台问题，据了解，在 ERP 自主引擎和自主平台方面，我国已悄然后来居上了，值得期待。

第四是＋数字孪生。发展智慧城市将会为建筑产业创造新的更大的空间。每年有 27 万多项新开工项目，还有 500 万～700 万已竣工项目，需要实现数字化，要求 BIM 大数据。怎么孪生，把图纸变成 BIM 大数据是孪生，但是真正意义上的数字孪生是把实际工程通过北斗技术结合无人机和精密测量技术来实现毫米级的真实数字孪生。

第五是＋AI 智慧建造。如前所述，潜力非常巨大，现在刚刚开始。中国尊和武汉绿地项目已经在核心筒施工部分，实现自动绑扎钢筋、支模板、浇筑混凝土、养护，然后再自动爬升，实现了无人造楼的概念。当然还是概念，但是发展潜力很大。我们强调，一定是工厂智慧化＋现场智慧化，一定是结构＋机电＋装饰装修全面智慧化，才是完整的建筑产业智慧化。

第六是＋区块链。国家决定在深圳、苏州、雄安新区、成都等城市率先推行区块链应用。对我们建筑业，区块链应用会带来什么？第一是 DCEP，实现数字货币的应用；第二，所有的数据都是真实可靠且不可更改的，这对我们的诚信体系建设是一个重要基础，将会是一场诚信体系的革命，对此也要重点关注，努力推动试点示范。

2.4 构建"基于 CIM 建设项目智慧协同管理"平台系统的原则

基于 CIM 的全生命周期的智慧项目协同管理平台，是通过项目全过程管理的"制度流程化、流程标准化、表单标准化、标准信息化、信息数字化、数字智能化"的"30 字方针"原则，简称"六化原则"，来规范平台的打造、运作，平台的作用是为参与建设项目的决策部门、行政主管部门、建设、勘察、设计、施工、监理、供应商和运维单位等各方实现建设项目全生命周期的信息共建、共享、共管，并且还能在线会商。平台使工程项目管理数据化，即对象数字化、过程数字化、评价数字化，保证管理的敏捷、精准、高效；同时还有科学的管理机制，从而通过"发现、派遣、处理、存档"四个步骤形成一个全生命周期的管理闭环。平台架构见图 2.4-1。

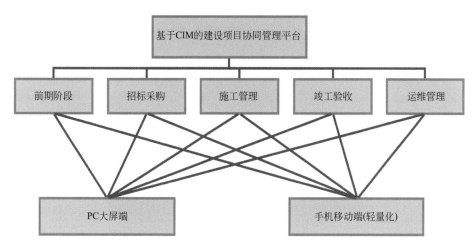

图 2.4-1　平台架构

打造数字代建"慧"思考、业务系统"慧"融合、监理流程"慧"协同新模式。实现数据一个库、监管一张网、管理一条线；构建一个协同管理平台、建设一个指挥调度中心，打造一个智慧代建团队。

第3章 关键核心技术标准及项目应用案例

3.1 技术标准参照

3.1.1 物联网相关标准

- 《物联网智能家居 设备描述方法》GB/T 35134—2017
- 《物联网智能家居 数据和设备编码》GB/T 35143—2017
- 《物联网 系统接口要求》GB/T 35319—2017
- 《物联网标识体系 Ecode 在一维条码中的存储》GB/T 35419—2017
- 《物联网标识体系 Ecode 在二维码中的存储》GB/T 35420—2017
- 《物联网标识体系 Ecode 在射频标签中的存储》GB/T 35421—2017
- 《物联网标识体系 Ecode 的注册与管理》GB/T 35422—2017
- 《物联网标识体系 Ecode 在 NFC 标签中的存储》GB/T 35423—2017
- 《信息安全技术 智能密码钥匙应用接口规范》GB/T 35291—2017
- 《信息技术 传感器网络 第 502 部分：标识：传感节点标识符解析》GB/T 30269.502—2017
- 《信息技术 传感器网络 第 602 部分：信息安全：低速率无线传感器网络网络层和应用支持子层安全规范》GB/T 30269.602—2017
- 《信息技术 传感器网络 第 801 部分：测试：通用要求》GB/T 30269.801—2017
- 《信息技术 传感器网络 第 803 部分：测试：低速无线传感器网络网络层和应用支持子层》GB/T 30269.803—2017
- 《电磁兼容 试验和测量技术 射频场感应的传导骚扰抗扰度》GB/T 17626.6—2017
- 《信息安全技术 射频识别（RFID）系统通用安全技术要求》GB/T 35290—2017
- 《制造过程物联的数字化模型信息交换规范》GB/T 35120—2017
- 《制造过程物联的数字化模型信息表达规范》GB/T 35122—2017
- 《集团企业经营管理信息化核心构件》GB/T 35128—2017
- 《卫星导航增强信息互联网传输 第 1 部分：播发体制》GB/T 34966.1—2017
- 《卫星导航增强信息互联网传输 第 2 部分：接口要求》GB/T 34966.2—2017
- 《卫星导航增强信息互联网传输 第 3 部分：数据传输格式》GB/T 34966.3—2017
- 《国家物品编码与基础信息通用规范 第 1 部分：总体框架》GB/T 35403.1—2017
- 《信息技术 大数据 技术参考模型》GB/T 35589—2017

3.1.2 BIM 相关标准

- 《建筑信息模型应用统一标准》GB/T 51212—2016

- ➤ 《建筑信息模型分类和编码标准》GB/T 51269—2017
- ➤ 《建筑信息模型存储标准》GB/T 51447—2021
- ➤ 《建筑信息模型设计交付标准》GB/T 51301—2018
- ➤ 《制造工业工程设计信息模型应用标准》GB/T 51362—2019
- ➤ 《建筑信息模型施工应用标准》GB/T 51235—2017

3.1.3 CIM 相关标准

- ➤ 《建筑信息模型分类和编码标准》GB/T 51269—2017
- ➤ 《建筑信息模型应用统一标准》GB/T 51212—2016
- ➤ 《建筑信息模型施工应用标准》GB/T 51235—2017
- ➤ 《建筑信息模型设计交付标准》GB/T 51301—2018
- ➤ 《建筑工程设计信息模型制图标准》JGJ/T448—2018
- ➤ 《制造工业工程设计信息模型应用标准》GB/T 51362—2019
- ➤ 《建筑信息模型存储标准》GB/T 51447—2021
- ➤ 广东省标准《广东省建筑信息模型应用统一标准》DBJ/T 15—142—2018

3.1.4 区块链相关标准

- ➤ 《2020 新兴产业政策法规白皮书》
- ➤ 《术语和概念》
- ➤ 《参考架构》
- ➤ 《区块链和分布式账本技术参考架构》
- ➤ 《区块链平台安全技术要求》
- ➤ 《区块链数字资产存储与交互防护技术规范》
- ➤ 《区块链隐私保护规范》
- ➤ 《全国区块链和分布式记账技术标准化技术委员会组建公示》

3.1.5 系统开发标准规范

- ➤ 《电子政务标准化指南 第一部分：总则》GB/T 30850.1—2014
- ➤ 《信息处理 数据流程图、程序流程图、系统流程图、程序网络图和系统资源图的文件编制符号及约定》GB 1526—1989
- ➤ 《信息技术 软件生存周期过程》GB/T 8566—2007
- ➤ 《计算机软件文档编制规范》GB/T 8567—2006
- ➤ 《计算机软件需求规格说明规范》GB/T 9385—2008
- ➤ 《信息技术 软件工程术语》GB/T 11457—2006
- ➤ 《计算机信息系统 安全保护等级划分准则》GB 17859—1999
- ➤ 《信息分类和编码的基本原则与方法》GB/T 7027—2002
- ➤ 《数据元和交换格式 信息交换 日期和时间表示法》GB/T 7408—2005

3.2 安全文明施工标准（参考）

本标准是打造工程先进建造体系和标准化安全文明工地的相关要求，依据《施工现场消防安全技术规范》GB 50720、《建筑施工安全检查标准》JGJ 59、《建筑施工高处作业安全技术规范》JGJ 80、《广州市建设工程绿色施工围蔽指导图集 2.0》《深圳市建设工程安全文明施工标准》《广州市建设工程安全文明施工规程》等相关法律、法规和技术标准的规定，认真总结行业内相关规范和大量实践经验的基础上，广泛征求意见反复修改后的基础上编制而成。

本标准图例或正文中关于设施规格未注明部分，应参照国家现行规范执行；规范和设计中仍未有具体要求的，应按建设单位批准同意的现场具体设计方案实施。

本标准适用于所有工程建设项目，适用于各类新建、扩建、改建的房屋建筑工程（包括与其配套的线路管道和设备安装工程、装饰工程）、市政基础设施工程、道路交通工程、水务工程、电力工程和拆除工程。施工现场的安全文明施工除应执行本标准外，还应符合国家、广东省现行有关法律法规和标准规范的相关规定。

施工机械、脚手架工程、模板工程、基坑工程、装配式建筑施工、装饰装修施工、道路工程、桥梁工程、应急管理等内容本标准中未涉及，按照《广州市建设施工安全文明施工规程》执行。

3.2.1 项目部标准

1. 主要临建设施

房屋建筑工程总承包现场人员配置参照表 表 3.2-1

项目规模	管理人员参考配备数量（人）	高峰期工人配置数量（人）
小型（6 号） 建筑面积＜2 万 m²，造价＜0.5 亿元	3～6	＜200
小型（5 号） 建筑面积≥2m² 且＜5 万 m²，造价≥0.5 亿元且＜1 亿元	6～9	≥200 且＜380
中型（4 号） 建筑面积≥5m² 且＜10 万 m²，造价≥1 亿元且＜2 亿元	6～28	≥380 且＜760
中型（3 号） 建筑面积≥10m² 且＜15 万 m²，造价≥2 亿元且＜3 亿元	9～36	≥760 且＜1050
大型（2 号） 建筑面积≥15m² 且＜25 万 m²，造价≥3 亿元且＜5 亿元	9～44	≥1050 且＜1500
大型（1 号） 建筑面积≥25m² 且＜50 万 m²，造价≥5 亿元且＜10 亿元	17～54	≥1500 且＜3000

续表

项目规模	管理人员参考配备数量(人)	高峰期工人配置数量(人)
特大型 建筑面积≥50 万 m²,造价≥10 亿元	50 以上	≥3000

注：1. 高峰期工人配置数量参照目前公司在建各项目高峰期工人数量情况进行统计，仅供参考。

2. 高峰期工人包括所有直接生产人员、辅助生产工人、劳务及分包管理人员。

3. 本表制定假设工程未分期施工，如分期则需据实调整。

4. 如工期与定额工期有较大差别，建筑结构与参照结构有较大差别需要根据实际情况对人员配置情况进行适当调整。

工人生活区临时建筑面积参考　　　　　　　　　　　表 3.2-2

项目规模	宿舍 (m²)	食堂(包括 厨房、餐厅、 储藏室) (m²)	浴室 (m²)	厕所、 热水房、 盥洗室 (m²)	小超市 (m²)	培训室 (m²)	合计 (m²)
小型(6 号) 建筑面积<2 万 m², 造价<0.5 亿元	<500	50	20	40	20	40	670
小型(5 号) 建筑面积≥2m² 且<5 万 m², 造价≥0.5 亿元且<1 亿元	500~950	50~80	20~40	40~60	20	40	670~1190
中型(4 号) 建筑面积≥5m² 且<10 万 m², 造价≥1 亿元且<2 亿元	950~1900	80~150	40~60	60~90	20	40~60	1190~2280
中型(3 号) 建筑面积≥10m² 且<15 万 m², 造价≥2 亿元且<3 亿元	1900~2620	150~210	60~80	90~130	30	40~60	2270~3130
大型(2 号) 建筑面积≥15m² 且<25 万 m², 造价≥3 亿元且<5 亿元	2620~3750	210~300	80~100	130~180	40	60~80	3140~4450
大型(1 号) 建筑面积≥25m² 且<50 万 m², 造价≥5 亿元且<10 亿元	3750~7500	300~600	100~120	180~360	80	60~80	4170~8740
特大型 建筑面积≥50 万 m², 造价≥10 亿元	>7500	>600	120	360	80	80~100	>8740

注：1. 本表计算基准为表 3.2-1，工人宿舍按照 2.5m²/人计算，厕所蹲位照按 20 人/蹲位设置，淋浴器按照 30 人/淋浴位设置。

2. 餐厅、培训室可根据项目实际情况，选用活动板房房间或者单独搭设棚子设置。

3. 厨房、厕所宜按一层单独设置，不得一层做厨房二层住人。

总包办公区、生活区临时建筑面积参考 表 3.2-3

项目规模	宿舍 (m²)	办公室 (m²)	食堂(厨房、餐厅、储藏室) (m²)	浴室、盥洗室 (m²)	厕所 (m²)	会议室 (m²)	标养室 (含操作间) (m²)	监理、甲方参考 (m²)	合计 (m²)
小型(6 号) 建筑面积<2 万 m²，造价<0.5 亿元	40~60	40~60	50	20	20	30	20	60	280~320
小型(5 号) 建筑面积≥2m² 且<5 万 m²，造价≥0.5 亿元且<1 亿元	60~80	60~80	50	20	20	60	20	60	350~420
中型(4 号) 建筑面积≥5m² 且<10 万 m²，造价≥1 亿元且<2 亿元	60~180	60~180	50~80	20~40	40	60~80	20~40	60~80	370~720
中型(3 号) 建筑面积≥10m² 且<15 万 m²，造价≥2 亿元且<3 亿元	70~220	70~220	50~80	20~40	20~40	60~80	20~40	80~100	400~820
大型(2 号) 建筑面积≥15m² 且<25 万 m²，造价≥3 亿元且<5 亿元	70~270	70~270	60~100	20~50	20~50	80~100	20~40	80~140	420~1020
大型(1 号) 建筑面积≥25m² 且<50 万 m²，造价≥5 亿元且<10 亿元	110~320	110~320	80~120	40~60	30~60	80~100	20~60	100~180	570~1220
特大型 建筑面积≥50 万 m²，造价≥10 亿元	>320	>320	>120	>60	>60	>100	20~60	>180	>1220

注：1. 此表格为房屋建筑工程临时建筑面积控制指标，是在表 3.2-1、表 3.2-2 的基础上综合计算而成，因项目实际情况对表 3.2-1、表 3.2-2 参数进行调整时，本表需同时进行调整。

2. 因各项目存在差异，在预估控制项目临建规模时，可根据项目实际情况进行调整。

3. 办公区和管理人员生活区宜分开设置，确实因为项目场地限制可以合并设置。

4. 办公区总体布局布局主要包括办公楼、旗杆、图牌（或宣传栏）、绿化带的布置，一般有四合院式、并列式、并排式及 L 形式。项目应根据现场实际情况进行合理布局：场地呈矩形（长度大于 18m，宽度大于 18m），宜布置为"四合院式"；场地呈狭长形，宜布置为"并排式"或"并列式"；场地呈三角形，宜布置为"L 形式"（图 3.2-1）。

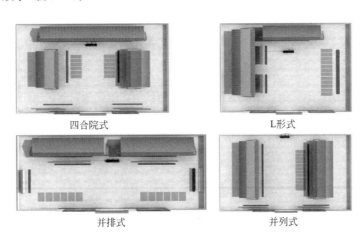

四合院式　　　　　　　　　　　　L形式

并排式　　　　　　　　　　　　并列式

图 3.2-1　项目组鸟瞰图

2. 临建效果图（图 3.2-2）

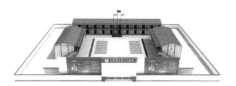

四合院式实景效果图

L形式实景效果图

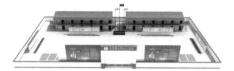

并排式实景效果图

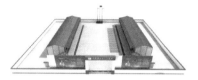

并列式实景效果图

L形办公楼实景图

项目部会议室实景图

办公楼走廊实景图

生活区篮球场实景图

宿舍布置实景图

项目厨房实景图

项目浴室、卫生间实景图

煤气罐存放实景图

图 3.2-2　临建效果图

3. 办公区大门（图例）（图 3.2-3）

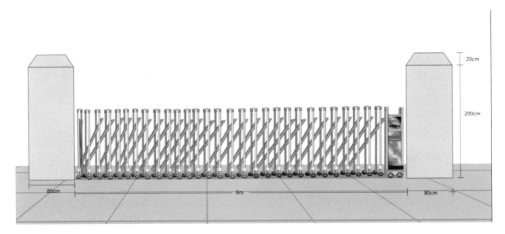

图 3.2-3　办公区大门（图例）

（1）门柱可采用钢结构或砖砌主体，截面尺寸不小于 0.8m×0.8m，高度 2.2m，其中 0.2m 为柱帽高度，柱帽为梯形，顶面积为 0.6m×0.6m。

（2）门柱通体为灰色，两柱帽上方可加灯箱，各单位根据需要自行决定。

（3）门柱标语按各单位手册规定选用。

（4）生活伸缩式电动门参照执行。

4. 样板展示室（图 3.2-4）

样板展示室用于摆放展示项目上的材料样板。

材料样板旁应该贴牌标明材料的生产厂家、规格、出厂证明、产品合格证明。

图 3.2-4　样板展示室

5. 消防器材（图 3.2-5）

消防柜材料应用钢质，规格高 2000mm×长 3000mm×宽 400mm，颜色为红色，字体为黑体白字。

消防柜内应设置满足要求的灭火器材，在显目位置设置消防集中点，便于应急时取用。

消防柜应贴上消防疏散示意图。

消防栓材料主体是钢质，门是铝合金，建议使用尺寸 1000mm×700mm×240mm。

项目组应建立消防管理制度。

临时建筑距易燃易爆危险物品仓库的距离不应小于 16m。

办公室、餐厅各自配备 1 个手提灭火器；会议室、厨房操作间配备 2 个手提式灭火器。

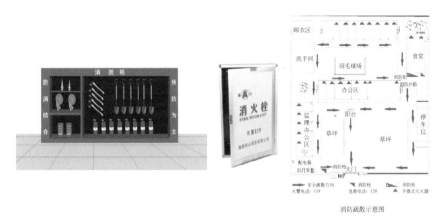

图 3.2-5　消防器材

6. 室内空气净化系统（图 3.2-6）

根据办公室面积选择净化器型号，以每平方米 10m/h 的风量计算，建议每个室单独安装。

安装时检查口需留足够尺寸。

主机可安装在室外或暗装在天花上。

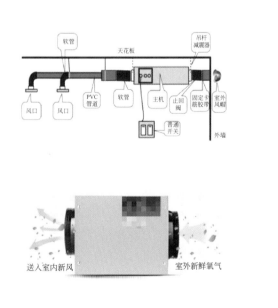

图 3.2-6　室内空气净化系统

7. 办公室图牌（图 3.2-7）

图牌内容主要为安全生产责任制、岗位职责、施工网络图等。

8. 食堂（图 3.2-8）

食堂大小根据项目实际情况确定。

食堂应远离厕所、垃圾站有毒有害场所等污染的地方，距离必须大于 15m。

卫生许可证、工作人员身体健康证明需挂在墙上；厨房的刀、盆、案板等炊具必须生熟分开存放。

厨房需放置灭火器等消防器材。

食堂应设置独立的操作间、储藏间。

食堂全面采用电热设备，禁止使用燃气灶。

食堂应配备机械排风和消毒设施。操作间油烟应经处理后方可对外排放。

图 3.2-7　办公室图牌　　　　　　　图 3.2-8　食堂

9. 食堂隔油池、油烟净化器（图 3.2-9）

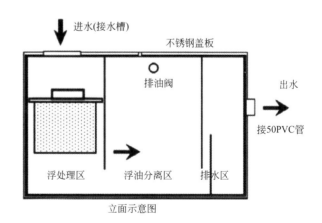

图 3.2-9　食堂隔油池、油烟净化器

在食堂的排油烟管处需要安装油烟净化器，厨房的油烟要经过滤净化才能排到外面。油烟净化器可安装在室外，应对其做好防水防晒措施。

隔油池选用不锈钢成品池。

化粪池和隔油池的规格根据项目组实施情况选用。

10. 节能材料（图 3.2-10）

提倡使用节能环保材料或设备，有效利用好太阳能、风能、地热能等再生能源。

如太阳能热水器、空气能热水器、声控灯开关、LED 灯、太阳能路灯等。超过一定规模的项目必须使用，一般项目推荐使用。

图 3.2-10 节能材料

3.2.2 施工区标准

1. 个人防护

为切实保障施工人员在劳动过程中的健康与安全，应采取以下措施：

（1）规范劳动防护用品使用

工地用人单位应当为员工、作业人员配备必要的劳动保护用品，并督促作业人员在作业时正确使用，加强职业健康保护。

（2）设置相应配套设施

① 工地食堂按照规定办理食品经营许可证等证件，食堂人员持证上岗，强化工地食品安全卫生管理。

② 建筑工地周边 2km 范围内无医院、社康中心等医疗机构的，设置医务室。

③ 生活区和施工区设置茶水亭，实行热水、直饮水集中供应，保障工人用水、饮水安全。

（3）为提高安全教育水平，应设置以下设施满足对工人进行日常安全教育培训的需要：

① 施工现场应配备班前讲平台，各施工班组每日上岗前，由相关技术人员、班组长进行安全技术交底或安全教育培训。

② 施工现场应配备安全培训室对施工人员以及临时访客进行现场重大危险源、安全生产、施工技能、职业健康、维权、安全生产法等培训。

③ 施工现场根据项目规模和实际需要配备安全体验馆，将施工安全教育与体验相结合，有效加强施工人员的安全意识。

（4）工地用人单位应当为员工、作业人员配备必要的劳动保护用品，并督促作业人员在作业时正确使用。用人单位应建立和健全劳动防护用品的采购、验收、保管、发放、使用、更换、报废等管理制度。劳动防护用品应符合国家标准或行业标准。劳动防护用品按人体生理部位分类：

① 头部防护：安全帽要符合国家或行业标准并正确佩戴。

② 面部防护：头戴式电焊面罩，防酸有机类面罩，防高温面罩。

③ 眼睛防护：防尘眼镜，防飞溅眼镜，防紫外线眼镜。

④ 呼吸道防护：防尘口罩，防毒口罩，防毒面具。

⑤ 听力防护：防噪声耳塞，护耳罩。

⑥ 手部防护：绝缘手套，耐酸碱手套，耐高温手套，防割手套等。

⑦ 脚部防护：绝缘靴，耐酸碱靴，安全皮鞋，防砸皮鞋。

⑧ 身躯防护：反光背心，工作服，耐酸围裙，防尘围裙，雨衣。

⑨ 高空安全防护：高空悬挂安全带、电工安全带、安全绳。

劳动防护用品如图 3.2-11 所示。

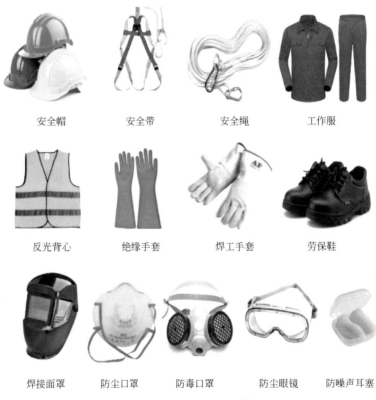

安全帽	安全带	安全绳	工作服
反光背心	绝缘手套	焊工手套	劳保鞋
焊接面罩	防尘口罩	防毒口罩	防尘眼镜	防噪声耳塞

图 3.2-11　劳动防护用品

2. 场地布置基本要求

场地布置见图 3.2-12。

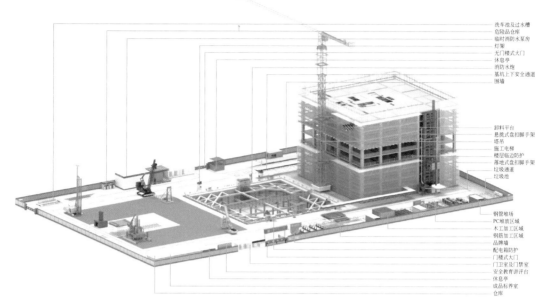

洗车池及过水槽
危险品仓库
临时消防水泵房
灯架
无门楼式大门
休息亭
消防水桶
基坑上下安全通道
围墙

卸料平台
悬挑式盘扣脚手架
塔吊
施工电梯
楼层临边防护
落地式盘扣脚手架
垃圾通道
垃圾池

钢管堆场
PC堆放区域
木工加工区域
钢筋加工区域
品牌墙
配电箱防护
门楼式大门
门卫室及门禁室
安全教育讲评台
休息亭
成品养护室
仓库

图 3.2-12　施工场地布置

（1）洗车槽和泥浆分离器（图 3.2-13）

① 施工现场大门内侧宜设置车辆冲洗槽，可设置下沉式、上行式和平层式三种冲洗槽，冲洗槽内洗车水应及时更换。

② 应设高压立体冲洗设施，高压冲洗设施到大门口之间应设置人工冲洗区，确保车辆不带泥出场。

③ 设置排水设施和沉淀池，沉淀池宜采用三级沉淀，洗车水源宜循环使用。

④ 必要时使用泥浆分离器，现场沉淀池内污水经泥浆分离器过滤后，方可排放。

图 3.2-13　洗车槽和泥浆分离器

（2）标识标牌

施工现场使用的安全标志牌应符合国家标准《安全标志及其使用导则》GB 2894—2008。

① 标志牌应在显著位置固定设置，不得设在门、窗、架等可移动的物体上。标志牌

内容应充分考虑与设置位置危险因素的关联性。标志牌的设置高度应尽量与视线高度一致。

②　不同类型标志牌同时设置时，应按警告、禁止、指令、提示类型的顺序，先左后右、先上后下地排列。

③　标志牌的固定方式可采用附着式、悬挂式或柱式。悬挂式和附着式的固定应稳固不倾斜，柱式的标志牌和支架应牢固连接。

（3）安全警示牌（图 3.2-14）

①　施工道路两侧或施工作业部位合理位置，应设置禁止、警告、指令性安全警示标牌。

②　安全警示牌文字内容采用蓝底白字。

③　尺寸选用 1.2m×0.8m 或 0.6m×0.4m。

④　采用 PVC 板或铝塑板制作，面层采用户外车贴。

禁止标牌

警告标牌

指令标牌

图 3.2-14　安全警示牌

（4）现场道路（图 3.2-15）

①　施工现场主要道路应进行硬化处理。

②　施工现场道路应畅通，路面应平整、坚实。

③　可结合项目实际情况设置永临结合现场道路。

④　可能变动的现场道路可采用预制装配式道路。

⑤　工地电缆需穿越现场道路的，可设置预留管道，管道埋设深度不低于 0.7m。

⑥　现场道路两侧应设置黄黑油漆警示带。

（5）降水喷淋系统（图 3.2-16）

施工现场适当位置设置降尘喷淋系统，每天不定时地进行喷淋降尘。

轻载混凝土装配式道路

重载混凝土装配式道路

钢制装配式道路

现场硬化道路

图 3.2-15　现场道路（示例）

雾炮喷淋降尘实景图

围墙喷淋降尘、绿化浇灌

高空喷雾降尘

塔吊喷淋系统实景图

抑尘车降尘实景图

施工道路喷雾降尘

图 3.2-16　降水喷淋系统

（6）节能减排系统（图 3.2-17）

① 施工现场依据施工条件进行节能减排措施，建议主干道照明采用太阳能节能灯，办公区照明采用 LED 灯，生活用热水采用空气能热水器。

② 施工现场地下室、楼梯间照明建议采用 LED 灯带，塔式起重机照明使用控时自动开关系统，抽水使用自动控制抽水系统等。

（7）地磅称重系统（图 3.2-18）

施工现场具备条件的设置地磅称重系统，做法参照图示。

LED灯使用实景图 空气能热水器实景图

图 3.2-17 节能减排系统

地磅称量区实景图 地磅计量区实景图

图 3.2-18 地磅称重系统

（8）排水措施（图 3.2-19）

雨箅子防护

排水沟 三级沉淀池

图 3.2-19 排水措施

　　① 基坑周边应设置排水沟，基坑底部设置临时明沟、集水坑方式排水，并通过潜水泵将基坑内积水抽出至坑外，沿基坑顶部排水沟排出。

　　② 排水沟上可采用雨箅子盖板防护。

　　③ 排水沟穿越道路的，应在道路下预留排水管道。

　　④ 现场规划有组织排水，排水沟坡度宜为 0.5%，确保排水通畅无积水。

　　⑤ 现场设置三级沉淀池，与非传统水源收集利用系统配套使用，以节约用水。

3. 场内设施（图 3.2-20）

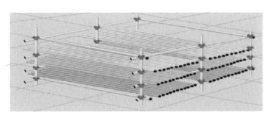

钢管堆放区

圆盘钢筋支墩

钢筋堆放区

配电箱防护棚参考实例　　　　　　　　安全通道

钢筋加工棚　　　　　　　　　　施工电梯防护棚

图 3.2-20　场内设施

材料堆放区应使用高度 1.2m 的工具式护栏进行隔离分区。

各种材料、构件堆放应按照类别和规格堆放，并设置明显标志。

钢材及钢筋半成品堆放高度不得大于 1.2m。模板、木方等堆放高度不得大于 1.5m。砌体材料堆放高度不得大于 1.8m。材料堆放需稳固可靠。

堆场地面硬化、平整，有排水措施；设告示牌及警示标识。

1）临边防护

施工现场临边防护应采用标准化定型式防护，防护的类型有网片式和格栅式两种（图 3.2-21），楼层临边防护必须采用网片式。

① 格栅式防护外框采用 30mm × 30mm × 2.5mm 方钢，每片高 1200mm，宽 1900mm，下部内外两侧加 200mm 高钢板作为挡脚板，格栅立杆间距≤125mm。

② 网片式防护栏外框采用 30mm × 30mm × 2.5mm 方钢，每片高 1200mm，宽 1900mm，下部内外两侧加 200mm 高钢板作为挡脚板，中间采用钢板网，钢丝直径或截面不小于 2mm，网孔边长不大于 20mm。

③ 立柱采用 40mm × 40mm × 2.5mm 方钢，在上下两端 250mm 处各焊接 50mm × 50mm × 6mm 的耳板，立杆统一使用竖向长孔耳板，横向围栏统一使用横向长孔耳板，两道连接板采用 10mm 螺栓固定连接。

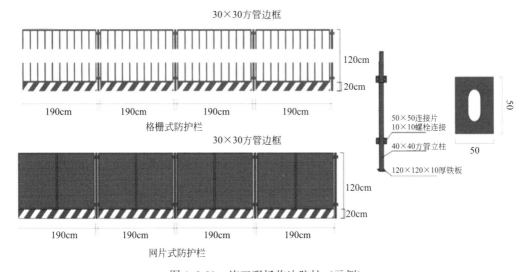

图 3.2-21 施工现场临边防护（示例）

楼梯临边防护（图 3.2-22）：

① 连接件规格：$\phi 57 \times 3.5mm$ 钢管。

备注：直角弯头、三通、四通均为等边尺寸。

② 防护采用两道栏杆形式，栏杆离地 1200mm。

③ 安装牢固，可参考图例。

2）洞口防护

① 竖向洞口短边边长小于 500mm 时，应采取封堵措施。

② 垂直洞口短边边长大于或等于 500mm 时，应在临空一侧设置高度不小于 1.5m 的防护栏杆，并应采用工具式栏板封闭，设置挡脚板。

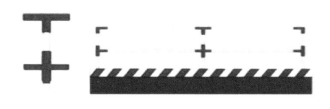

工具化钢管防护拼装图　　　　楼梯临边防护示意图

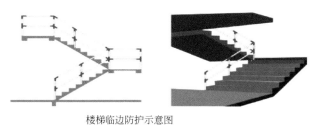

楼梯临边防护示意图

图 3.2-22　楼梯临边防护

③ 电梯井口安全防护门高度不得低于 1.8m，并设置 200mm 高挡脚板，门离地高度不大于 50mm，门宜上翻外开。防护门外侧应设置"当心坠落、禁止跨越"等安全警示标志。

④ 电梯井、风井的水平防护，要求在施工作业层张挂水平安全兜网，施工作业层以下应隔层且不大于 10m 设置一道硬质水平防护（图 3.2-23）。

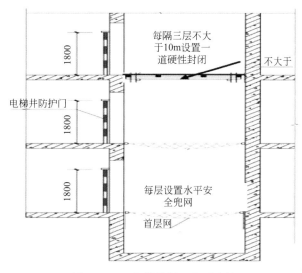

图 3.2-23　电梯井洞口水平防护

水平洞口短边边长为 25～500mm 时，应采用承载力满足使用要求的盖板覆盖，盖板四周搁置应均衡，且应防止盖板移位。

水平洞口短边边长为 500～1500mm 时，应采用盖板覆盖或防护栏杆等措施，并应固定牢固。如图 3.2-24 所示。

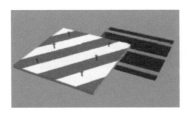
洞口防护(25mm≤短边尺寸≤500mm)

洞口防护(500mm≤短边尺寸≤1500mm)

洞口防护(500mm≤短边尺寸≤1500mm)

洞口防护(500mm≤短边尺寸≤1500mm)

图 3.2-24 洞口防护（一）

水平洞口短边边长大于或等于 1500mm 时，应在洞口作业侧设置高度不小于 1.2m 的防护栏杆，洞口应采用安全平网封闭。

后浇带上用九层板全封闭。设挡水坎，挡水坎粉刷平直。刷红白警示漆。如图 3.2-25 所示。

洞口防护(短边尺寸≥1500mm)

洞口防护(短边尺寸≥1500mm)

图 3.2-25 洞口防护（二）

3）高空防护（图 3.2-26）

4）通道防护

（1）钢管垂直通道防护（图 3.2-27）

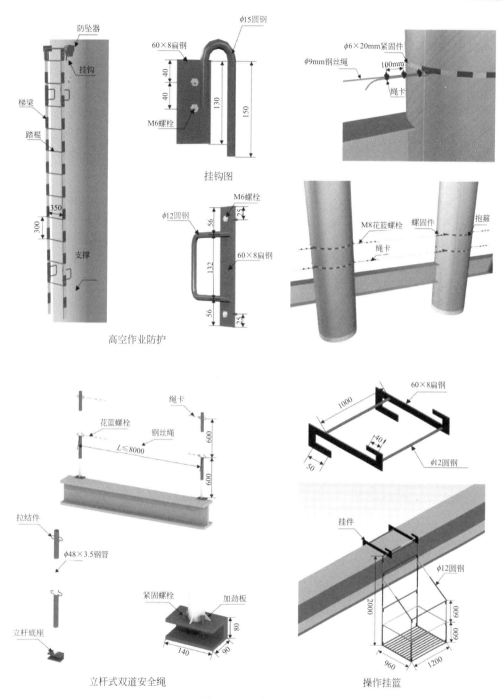

图 3.2-26 高空防护

① 通道采用 $\phi48\times3.5$mm 钢管搭设，杆件之间的连接均按要求搭设。

② 通道正立面、侧立面长度及高度由底至顶连续规范设置剪刀撑。剪刀撑、防护栏杆均刷黄黑相间油漆警示色。

③ 相邻两跑坡段间设置转接休息平台，斜道两侧应设置踢脚板和双道防护栏杆。踢脚板高度 200mm，栏杆和踢脚板表面刷红白警示色。

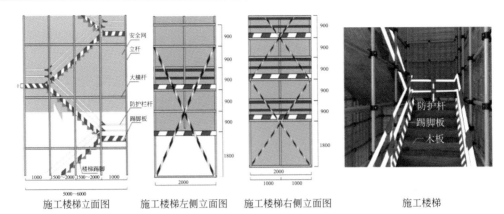

| 施工楼梯立面图 | 施工楼梯左侧立面图 | 施工楼梯右侧立面图 | 施工楼梯 |

图 3.2-27　钢管垂直通道防护

（2）工具式爬梯（图 3.2-28）

① 用于边坡与地面夹角小于 60°的基坑或上下主体作业面处。

② 工具组装式由梯梁、踏板、立杆、横杆及转换平台组成。

③ 防护栏杆，立杆间距≤2000mm；横杆高度为 1200mm 和 600mm。

④ 梯梁选用不小于 12 号槽钢；踏板选用 4mm 厚花纹钢板，踏步外沿设螺纹钢防滑条，踏板与梯梁采用螺栓连接。

⑤ 立杆、横杆均选用 ϕ48mm 钢管。

⑥ 转换平台选用 4mm 厚花纹钢板，设置高 200mm 踢脚板。

⑦ 斜向爬梯通道也可使用钢管搭设"一字形"通道，宽度不应小于 1000mm，高度大于 6000mm 时应设休息平台。

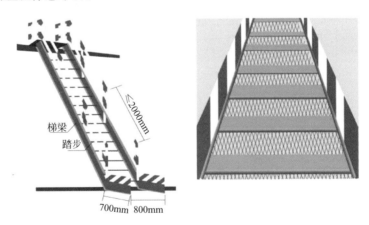

图 3.2-28　工具式爬梯

5）移动式操作平台

（1）工具式移动操作平台（图 3.2-29）

移动式操作平台的面积不应超过 10m²，高度不应超过 5m，高宽比不应大于 2∶1，施工荷载不应超过 1.5kN/m²。

移动式操作平台的轮子与平台架体连接应牢固，立柱底端离地面不得超过 80mm，行走轮和导向轮应配有制动器或刹车闸等制动措施。

移动式行走轮的承载力不应小于 5kN，制动力矩不应小于 2.5N·m，移动式操作平台架体应保持垂直，不得弯曲变形，制动器除在移动情况外，均应保持制动状态。

移动式操作平台在移动时，操作平台上不得站人。

图 3.2-29　工具式移动操作平台

（2）铝合金可折合式工作台（图 3.2-30）

① 2m（含）以上的高空作业须有安全、稳固的操作平台，平台在高空作业应有安全、牢固的防护栏杆和牢固的安全带挂设点。

② 平台工作高度可调整，带刹车式脚轮，方便移动，平台工作时轮子应制动可靠。

③ 平台要有直爬梯及可开口式平台踏板。

④ 平台宽度不小于 750mm，高度不大于 2500mm，可在狭窄场所使用。

⑤ 操作平台四周按临边作业要求设置防护栏杆，并布置登高扶梯，用于户内户外的高空作业和狭窄场所。

6）塔式起重机

图 3.2-30　铝合金可折合式工作台

（1）塔身防护（图 3.2-31）

① 塔式起重机基础围护墙埋深超过 1200mm 时宜采用钢筋混凝土挡墙，基础不得积水，应有可靠的排水措施，在基础附近不得随意开挖。

防攀爬框平面

现浇板预留洞口围栏防护示意图

防攀爬框示意图

图 3.2-31　塔身防护

111

② 自由高度塔式起重机的塔身与现浇板预留洞口四周的间距不得小于500mm。地下室及板面各层预留洞口处，周边应设置100mm高的挡水坎。

③ 塔式起重机基础和现浇板预留洞口四周应设置1800mm高定型化围栏。定型化围挡材质、构配件参考临边防护。

④ 宜在塔身下端距离基础面或结构面不高于5m处设置宽于标准节600mm的一个方形钢板或网片框防止无关人员攀爬，钢板或网片框中间应设置可开启门扇，平时上锁，上下均可开锁。

（2）塔式起重机运行智能监控系统（图3.2-32）

在塔式起重机上安装智能监测系统，及时将塔式起重机运行相关数据推送到手机APP或集中显示大屏幕上。

塔式起重机超限运行、群塔防碰撞及保护区预警提示，能够有效监测塔式起重机日常运行状况，丰富监管手段。

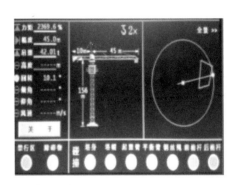

图3.2-32 塔式起重机运行智能监控系统

（3）塔式起重机吊钩可视化系统（图3.2-33）

在塔式起重机上安装吊钩可视系统，系统由前端数据采集、中端数据上传和末端视频监控三部分组成。

塔式起重机司机实时查看吊钩以下吊装情况，可及时制止违规吊装作业。

7）电缆挂设

① 电缆挂架

实践做法：购买成品挂架或用角钢、钢筋焊接挂架，根据现场需要加设挂钩数量，组装完成后，挂架两端用膨胀螺栓固定在墙上。

效果分析：多钩造型可根据电缆型号分别挂设，布置方便，实用性高。

② 组合式电缆支架

实践做法：使用绝缘瓷瓶、绝缘胶皮、螺钉螺帽、丝杆、马牙卡、合页等材料组装成电缆支架，安装在现场钢管或不同直径的钢筋上。

效果分析：有效避免电缆拖在钢筋上的安全隐患。

8）高处作业

便携式安全带挂设装置，将装置插入墙体螺杆洞，螺纹端利用螺母固定，圆环端用于系挂安全带；也可用钢丝绳沿外墙水平穿入拉环内，末端锁紧，做成生命线，拆除外架时使用。利用现场施工螺杆洞，解决工人无处挂设安全带问题。

图 3.2-33 塔式起重机吊钩可视化系统

（1）安全绳装置

① 材料选择：

直径为 8mm 的钢丝绳，边长 12cm、厚 8mm 钢板，8mm 圆钢。

② 制作/安装方法：

安全绳的连接部分：连接部分为边长 12cm×8mm 的拉结环组成（便于工人行走交错使用），拉结环与钢板焊接固定，拉接环为 8mm 圆钢，焊点间距均为 8cm。

安全绳与拉钩部分：安全绳的直径为 8mm 的钢丝绳，长度可根据现场立杆的间距和防护长度自由调节，若立杆跨距为 1.5m，则建议安全绳防护为 6 跨，长度 9m。

钢丝绳的一端为自由端，穿绕过安全绳固定装置的拉结环中后与钢丝绳进行回绕连接，回绕后用三道卡扣与安全绳连接固定。钢丝绳另一端为安全挂钩，安全挂钩与安全绳固定装置的拉结环直接进行连接，应使用带钩头保险的挂钩。

（2）脚手架搭设过程设置生命线

利用钢丝绳设置通长生命线（每隔 6～8m，用扣件或绳卡与外架内侧立杆固定），架子工搭设外架时将安全带系挂在生命线上。

效果分析：解决了外架搭设过程中架子工无安全可靠的系挂点问题。

9）消防水泵及消防器材

（1）高压消防水枪（图 3.2-34）

① 实践做法：将高压消防水枪与现场消防管道连通，射程由变频泵扬程决定，一般在 30～120m 之间。

② 效果分析：安装费用经济，可 180°旋转，射程较远，覆盖范围较广，可以有效降

尘或者灭火。

（2）AFO 灭火弹（图 3.2-35）

① 实践做法：在施工现场存在火灾隐患位置放置灭火弹。

② 效果分析：可用于现场定点灭火或投掷灭火，小巧轻便，可扑灭 3m² 范围内火焰，软胶材质，爆炸时碎片不伤人。

图 3.2-34　高压消防水枪

图 3.2-35　AFO 灭火弹

（3）悬挂式灭火球（图 3.2-36）

① 设备选择：悬挂式灭火器的保护面积一般按 10m² 计算，保护半径为 3m，建议选感温 68℃、净容量 4～6kg 的灭火器，悬挂高度不宜大于 2.5m，悬挂式干粉灭火器具有灭火药剂毒性低，使用安全等特点，建议有人居住的宿舍区域选择液体式灭火器。

② 安全管理要点：定期检查灭火器压力表是否存在缺压或失效，检查喷头部件有无损坏现象，灭火器禁止设置在高温或有污染的空间，因悬挂式灭火器有感温玻璃管，安装前要保留出厂带的包装箱，转运期间轻拿轻放。适用范围：施工现场库房、易燃材料仓库、配电室及存在消防隐患的无人居住临时房。

10）可视化二维码（图 3.2-37）

将安全管理信息转换成二维码，张贴于施工现场相应位置或工人安全帽上。在人员信息维护、设备进行巡检和维护操作后，通过智能手机扫描二维码，实现动态管控和信息共享。

现场集装箱挂设方法 活动板房完成效果

①直径12mm的普通螺丝杆件 ②宽30mm、厚3mm的镀锌扁铁

图 3.2-36 悬挂式灭火球

图 3.2-37 可视化二维码

3.2.3 附属设施

1. 生活区烟感自动报警系统（图 3.2-38）

在每间宿舍内安装智能烟雾感应器，一旦烟感器被触发警报，智慧工地 APP 将显示发出警报的楼栋号和房间号。

不仅能有效提醒室内人员，还能使管理人员对发生险情位置快速作出反应，防止火灾

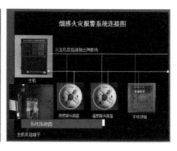

图 3.2-38 生活区烟感自动报警系统

发生。

2. 无线 WiFi 安全教育（图 3.2-39）

在生活区安装无线 WiFi 设备，工人每次连接使用网络时，必须全程观看完安全教育动画短片，短片内容定期更新。

丰富安全教育形式，不再局限于面对面的教育，让安全教育融入生活。

图 3.2-39 无线 WiFi 安全教育

3.3 项目案例分析及构建协同平台系统

3.3.1 "智慧代建"项目应用案例分析

1. "智慧代建"具体应用——华南理工大学广州国际校区一期工程

华南理工大学广州国际校区一期工程位于广州市番禺区南村镇广州国际创新城南岸起步区（图 3.3-1），是教育部、广东省、广州市及华南理工大学广州国际校区四方共建的国家、省、市重点项目，工程用地面积为 33.17 万 m^2，建筑面积 499855.6m^2，其中地上建筑面积 411738.5m^2，地下建筑面积约 88117.1m^2。

（1）工程特点

华南理工大学广州国际校区一期工程具有影响力大、体量庞大、涵盖的专业多、功能齐全、工期紧、质量目标高等诸多特点。因此本工程施工有诸多重难点。

工程质量目标为获得广州优质工程奖，其中公共实验楼确保获得国家优质工程奖。工

116

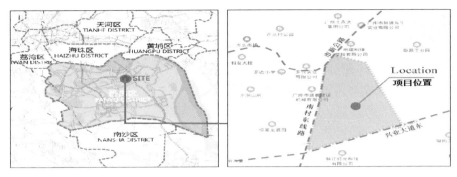

图 3.3-1 华南理工大学广州国际校区一期工程项目位置

程安全管理目标为确保获广东省安全文明施工样板工地、广东省安全文明施工标准示范工地，争创国家 AAA 级安全文明标准化工地。

（2）工程难点

① 体量大、工期紧

本工程共有 8 个地块、28 栋单体建筑，建筑面积近 50 万 m²，项目总投资约 36.33 亿元，项目于 2018 年 8 月 23 日开工，2019 年 8 月 20 日竣工，历时 362 日历天，工期约 1 年，创造了广州速度。尤其是采用装配式建筑的楼栋，需要较多时间进行前期的深化设计。

② 协调管理难度大

本工程工期紧、单位多、涵盖的专业多，工程总承包项目涵盖各专业，涉及土建、装修、机电设备、智能建筑等，协调难度非常大。

特点一：华南理工大学广州国际校区 EPC 项目采用指挥部模式，该项目有六大亮点：

➤ 广州第一个城市街区式大学校园；

➤ 广州第一个以设计牵头的 EPC 项目；

➤ 广州第一个设计、施工、运维全过程 BIM 应用项目；

➤ 广州第一个装配式建筑面积最大且达到 A 级评价标准的项目；

➤ 广州第一个借助国家重点项目，探讨珠三角气候适应性的绿色建筑项目；

➤ 广州第一个全信息化施工的智慧工地项目。

特点二：代建单位和监理单位高度融合，推行"法人管项目"模式

"法人管项目"模式着重突出法人单位的市场、经济和法律主体地位，明确界定项目经理部在项目施工全过程中必须遵循的管理要求，发挥了企业层面的整体优势，强化了后台管控力度。本项目实行以监理为抓手的全方位、全过程管理，代建局项目管理与监理高度融合。赋予监理项目管理职能，监理方的项目管理职能与业主合署办公、快速反应、快速决策，以监理方作为代建局项目管理的延伸、作为现场管理的主责方，赋予监理方更高的进度、质量、安全、文明施工等管控权限。以合同手段加强对监理方资源投入和管控能力进行监督管理。代建局在项目启动时，结合科研课题研究，推动项目技术、管理总结编制规划，包括业主项目管理经验总结、EPC 模式管理经验总结，以及全过程 BIM 开发运用管理经验、智慧工地管理经验等。

特点三：推行项目全过程信息化管控

为提高设计施工效率与运维管理水平，华南理工大学广州国际校区项目设计施工运维，将全程使用 BIM 技术，为设计优化、施工模拟、运维及全面管理，提供先进的技术保证，做到高效、便捷。

实行全信息化施工，打造高效、真实、准确、完整性的信息管理平台，实现工程建设透明化、节约化、高效化和现代化。本项目设计、施工、运维全过程 BIM 应用。代建局现场协调指挥组与监理方组织了全过程 BIM 开发管理机构，对各阶段 BIM 建模和应用进行统筹管理，打通各阶段壁垒，形成全过程 BIM 模型。

（3）华南理工大学广州国际校区一期工程取得的社会效益和经济效益

① 本项目通过多方合作，完成了广东省首个真正意义上由设计牵头 EPC 工程承包模式驱动的装配式建筑群的建设，引领了全省"智慧代建"、设计牵头 EPC 工程承包模式和装配式建筑智慧建造技术的进步并指明了方向，带动了全省装配式建筑上下游全产业链的发展和技术进步，彰显了本项目参与企业的技术实力，并打造了良好的企业品牌。通过 BIM 应用解决了错漏碰的问题，取得了很好的经济效益（详见图 3.3-2）。

◆ 8个地块的全专业模型

◆ 38份问题报告

◆ 共发现约800个问题，其中对施工图阶段共428个问题进行收益计算，累计规避的直接经济损失达474万元，避免总体工期延误14天，局部工期延误102天。

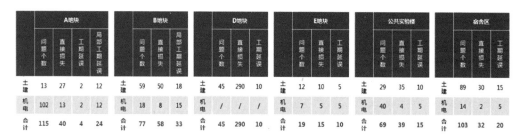

	A地块				B地块				D地块			E地块			公共实验楼			宿舍区		
	问题个数	直接损失	工期延误	局部工期延误	问题个数	直接损失	工期延误	局部工期延误	问题个数	直接损失	工期延误	问题个数	直接损失	工期延误	问题个数	直接损失	工期延误	问题个数	直接损失	工期延误
土建	13	27	2	12	59	50	18		45	290	10	12	10	5	29	35	10	89	30	15
机电	102	13	2	12	18	8	15		/	/	/	7	5	5	40	4	5	14	2	5
合计	115	40	4	24	77	58	33		45	290	10	19	15	10	69	39	15	103	32	20

图 3.3-2 利用 BIM 技术完成的工作及带来的效益

② 通过本项目研究形成了建设管理、勘察、设计、施工、监理五方主体单位共同参与的成套装配式智慧建造创新成果，成功地将智慧建造理念和方法应用于装配式建筑工程的各个方面，推动了装配式建筑智慧建造技术的发展，积累了各方协同的建造经验，为全省装配式建筑的推广和宣传起到了良好的示范作用。

③ 以项目的创新技术体系指导工程应用，提升了装配式建筑工程的整体安全性和经济性，增强了装配式建筑工程的可操作性、施工便捷性和市场竞争力。创新应用信息化招标采购平台，结合项目的特殊性确立了适用于政府投资 EPC 项目的认质认价机制，使工程采购与 EPC 模式平行搭接，严格控制采购流程，实现采购全过程信息化、采购业务与物资控制闭环管理，保证了工程投资最小化，同时保障了施工工期。创新研发了四面出浆和框架结构一体化建造技术，深化了复杂节点钢筋排布，提高了灌浆合格率，形成了组合支撑体系，大大提高了支撑施工速度，缩减了施工工期，装配式建筑面积达 30％且达到 A 级装配式建筑评价标准。创新研发了基于 RFID 及 BIM 技术的预制构件全过程数字化施工技术，实现了构件的全过程追踪，成功缩减工期达 25％，为工人提供了安全保障，打造了

广州市首个智慧工地项目。2020 年 3 月经广东省建筑业协会鉴定，该科技成果整体达到国际先进水平，其中基于 BIM 技术和智能信息系统的绿色装配式建筑设计及项目管理技术，以及基于 EPC 模式下 BIM 现实捕捉方法的施工进度重量法管控技术达到国际领先水平，整体节约建筑工期 118 天，节省管理成本约 2021 万多元。

④ 建立了基于 BIM 三阶段应用集成数据平台的智慧校园运营管理系统，打造了华南理工大学广州国际校区智能运营平台，在华南地区率先将该校园打造成了基于信息技术的舒适安全的校园，促进了教学质量和教育能效的提升。

⑤ 项目有效地实践了智慧建造技术在装配式建筑设计和实施过程中全方位的应用，培养了大批装配式建筑工程的管理人才和安装工人，这批人才掌握了项目关键技术、设计软件、机具装备与工艺技术，形成了装配式建筑智慧建造技术推广应用的中坚力量。

国务院办公厅《关于促进建筑业持续健康发展的意见》（国办发〔2017〕19 号）发布以来，建筑业大力推行 EPC 总承包模式，EPC 总承包模式在建筑业的实施具有鲜明的特点，有必要做深入的研究，总结经验，完善相关制度和规范。本项目作为广州市代建局 EPC 总包模式管理的一个试点，创造了广州速度，是比较成功的项目案例。EPC 模式下的代建管理特点：EPC 模式与传统管理模式的不同如表 3.3-1 所示。

EPC 模式与传统管理模式的不同　　　　　　　　　　表 3.3-1

序号	EPC 模式特点	传统模式特点
1	权责界面、法律关系清晰，责任主体明确。 业主与总承包商（EPC）签合同，工程的设计、采购和施工由总承包商一方全部承担，总承包商必须对最后交付的建设工程承担百分之百的法律责任	业主与施工、设计单位分别存在设计合同关系，与甲供货物方也存在合同关系
2	工程设计和施工系统整合，目标统一明确，各个环节统筹优化。 有利于实现设计、采购和施工的深度交叉和内部协调，从而实现整个工程的系统统筹和整合优化，并从设计、采购和施工的全过程及整体上考虑和处理问题	施工、设计之间不存在协作工作机制，设计对施工、施工对设计都要通过业主
3	业主风险合理转移，总承包商承担更多风险。 业主的经济风险、外界风险和不能按期完工的风险都转嫁给了总承包商（尤其在初步设计不完善的条件下签订总价包死的总承包合同）。要求总承包商的抗风险能力和风险管理水平很强	物价上涨、汇率波动，以及设计变更等大部分风险都是业主的
4	对业主项目组织管理能力要求提高，对总承包商的项目管理综合能力要求高。 业主原则性、目标性地管理和控制，可以不介入较细的管理和技术工作。EPC 必须对项目建设的质量、进度、费用、安全、合同和信息等进行全方位的控制与管理	业主需要协调设计施工采购，因此对技术和管理要进行很深的介入，要求较高管理能力和技术能力
5	工程责任主体明确，业主的利益损害赔偿更有保障。 在 EPC 总承包合同中，合同相对方只有总承包商一方。如果建设工程存在问题，业主只需向总承包商追究责任	由于具体工程问题往往由综合因素造成，很难界定具体责任方，追责比较难

（4）所获奖项（表3.3-2）

所获奖项 表 3.3-2

项目	奖项	年份
华南理工大学广州国际校区一期工程	广东省建设工程项目施工安全生产标准化工地	2019 年
	广东省房屋市政工程安全生产文明施工示范工地	2019 年
	广东省土木工程詹天佑故乡杯	2020 年
	市优质结构奖	2020 年
	五羊杯奖	2020 年

2. "智慧代建"具体应用——广州科教城

2012 年 5 月，根据《中共广州市委广州市人民政府关于印发〈广州市中长期教育改革和发展规划纲要（2010—2020 年）〉的通知》，市委市政府为解决我市职业教育发展"短板"和"瓶颈"问题，为广州产业转型升级提供技术技能人才支撑，决定实施广州市职业技术院校迁建工程，简称"广州科教城"项目。

2012 年 11 月 3 日，广州市委确定教育城落户增城。同时提出在规划建设中，要充分利用当地的低丘缓坡、山林田园、河流水库等自然生态条件，充分体现低碳、智慧和"花城、绿城、水城"理念，配套规划建设好各校公用共享平台、交通路网、商业文化等公共服务设施，努力把广州教育城打造成具有岭南特色的山水田园型教育城。

2017 年 4 月，市领导调研教育城，提出了教育城与科技小镇融合发展的构思和要求。在教育城东南面另划定科技小镇拓展区 3.59km²（5385 亩），在靠近拓展区的教育城一期内划定共享区 2.27km²（3405 亩）。教育城加入科技小镇后，名称调整为"广州科技教育城"。

推动广州科教城的智慧代建管理应用：为进一步解决项目管理过程中互联互通效率不高、信息化水平不高、存在"数据"信息"孤岛"现象等项目管理信息技术短板问题，广州市重点公共建设项目管理中心于 2021 年 7 月正式推行"巡检"APP、CIM 区块链等信息化平台的应用，将科教城项目、科学馆项目、市中医院项目、广交会展四期项目、广发人寿项目等 5 个项目作为"巡检"APP 应用的试点项目，为项目安全信息管理带来了一定的便利，整体平均信息反馈率能达到 90％。广州市重点公共建设项目管理中心以"1＋1＋6＋N"智慧代建监管体系为核心要素，打造基于 CIM 区块链工程协同监管系统，目前系统平台的框架基本完善，通过巡检 APP 中"整改通知""任务下达""数据填报""疫情防控"等功能模块的应用，有效地为项目过程信息管理带来了一定的便利，例如："整改通知"模块能够较为方便地记录巡检过程中发现的问题，并且第一时间通知到有关责任单位及时做好整改工作；"任务下达"模块能够将中心下发的通知、会议纪要等文件及时转达到各施工及监理主要负责人阅知，并且上传至"巡检"APP 上的管理文件能够做到长期保存，对比微信群存在长期的文件容易被删除或清理的问题，为广大项目管理人员快速查阅文件带来较大的便捷。同时，积极对接市住建局智慧工地平台系统，根据"共建、共享、共治"的原则，通过后续不断完善平台构建和大力推广应用，对接各参建单位（勘察、设计、施工、监理、检测、监测、材料供应商、装配式工厂等）信息管理平台系统，实现数据"一次录入，数据共享"，让"数据多跑路、人员少跑腿"，目的是通过智慧工地的打造，加大推动数字孪生、协同管理、AI 识别实现数据协同和通过远程监管、物联管控实现业务协同，为最终推动实现"数字化、可视化、智能化"提供示范，为推动建筑行业的"数字产业化和产业数字化"提供示范。

3.3.2　构建 BIM 协同项目管理平台系统

3.3.2.1　重点公共建设项目 BIM 技术应用任务书

为推广 BIM 技术应用，适应工程建设领域改革的新要求，在项目建设过程中需要开展设计阶段、施工阶段、竣工验收和运维阶段 BIM 技术应用，并做好与广州市 CIM 平台的对接应用工作，适应基于 BIM 技术应用的设计报建、施工报建和竣工验收工作，现编制《广州市重点公共建设项目设计阶段 BIM 技术应用任务书》（模板）（2020 年），考虑建设项目具有单件性、一次性、多样性的特点，本任务书（模板）使用过程中须根据不同项目的具体特点，补充完善设计阶段应用的详细要求，并做好在设计招标、设计合同、设计管理等环节在相应条款中获得 BIM 技术应用要求的一致性。

1. BIM 技术应用范围及内容

为了更好地将 BIM 技术应用在重点公共建设项目的设计阶段、施工阶段、竣工验收及运营阶段的全过程，充分发挥 BIM 技术应用价值，要求设计单位必须具备 BIM 技术应用的能力，在工程设计阶段实施 BIM 技术应用。在发包人或发包人委托的 BIM 技术全过程咨询单位的督导下，按照广州市重点公共建设项目设计阶段 BIM 技术应用任务书大纲的要求，履行设计合同中约定的设计阶段 BIM 技术应用的工作职责，工作内容包括但不限于以下内容：

（1）BIM 技术应用阶段

设计单位需要完成设计阶段的 BIM 技术应用服务，包括方案设计阶段、初步设计阶段、施工图设计阶段和施工阶段设计配合服务等应用阶段。

（2）BIM 技术应用专业

包括但不限于建筑设计、结构设计、给水排水设计、暖通空调设计、强弱电设计、燃气设计、总图设计、户外管网设计、室外配套设计、景观绿化设计、室内外装修设计、人防工程、智能化设计、地基处理工程、基坑支护工程、接入外线工程等计划投资内所有专业的 BIM 技术应用。

（3）BIM 技术应用内容

设计单位 BIM 技术应用工作内容必须满足相关国家、行业及地方发布的相关标准、规范及规程等的规定，并应满足发包人指定的 BIM 技术应用相关实施标准。BIM 技术应用内容包括但不限于下述内容：

① 设计单位创建设计阶段 BIM 技术应用阶段及专业的 BIM 模型，各阶段 BIM 模型必须满足《建筑工程设计信息模型交付标准》GB/T 51301—2018 的深度要求，同时需满足 CIM 相关标准要求，确保模型信息能对接三维施工图审查平台/系统、三维报建 BIM 模型标准、工程计量计价的要求（包括但不限于直接提取工程量、导出工程量清单、与造价软件可互为衔接转换等），建筑单体各专业 BIM 模型深度要求满足且不低于《建筑工程设计信息模型交付标准》GB/T 51301—2018 的交付协同要求。

② 设计单位采用 BIM 可视化汇报各阶段设计成果，包括但不限于效果图、漫游动画、浏览模型等。

③ 设计单位在方案设计阶段需提供方案 BIM 模型，模型精细度等级不低于 LOD2.0，配合发包人进行方案比选，辅助发包人稳定建设需求。

④ 设计单位在初步设计阶段和施工图阶段，利用 BIM 技术进行碰撞检测分析，确保各专业之间无碰撞；利用 BIM 技术进行管线综合，确保机电管线充分协调，满足施工要求和净空要求，保障使用空间和检修空间。

⑤ 设计单位的施工图必须利用 BIM 技术开展碰撞检测、管线综合和净空分析，并提交相应报告后方可出图。

⑥ 设计单位利用 BIM 模型进行设计交底以及施工图纸会审工作；审核施工阶段 BIM 模型维护和更新的合理性；配合并指导施工单位开展施工阶段及竣工验收阶段相关深化工作。

⑦ 设计单位必须利用 BIM 技术开展装配式设计相关工作，满足装配式评价要求的同时，必须满足 CIM 施工图审查要求。

⑧ 设计单位必须结合广州市政府对 CIM 的要求和造价限额设计要求，配合发包人开展 BIM 技术应用的报批报建工作（方案联审、规划条件、施工图审查、消防报建审查、竣工验收备案等）。

⑨ 设计单位必须结合造价行业管理部门要求，配合发包人开展 BIM 技术应用的计量计价相关工作，模型精细度等级不低于 LOD3.0。

⑩ 设计单位必须参加发包人行业管理部门、发包人或发包人委托单位召开的各阶段的 BIM 和 CIM 相关协调会议。

⑪ 设计单位应用发包人提供的 BIM 协同与管理平台实现设计管理和施工管理协同。应用 BIM 协同与管理平台实现设计和施工中的沟通与协调，协助发包人进行全程可视化管理交流服务、重点难点节点展示及深化设计复核等工作。

⑫ 设计单位配合其他 BIM 技术应用相关工作（工程质量奖项、工程安全管理文明施工奖项、科学技术奖、BIM 宣传汇报等）。

⑬ 设计单位负责开展 BIM 技术应用咨询与培训。包括但不限于 BIM 日常应用技术问题咨询；为项目各参建单位提供 BIM 技术应用短期培训，并提供培训资料。培训内容包括但不限于 BIM 软硬件基础知识、BIM 模型使用知识、BIM 标准、BIM 技术应用、BIM 协同与管理平台使用等。

⑭ 设计单位提供 BIM 工程师技能培训。为项目提供 BIM 技能培训，相关费用包含在设计合同总价中，不另外计费。设计单位应根据项目开展流程及岗位专业需求培训工作，并制定培训方案和编制培训内容。组织受培训人员参加国家或行业认可的 BIM 技术认证证书考试。

（4）BIM 技术应用协同

设计单位使用发包人提供的"BIM 协同与管理平台"进行设计管理、设计成果提资和设计协调配合等事宜的沟通与管理。

（5）BIM 技术应用和 CIM 成果要求

本项目所有 BIM 技术应用和 CIM 相关的成果，必须通过发包人验收通过，最终必须满足行业管理相关审查要求。

（6）BIM 技术应用团队要求

设计单位应选用本单位的 BIM 技术应用团队或经发包人批准的设计专业分包 BIM 技术应用团队，具体要求如下：

① 为了将 BIM 技术应用贯穿在工程设计阶段、施工阶段、竣工验收和运营阶段全过程，充分发挥 BIM 技术应用的价值，要求设计单位必须同时具备 BIM 技术应用实施能力。

② 设计单位应配置具有 BIM 技术应用实施能力的设计团队。BIM 技术应用实施团队应包含 BIM 项目负责人、BIM 项目技术负责人及足够数量的 BIM 工程师。

2. BIM 技术应用成果交付

BIM 技术应用成果交付要求

设计单位提交 BIM 模型文件满足但不限于以下要求：满足软件版本要求；满足《建筑信息模型应用统一标准》GB/T 51212—2016 深度要求；各节点和最终提交模型需保证图纸和模型的一致，并经过发包人的审核；提交的 BIM 模型及相关资料应满足发包人指定的 BIM 协同与管理平台的提交和使用要求。各阶段 BIM 应用成果包括但不限于：

（1）BIM 技术应用实施方案；

（2）各阶段 BIM 专业模型和综合模型，包含方案设计、初步设计，施工图设计原始模型和轻量化模型；交付模型的版本应统一为 RVT、NWD 格式，轻量化模型采用当前普遍通用的格式；

（3）CIM 平台报批报建成果；

（4）BIM 技术可视化成果；

（5）BIM 技术碰撞分析报告；

（6）预留预埋构件合理性分析报告；

（7）BIM 技术管线综合图纸；

（8）BIM 技术净空分析报告；

（9）BIM 装配式深化设计模型；

（10）BIM 技术造价应用成果。

3. BIM 技术应用成果交付说明

设计单位交付物涉及的单位，应采用公制单位。模型单元单位描述以"mm"为单位，保留整数显示；或以"m"为单位时，保留两位小数。模型单元信息，应至少包含材质、类型名称、元素名称、元素三维几何特征四类信息。所提交的成果需要满足合同要求。如图 3.3-3 所示。

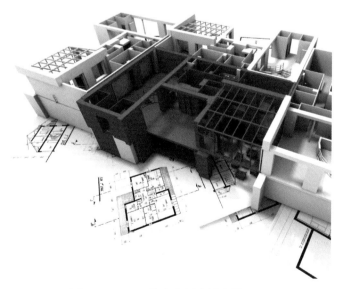

图 3.3-3　BIM 技术应用成果交付（一）

使用单位角色定位-1

基于目前BIM协同管理平台进展情况，已开放的工作任务分工共17项。

序号	工作任务	代建单位	设计单位	施工单位	监理单位	勘察单位	BIM咨询单位	造价咨询单位	审图单位
1	勘察成果上传	接收角色	/	/	/	发起角色	/	/	/
2	设计图纸成果上传	接收角色	发起角色	/	/	/	审核角色	/	/
3	设计进度计划导入及实施	审核角色	发起角色		审核角色	/	/	/	/
4	报批报建成果上传	发起角色	发起角色	发起角色	发起角色	发起角色	/	/	/
5	设计图纸三维建模及上传	接收角色					发起角色	/	/
6	设计碰撞问题	接收角色	实施角色				发起角色		/

使用单位角色定位-2

基于目前BIM协同管理平台进展情况，已开放的工作任务分工共17项。

序号	工作任务	代建单位	设计单位	施工单位	监理单位	勘察单位	BIM咨询单位	造价咨询单位	审图单位
7	设计交底	发起角色	实施角色	实施角色	实施角色	/	实施角色	实施角色	/
8	施工三维模型深化及上传	接收角色	/	发起角色	/	/	审核角色		/
9	施工组织设计及方案报审	决策角色	/	发起角色	审核角色	/	/	/	/
10	施工进度计划导入及实施	决策角色	/	发起角色	审核角色	/	/	/	/
11	设计变更	决策角色	发起角色	接收角色	接收角色		接收角色	接收角色	审核角色
12	图纸会审会议通知	发起角色	实施角色	实施角色	发起角色		实施角色	实施角色	/

使用单位角色定位-3

基于目前BIM协同管理平台进展情况，已开放的工作任务分工共17项。

序号	工作任务	代建单位	设计单位	施工单位	监理单位	勘察单位	BIM咨询单位	造价咨询单位	审图单位
13	监理例会会议通知	接收角色	/	接收角色	发起角色	/	/	/	/
14	材料进场验收及见证送检	接收角色	/	发起角色	接收角色	/	/	/	/
15	施工资料上传	接收角色	/	发起角色	接收角色	/	/	/	/
16	监理资料上传	接收角色	/	/	发起角色	/	/	/	/
17	材料看样定版	决策角色	审核角色	发起角色	审核角色	/	/	审核角色	/

图 3.3-3　BIM 技术应用成果交付（二）

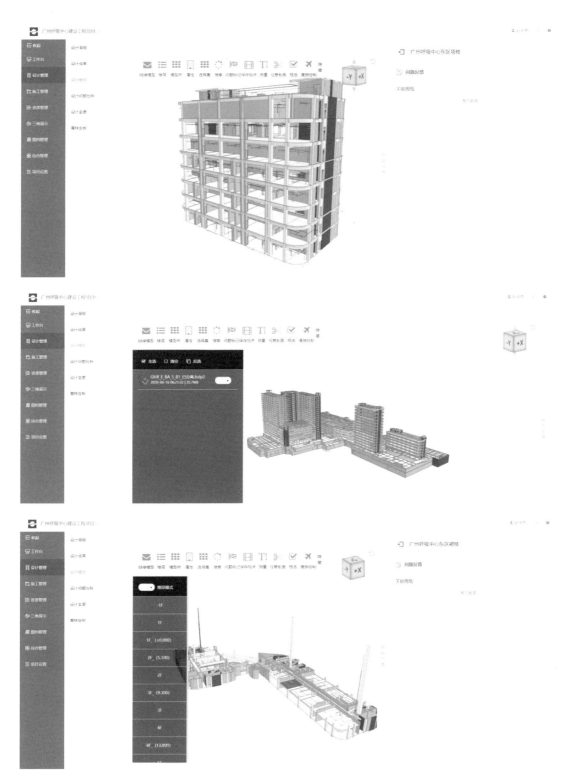

图 3.3-3 BIM 技术应用成果交付（三）

3.3.2.2 数字建筑引领行业转型趋势，BIM＋智慧工地成为重要支撑手段

因为各种新技术的出现，建筑行业正在进行转型升级。转型升级的三个典型特征是数字化、可视化、智能化。信息是第一步，BIM 技术和智慧工地将成为重要支撑手段，最终引领建筑工程管理实现工业级的精细化管理水平。

（1）项目配置系统繁多，上了这么多的系统项目经理还是看不到想看的数据。

（2）多个 APP、各种异构系统重复录入的工作量大，不但没能提高效率反而增加很多负担。

（3）各系统维护费用高、收益低、风险大，对企业来说也是一个头疼问题。而且管现场的人员比较排斥，好多信息化系统由信息中心的人来维护，并不是真正地用到项目管理中。

（4）整个工程行业都在提信息化，但是大家对信息化的理解千差万别，没有统一的评判标准。

智慧工地的发展路径，大致可分为三个阶段，各种物联设备的介入，为施工现场管理带来了极大的便利。但是随着越来越多的硬件设备与项目的深度结合，施工单位面临新的困扰。系统越来越多，各种各样的 APP，查阅项目信息需要登录不同的系统，体验很差。

因此就有一批厂商开始将各个物联设备的应用封装在一个平台上，解决单点登录问题，实现数据的集中展现。这是智慧工地发展的第一个阶段。但是这个阶段仅仅解决了应用的封装，平台内的各个应用数据是割裂的，无法实现深层次的数据交换和价值体现。而且平台售价不菲，极大地增加了使用成本。

越来越多的厂商和施工单位意识到了问题所在，他们开始积极地探索如何进行各业务的数据融合，从而真正地在项目上带来一些额外的价值，智慧工地发展进入第二个阶段。比如，环境检测发现 PM 超标，启动自动喷淋，环境检测发现大风超过 6 级，塔式起重机自动停止运行。

业务数据的融合可以给我们提供多样化的分析，辅助施工管理动作决策。同时，随着新技术的不断发展，5G 和 AI 时代的到来，智慧工地平台最终将发展到第三个阶段：智能决策。通过人工智能，根据分析出来的结果，结合企业定额指标和项目现场现状，自动下达一些管理动作或完成物联设备的操作。而目前，行业处在第一至第二阶段的过渡期。

数字化作业是数字施工的基础，通过 IoT 技术自动采集现场作业过程和要素对象的数据，关联建筑实体的数字化 BIM 模型，存储到项目数据中心，让施工现场作业数据留痕，可查询可追溯，便于项目管理人员随时随地管控项目。

系统化管理是数字施工的核心。通过 BIM＋智慧工地平台，实现全过程、全业务、全生产资源的协作管理，最终做到协作执行可追踪，管理信息零损耗，决策过程零时差。

智能化决策是数字施工的目标，在作业全面数字化、管理系统化以后，企业和项目管理层通过数据平台可以实时了解项目信息，通过海量数据，在有效的业务分析模型下，实现对企业和项目的智能决策，赋能企业更好地管理和服务项目。

BIM＋智慧工地平台紧跟时代步伐，有效结合目前市场上最先进的技术，比如物联网、AI 等，作为平台底层技术架构；有效避免人工劳动力的投入，逐步实现业务替代。

先进技术真正用到项目日常管理中，比如质量安全巡检、生产任务派分、安全教育、技术交底、物料验收等各种场景。

有了业务应用的场景后即可产生海量数据，平台支持数据仓库的建立，有利于数据的存储、清洗、分析，把有效数据筛选出来支撑领导决策制定战略规划。

3.3.2.3　BIM 技术对工程建设设计、施工、运维及后续阶段工作的帮助

1. 设计阶段

（1）正向设计

BIM 助力工程建设设计阶段进行各专业协调优化，正向推进设计，根据分析结果对后续设计的门窗选型提出一定要求，对室内布局、立面开口给出指导性建议，对后续方案布局优化、材料选用提出指导性建议，对疏散人数、疏散口、疏散距离进行动态分析，验证疏散设计有效性，及时发现设计问题。

（2）可视化

BIM 在不同尺度下辅助设计决策，可随时查看模型设计修改的渲染效果。

（3）辅助装配式设计

① BIM 助力装配式复核装配率、发现碰撞问题、定位预留构件。

② 设计初期，BIM 团队与构件深化团队一同介入装配式设计，不断调整预制范围，最终得到在满足装配率要求的前提下，对结构受力、模板制作及施工最有利的结果，并输出装配率计算书。

③ 根据结构图，创建节点钢筋模型，梳理钢筋碰撞的问题类型，辅助设计及构件深化团队协商解决策略，最终用模型验证问题已解决。

④ 根据机电及室内图纸深化 BIM 模型，辅助构件深化团队，确定终端及管线预埋方案。

（4）全专业模型＋碰撞检查

基于 BIM 模型，检查碰撞，按阶段向各专业提交碰撞报告。并组织专业协调会议追踪落实问题解决，有效减少设计变更和施工返工。

（5）管综优化＋管综图纸

① 基于机电专业图纸进行管线初步协调，输出净高分析图。净高分析图提资给建筑和室内专业，接收净高意见。净高不足处进行各专业协调会议，各专业进行优化设计。

② 优化管线布局定位，输出管综平面、典型剖面，与模型一同提资给施工方。

（6）城市管理

① 建筑信息模型的可视化建模，并开展净高、疏散等设计分析。

② 组合建立城市级别的信息模型。

③ 实现市政道路信息化模型的可视化建模。

④ 建立市政管线，并进行碰撞检查、管线综合、协同设计等工作。

2. 施工阶段

（1）无人机进度监控

通过无人机航拍，以蛇形＋环形飞行路线，以逆向建模软件进行实际进度模型构建，与根据施工进度计划创建的进度 BIM 模拟模型进行对比，输出实际进度与计划进度的工程量对比清单，为 EPC 提供施工进度的参考。

（2）质量管理

施工现场发现的问题可通过手机端记录并上传至 BIM 信息平台，问题责任明确，相关方可在手机端上对问题进行回复，负责人可通过网页端远程审核、关闭问题，形成闭环，还可以输出质量问题统计报告，极大地提升了安全质量管理的效率。

（3）驻场巡检及问题解决

可视化的方式协助对机电安装及净高问题进行现场巡检、问题沟通、图纸优化、落实解决。

3. 运维阶段

为后续运维平台提供模型与数据支持。

3.3.3　构建基于 CIM 建设项目智慧协同管理平台系统

3.3.3.1　区块链模块

1. 区块链模块建设目标

打通工程项目管理信息孤岛，实现多方参与单位数据互通、共建、共享。工程建设管理有非常多的环节，由此产生了各式各样的资料，同时也面临了资料遗失、被篡改的问题。针对这些痛点，我们运用区块链技术在系统中构建了工程链，各方单位可运用自己的账号登录，将工程建设数据保存在其中。利用区块链技术打造工程链，实现"全项目、全过程、全管理"。

（1）工程进度监管

基于区块链的工程进度管理系统，包括底层区块链模块和上层应用逻辑模块。底层区块链模块采用联盟链作为技术底层，包括业务核心节点、信息监控节点、CA 节点、密钥模块、智能合约模块；业务核心节点包括总包方节点、分包方节点、监察单位节点。上层应用逻辑模块包括用户管理模块、工程计划发布模块、工程进度跟踪模块、工程进度反馈模块、总结报表模块。充分利用区块链透明、可信、防篡改、可溯源等特性，实现工程进度全过程全粒度的管理，提高业务核心方的工作效率和溯源追责定位问题的能力，并使工程发起方和咨询公司可以实时查看工程进度，提前发现问题，以便及时解决问题规避风险。

（2）文明施工

建筑工地"六个百分百"内容：

① 施工工地周边 100％围挡；

② 物料堆放 100％覆盖；

③ 出入车辆 100％冲洗；

④ 施工现场地面 100％硬化；

⑤ 拆迁工地 100％湿法作业；

⑥ 渣土车辆 100％密闭运输。

根据文明施工要求，业务数据链上流转：依据"尘不离地、土不出场"的原则，系统结合移动端上报或物联网技术，对施工现场进行数据采集，完成对整个工地环境的实时监测。

根据当地环保标准，在链上部署喷淋降噪智能合约，设置预警阈值；及时将施工现场周围部署的扬尘噪声监测设备实时采集到的 PM2.5、噪声、TPS 等九大指标数据上链存储；数据校验智能合约实时对传输的指标数据进行预警监测，一旦超限预警，立即触发喷淋降噪智能合约，启动工地的喷淋降噪降尘设备。

（3）安全生产

① 安全事故调查

利用区块链技术的去中心化、防篡改、链式存储等特性，着力提升安全事故调查的真实性和证据的完整性。解决了：

现场取证记录线下提供、数字化工作票信息未建立中心化存储的问题；

存储的源数据在数字工作票中可以被篡改或者删除，无法溯源的问题；

现场取证及时上链存储，证据固化的问题。

② 安全资信管控

利用区块链技术，着力提升电网企业日常生产活动的业务安全资信风险的感知能力、管控能力，解决在现有业务安全资信管控中存在的如下几方面问题：

共享外包单位及人员的安全资信信息面临隐私保护，数据确权等问题；

外包业务单位安全资信信息来源比较分散，难以实现共享的问题；

辨别业务外包单位、人员相关安全资信信息真实性耗时耗力的问题；

数据不能共享，不能有效甄别和防范队伍和人员流动造成的安全隐患；

数据不能共享，业务外包单位相关备案工作在不同单位需要重复办理的问题；

数据不能共享，不能在现场有效开展外包安全监督和外包单位人员身份认证。

（4）施工档案

通过区块链技术实现工程全过程档案管理、合同管理、表单制度管理，从业务角度上，可以实现档案上链管理、实现无纸化办公、方便问题的追溯问责；从技术上确保数据安全、防篡改，实现档案安全管理。

2. 区块链模块建设任务

（1）数据上链

数据采用文件导入的形式进行数据入库。基于业务场景，操作人员可通过可信数据集采平台（CIM）界面导入普查数据，具体导入标题字段名称采取定制化策略，在可信数据集采平台上面填写 Excel 中的列名，然后完成数据导入。

在服务器内数据指纹的上链过程中，以其现有服务器中数据分类为标准，以表为单位对数据进行数据指纹提取并将其上链，可及时发现数据篡改行为，保证数据的真实性。各个参与方系统数据上链数据指纹包括：

① 原始数据上链

对于原始数据上链，初步采用数据指纹上链，并且原始数据检测链接上链，通过获取检测链接获取原始数据，通过数据指纹的校验检测数据是否被篡改，从而保证数据的真实性。

对于原始数据操作过程的记录，全部上链。包括数据提供者和数据获取者的详细信息。主要包括操作人姓名、所在部门、操作时间、上报数据标识、下载数据标识、下载数据用途、上报数据类型、下载数据类型等内容。

上链业务数据指纹算法的生成采用 SM3 算法，每次上链数据量为 256bit。具体表现形式为对数据库中的数据报表进行哈希运算。

② 结果数据上链

对于经过处理的结果数据，初步采用明文数据上链，并将对应的数据指纹一并上链，通过数据指纹的校验结果数据是否被篡改，从而保证数据的真实性。

对于结果数据操作过程的记录，全部上链。包括数据提供者和数据获取者的详细信息。主要包括操作人姓名、所属单位、操作时间、上报数据标识、下载数据标识、下载数据用途、上报数据类型、下载数据类型等内容。

（2）打造工程管理链

运用区块链技术，实现工程项目的全生命周期档案数据防篡改、数据保真、业务留痕。

3. 数据汇聚建设目标

数据汇聚层主要为实现基于CIM的区块链工程协同管理平台数据共享交换服务，连接各类工程项目管理应用及应用所需的信息资源，组织和整合各类数据、组件和服务。数据汇聚层为实现应用层各种应用系统的搭建和运行提供支撑服务，包括目录服务系统、共享服务系统、安全服务系统和平台管理系统等。数据汇聚平台还提供资源目录管理体系。目录服务主要提供目录注册、目录发布、目录查询、目录维护等功能，能实现各类工程项目管理基础资料和共享资源目录信息的统一汇集管理。

4. 数据汇聚建设任务

（1）数据资源管理

数据资源管理：是管理、配置平台数据资源的中枢，提供工程管理元数据目录、查询，数据字典管理、数据服务管理、资源目录管理等功能，同时保证上述操作的合法性和安全性。

（2）数据共享交换

数据共享交换：是建筑工程协同管理业务平台无缝共享数据、连通信息孤岛的高速公路，由数据交换管理模块，核心工程管理元数据审批模块，数据传输设计模块，权限设计模块，安全性和稳定性模块，易扩展、易用性模块组成，提供点对点的数据共享机制，有效地减轻了平台数据中心负担，实现平台的负载均衡，保证数据安全可靠高效传递。

5. 首次创新提出"数字矩阵协同"工程监管模块

（1）"数字矩阵协同"工程监管思路

采用"边研发、边应用、边提升"的方式完善平台的思路，助力项目管理工作，2021年12月，我们提出了"数字矩阵协同"工程监管模块的思路设想，主要是通过CIM、区块链、工程链打通融合工程项目管理各阶段业务数据，采用矩阵空间坐标系原理，以工程全生命周期时间为横轴，工程档案、巡查、质量、安全、施工计划等工程链要素为纵轴，构建一个基于CIM的区块链的数字矩阵协同工程管理模型，建立一套数字化工程管理画像体系，实现数字化工程监管综合分析研判智能预警，可通过自定义表单的方式，通知相关单位跟进处理，完成工程监管流程闭环。如图3.3-4和图3.3-5所示。

（2）数字矩阵协同工程监管展示

① 工程项目阶段管理

要根据时间节点方式来进行管理项目各阶段时间节点的详细情况，如招标阶段，设计阶段、报规阶段、施工准备、施工计划、竣工验收等阶段。如图3.3-6二维图表所示。

② 工程项目阶段管理三维图表展示

主要根据时间节点方式来进行管理项目各阶段时间节点的详细情况，如招标阶段、设计阶段、报规阶段、施工准备、施工计划、竣工验收等阶段，以三维立体呈现详情。

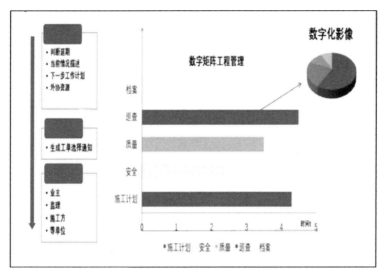

图 3.3-4　数字矩阵协同工程管理

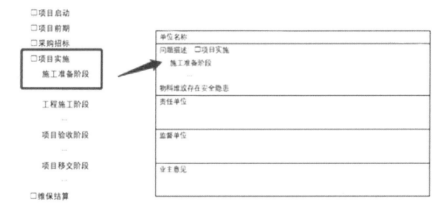

图 3.3-5　自定义表单

图 3.3-6　二维图表

3.3.3.2 系统架构图

本系统功能主要分为七大模块：首页、工程区块链、质量监控、安全管理、文明施工、预警中心、移动 APP 端。具体架构图如图 3.3-7 所示。

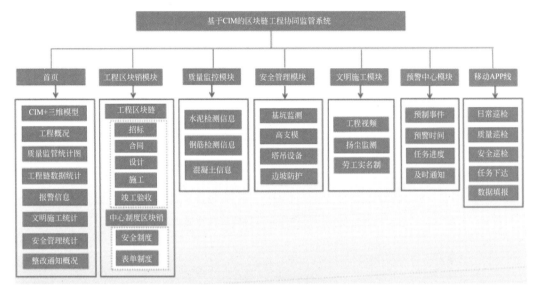

图 3.3-7 系统架构图

3.3.3.3 系统模块

1. 建设目标和内容

（1）建设目标

满足政府监管部门及建筑企业对工地管理信息化平台系统的迫切需求，通过 CIM 平台的建设，能帮助政府监管部门及建筑企业有效地解决施工现场事故多发，扬尘污染大，重点部位生产操作过程不规范、隐患未及时消除，人员、精力有限，无法全方位检查、监管，施工进度、施工质量得不到保障等问题，提高工地的安全生产监管和建筑质量协同监管水平。主要实现以下目标：

① 实现资源整合

利用"智慧工地"平台，为工程建设管理提供基础数据服务，同时建立共享交换长效机制，保持数据的实时性、科学性和完整性，并为各项目质检的数据共享交换提供管理服务，便于合理协调、科学地利用现有资源。

② 提供应用支撑

通过"智慧工地"的建设，形成数据中心和服务中心，为智慧工地、资源管理、管理协同和工地应急智慧等业务应用提供基础和应用支撑。

③ 完善管理服务

通过"智慧工地"运行平台，对人员定位、员工考勤、物资管理、环境监测、视频监控等服务信息分类，满足项目或企业各层次的服务需求，提升企业和项目的管理水平。

④ 辅助领导决策

通过对工地现场的监管及 BIM 模型、倾斜模型的导入，实现项目资源信息与基础空间数据的结合，构造一个信息共享、集成的、综合的工地管理和决策支持平台，辅助领导进行决策。

（2）建设内容

根据项目需求及建设目标，本项目的建设内容主要包括两部分：一部分为中心管理模块；另一部分为项目管理模块。

中心管理模块主要满足对企业所管辖的各项目部的智慧工地进行管控，以及企业内部各部门所负责的智慧工地各板块间的组织和协调。主要包括安全质量管理、进度管理、合同（投资）管理、信息管理、组织与协调、党建工作以及扬尘监控、视频监控系统、BIM 模型导、CIM 模型入等必要的软硬件配套建设。

项目模块主要是针对项目部内部的安全质量、施工进度、合同（投资）、信息管理、组织与协调、人员考勤、党建工作以及接入扬尘监控、视频监控系统、BIM 模型导入等必要的软硬件配套建设。

2. 总体设计

（1）设计原则

本项目方案设计遵循技术先进、功能齐全、性能稳定、节约成本的原则。并综合考虑施工、维护及操作因素，并将为今后的发展、扩建、改造等因素留有扩充的余地。本系统设计内容是系统的、完整的、全面的；设计方案具有科学性、合理性、可操作性。对治安及人员通行状况实施监视，有效地防范各类突发事件，增强工作的主动性；查处违规状况；发挥科学管理的作用。在设计过程中应遵循以下原则：

① 先进性与适用性

系统的技术性能和质量指标应达到国际领先水平；同时，系统的安装调试、软件编程和操作使用又应简便易行，容易掌握，适合中国国情和本项目的特点。该系统集国际上众多先进技术于一身，体现了当前计算机控制技术与计算机网络技术的最新发展水平，适应时代发展的要求。同时系统是面向各种管理层次使用的系统，其功能的配置以能给用户提供舒适、安全、方便、快捷为准则，其操作应简便易学。

② 经济性与实用性

充分考虑用户实际需要和信息技术发展趋势，根据用户现场环境，设计选用功能和适合现场情况、符合用户要求的系统配置方案，通过严密、有机的组合，实现最佳的性能价格比，以便节约工程投资，同时保证系统功能实施的需求，经济实用。

③ 可靠性与安全性

系统的设计应具有较高的可靠性，在系统故障或事故造成中断后，能确保数据的准确性、完整性和一致性，并具备迅速恢复的功能，同时系统具有一整套完整的系统管理策略，可以保证系统的运行安全。

④ 可扩充性

系统设计中考虑到今后技术的发展和使用的需要，具有更新、扩充和升级的可能。并根据今后该项目工程的实际要求扩展系统功能，同时，本方案在设计中留有冗余，以满足今后的发展要求。

⑤ 追求最优化的系统设备配置

在满足用户对功能、质量、性能、价格和服务等各方面要求的前提下，追求最优化的系统设备配置，以尽量降低系统造价。

⑥ 保留足够的扩展容量

该项目设备的控制容量上保留一定的余地，以便在系统中改造新的控制点；系统中还保留与其他计算机或自动化系统连接的接口；也尽量考虑未来科学的发展和新技术的应用。

⑦ 提高监管力度与综合管理水平

本项目系统设备控制需要高效率、准确及可靠。本系统通过中央控制系统对各子系统运行情况进行综合监控，实时动态掌握监视及报警情况。视频监控大大减少劳动强度，减少设备运行维护人员；另外，系统的综合统筹管理可使设备按最优组合运行，在最佳情况下运行，既可节能，又可大大减少设备损耗，减少设备维修费用，从而提高监管力度与综合管理水平。

（2）设计思路

为了满足建筑项目安全施工和集中管理的需求，兼顾政府监督部门的监管要求，本系统采用先进的视频监控技术、视频图像处理技术、视音频编解码技术、无线网络传输技术、流媒体网络传输技术、集中监控管理平台等构建一套完善的建筑工地视频监控系统。

① 现场监控可视化

通过在建筑工地的安全防范区域，例如施工工地大门、材料堆放处、职工宿舍、塔式起重机等地安装高清晰度的枪机或球机，获取监控区域清晰的实时视频，供管理人员随时查看，了解工地现场实时状况，进行工地安全质量管理及实时视频监测。

② 传输网络无线化

工地环境复杂，条件恶劣，布线难度大，成本高，且容易遭到破坏，增加维护成本；因此选择使用无线网络传输技术，设备部署安装简单方便，整个工地现场布线清爽，维护成本极低，客户使用有保证，而且无线设备可以重复利用。

③ 报警方式多样化

采用先进的报警设备，接入各类模拟量、开关量报警，制定丰富多样的联动计划，例如客户端联动、手机短信联动、电视墙联动、电子邮件联动、单兵执法等。当发生报警时，设备将报警信息传送到监控中心，中心根据联动计划将报警信息及时、快速地传送给相关负责人现场处理，并对处理结果进行及时反馈及留档保存。

④ 数据采集动态化

采用专业的探测器、传感器以及监测仪器等环境监测设备，实时采集各类环境数据，并通过管理软件实时动态显示，出现异常时及时联动报警。

⑤ 历史数据可查化

通过前端设备 24 小时不间断录像，保证所有历史事件都有记录可查，做到事后查证，有理有据。

⑥ 应急指挥协同化

通过平台对接和联动技术，将报警系统和视频资源与监管单位共享，确保多单位互相协同作战，当有突发事件发生时，主管企业和监管单位可以远程指挥，现场管理人员现场执法并实时可视化处理过程。

⑦ 管理控制一体化

将门禁、报警、数据采集、人员考勤及人员信息管理都集成到管理软件中，充分发挥安防监控系统的应用价值。管理软件采用 B/S 面向服务的体系架构，采用适用于跨系统、跨平台互联的通用 WebService 协议，非常方便地与其他系统集成互联，实现管理控制的高度集成。

（3）系统架构

平台按照统一标准建设，各业务应用系统采用制定标准进行服务封装，集成于数据总线。同时，利用目录交换等技术，完成应用系统的统一集成和对外提供，应用数据通过总线完成统一存储，在统计分析数据仓库进行数据挖掘，为决策分析、科学管理提供保障。平台在横向上分为：资源层、集成层、数据层、平台层和应用层五部分，总体架构如下：

① 资源层：资源层主要指位于城市信息化体系前端的信息采集设施与技术，如遥感技术、射频识别技术（RFID）、GNSS 终端、传感器以及摄像头视频采集终端等信息采集技术与设备。平台项目根据需求一方面在工地安装监控摄像头、监测传感器、报警仪等设备进行实时监测，包括视频监控、扬尘监测等，另一方面通过电脑录入等方式获得平台支撑数据。

② 集成层：主要利用 RJ45、RS485/232、Zigbee 无线环网、WiFi、Internet 等网络技术，实现各类资源层采集到的数据远距离传输到物联网云计算中心。

③ 数据层：按照项目规划，整合 GIS 数据、实时监测数据、人员数据、监控数据、业务数据及 BIM 模型数据，为"智慧工地"提供数据支撑。

④ 平台层：平台层连接信息数据层和应用服务层，为应用服务层提供数据资源交换、主题功能接口方面的支撑服务。

⑤ 应用层：根据解析的数据资源，构建中心与项目管理模块，实现对工地现场的综合监管，提升中心和项目部的管理水平和管理效率。

3. CIM 模块建设

CIM 模块建设主要是针对本工地的各类信息的综合管理，通过现场实时监控及智慧化管理平台，整体把握本工地的作业状况，围绕施工过程管理，建立互联协同、智能生产、科学管理的施工项目信息化生态圈，并将此数据在虚拟现实环境下与物联网采集到的工程信息进行数据挖掘分析，提供过程趋势预测及专家预案，实现工程施工可视化智能管理。主要包括一张图展示、GIS 基础功能、安全质量管理、进度管理、合同（投资）管理、信息管理、组织与协调、人员考勤、党建管理、扬尘监控、视频监控系统以及 BIM 模型、倾斜模型导入等模块。

（1）一张图展示

在安全质量管理、进度管理、合同投资管理、人员考勤、扬尘监控、视频监控系统、BIM 模型导入等模块的基础上，进行相关统计结果的展示。

① 安全质量数据

以柱状图的形式显示本月安全质量事件统计结果。

② 进度数据

以时间控制表的形式显示进度计划完成情况。

③ 合同（投资）数据

以柱状图的形式按合同金额分级别地显示本工地合同（投资）数据。

④ 人员考勤数据

以曲线图的形式显示人员考勤情况及历史人员考勤变化情况。

⑤ 扬尘监控数据

以曲线图的形式实时显示当前颗粒物监测数据及历史监测数据变化情况。

⑥ 视频监控数据

以文字形式显示本工地当前监控设备总数以及正常工作的数目。

（2）GIS 基础功能

主要包括地图的缩放、鹰眼、地图漫游、模糊查询、测距等 GIS 基础功能。

① 地图缩放

放大地图，提高地图可视范围的精细程度；缩小地图，减小地图可视区域精细程度，增加可视区域范围。

② 鹰眼

可通过小比例地图查看当前位置在整体地图的什么位置，并快速定位到想要浏览的位置。

③ 地图漫游

可以拖动地图移动，实现地图漫游。

④ 模糊查询

通过相似名称可以快速查询并定位。

⑤ 测距

实现长度或面积量测。

（3）安全质量管理

安全质量管理是对本工地检查的安全质量事件进行综合管理，通过对安全质量的精细化管理，整体把控本工地安全情况，通过安全质量事件的分析，采取相应措施，减少安全质量事故，提高安全生产能力。主要包括安全质量事件详情查看、更新管理及相关查询、统计分析功能。

① 详细信息查看

安全质量事件信息主要包括时间、项目名称、事件类型、事件信息内容、现场照片等，安全质量事件以列表显示，通过列表能够定位到安全质量事件的具体位置，并可以查看详细信息。

② 安全质量事件更新管理

包括安全质量事件的增加、编辑和删除。

③ 安全质量事件的查询

系统能够实现对安全质量事件按时间、安全质量事件类型的查询，查询结果以列表及图片的形式弹出，并支持查询结果的输出。

④ 安全质量事件的统计

系统能够实现对安全质量事件的统计，统计结果可以以图形或报表的形式导出。

⑤ 安全质量事件的分析

利用数据挖掘技术，分析本工地各类型的安全质量事件，并采取相应措施，减少安全质量事件的发生。

（4）进度管理

进度管理对本工地项目进度计划管控，主要包括起草计划、详情查看、进度执行、计划变更、节点提醒、项目进度预警等功能。

① 起草计划

通过系统录入项目新建计划，可以新建多个进度计划。新建项目计划时需包含节点时间、计划内容、计划名称等。

② 详情查看

可以查看各进度计划详细内容。包括进度计划名称、各时间节点、计划内容等。

③ 进度执行

通过系统，可以查看本项目进度计划的总体完成情况。

④ 计划变更

当执行计划时遇到不可抗拒的原因，如天气原因，需要对计划作出调整，可以对计划进行变更操作，修订计划节点的时间等信息。计划变更可以采用自动顺延和单节点调整两种方式。

自动顺延以增量方式更新后续所有节点的进度计划；单节点调整只针对一个节点生效。

⑤ 节点提醒

根据项目进度计划中设定的提醒参数，平台定时扫描项目计划的各节点信息。若符合提醒要求，则产生提醒信息，并推送给相关人员。

⑥ 项目节点预警

项目执行过程中产生的实际数据，比对项目计划中设定的计划值和预警参数，符合预警要求时产生预警信息，并推送给相关人员。以节点的实际开始、结束时间，比对计划开始、结束时间，超出预警设置后产生进度预警。

（5）合同（投资）管理

对本工地合同（投资）信息进行综合管理。包括合同信息查看、更新管理及查询统计等功能。

① 合同（投资）信息查看

合同信息主要包括合同名称、签订时间、合同金额、签约对象、合同状态等信息。以列表显示合同信息，通过合同列表可以在图上定位到项目所在位置，并显示其详细信息。

② 合同（投资）更新管理

包括合同（投资）信息的"增、删、改"，并支持对历史合同（投资）信息的管理。

③ 查询统计

对合同（投资）信息可以进行按时间、合同金额、合同状态（未实施、实施中、已完成）的查询统计，结果以图和表的形式表示，并支持查询统计结果的输出。

（6）信息管理

信息管理主要是针对本工地各项目基本信息的管理。包括对项目的信息展示、详细信息查看、项目信息的新增、编辑、删除及查询统计等。

① 信息展示

图上直观展示企业内各项目分布情况，每个项目在地图上显示，并形成列表。支持对各项目基本信息的查看，包括项目名称、项目地址、范围、所属集团公司、责任人信息、项目工期等。

② 项目信息更新

包括项目信息的导入及"增、删、改",并支持对历史项目信息的管理。

项目信息导入功能支持对项目规范表格的批量导入,系统能直接生成项目位置及其属性信息;同时,用户也可以根据实际情况进行项目信息的增加、删除和修改。

③ 查询统计

系统能够实现根据项目状态(未实施、实施中、已完成)及规模的查询统计,查询结果以图和表的形式展示,并支持查询结果的输出。

(7)组织协调

主要是对本工地人员、材料、设备进行组织协调,实现各种资源的合理化利用。

(8)党建管理

与相关党建平台对接,并支持与企业级平台党建数据对接,接收党建工作指导信息,同时支持对工地党建信息的发布等。主要包括党组织管理、党员管理、党务干部管理、党建咨询、党员教育等功能。

① 党组织管理

对工地党支部组织情况统一采集登记,对各党支部的基本信息、党员人数、组织奖惩等进行统计汇总,存档备查。

党务公开:显示该党组织的公开党务信息。

组织生活:对该党组织的"组织生活"信息进行记录、管理、展示。

活动场所:本党组织的活动场所信息的管理维护。

② 党员管理

包括党员信息、发展党员、组织关系接转、民主评议等,各支部管理员在登录系统后可查看本支部信息。用户通过党建网进行党员关系接转、党员发展的相关申请。

党员发展:对党员发展的流程进行严格规定,分为申请入党、确定入党积极分子、确定发展对象、接受预备党员和预备党员转正,其中相关申请、审核、考核、会议、课程都在系统中进行记录。

组织关系接转:与相关党建平台接入,实现党组织关系的流转。

民主评议:对党员进行民主评议,包括开展评议日期、结束评议日期、评议结果、评议奖惩情况、评议奖惩原因等。

③ 党务干部管理

对党支部干部的管理,管理信息涵盖基本信息、职务信息等。

④ 党建资讯

党建资讯包括了党建新闻、党建手机报、公示公告等内容,公开党员群众关心的重大事项和热点问题,展示基层及部门、组织等党建工作的最新成果。管理员在登录后,可对内容进行编辑。

党建新闻:新闻分为项目级党建及相关党建平台的党建工作信息、重要新闻及党建活动动态。

视频之窗:在观看各类新闻视频之外,用户还可以对政治理论、政策法规、典型经验等视频课件在线学习。

公示公告:对上级下发的通知文件及时公告,让基层党组织、党员及时了解上级要求，便于党建工作的快速开展。

⑤ 党员教育

党员教育包括在线学习、党务知识、巡回党校、远程教育、在线交流等模块，所有党员在登录后都可对党建学习内容进行学习，同时可通过党建网在线学习及在线交流。

党务知识：包括总论、党的民主集中制、党组和党委的派出机关、党代表大会、党的组织生活等相关党务知识。

巡回党校：发布学习、培训情况及学习培训公告，征求培训需求。

在线交流：党员在登录后可在平台上交流学习心得，其他用户可对其内容进行评论，形成党员干部的互动交流平台。

（9）扬尘监控系统

扬尘监测系统能够实现监测数据与图片的存储，支持管理者对前端污染源的实时监控、在线预警，对历史监测数据的查询统计、报表分析、数据导出等功能。

① 信息展示

图上动态展示本工地扬尘实时监测结果，并以曲线展示本工地扬尘监测变化情况。

② 查询统计

可以查询任一时段本工地的历史监测结果，并进行不同时段不同工地的对比分析，查询结果以图和表的形式展示，并支持查询结果的导出。

③ 报表分析

自动统计小时均值，自动生成并存储统计报表和图，可以生成本工地日报表、月报表、季报表和年报表，包括均值、最大值、最小值、超标率和超标倍数等内容。

④ 在线预警

当颗粒物浓度超过设定值时，根据设定的报警限值，系统会自动发出小时或日均值超限报警提示。报警支持手机短信、音频提醒、图标颜色变化等多种超标报警提示形式。

（10）视频监控系统

通过视频监控系统，选择项目部，通过视频监控设备列表，可以进行现场监控位置的查看，实现对工地及周边实时监控，主要包括视频查看、图像存储、抓图功能、录像回放、多功能显示、报警联动、设备管理等功能。

① 视频查看

终端系统获得该用户在中心配置的相关访问权限（模块权限、通道权限）及中心配置的设备列表。用户可在权限范围内，访问指定设备的远程视频情况，并可对其进行云镜控制。

② 图形存储

系统采用 720P 格式实施存储，支持多路图像实时存储，能够通过告警自动触发、定时触发、存储任务手动触发等多种方式，实现图像存储控制。

③ 抓图功能

系统可以进行抓图，图像和字幕可以叠加。

④ 录像回放

能够对存储的图像按照日期、时间、编码器通道名称等条件组合检索，并实现点播回放。回放时支持单画面和多画面显示模式，支持播放、暂停、停止、快进、慢进、拖动、循环播放、全屏缩放等控制操作，方便查看录像资料。

⑤ 多功能显示

显示功能支持虚拟数字矩阵及硬解码器两种模式；系统支持数字矩阵解码主机及硬解码器的堆叠，以适应高清电视墙数目的扩展。

⑥ 报警联动

平台提供面向实战的预案制定和报警联动系统。全网范围内基于防区的预案定义和调度，使网络联动成为现实；防区镜头预置位联动和预置位图像抓拍，让镜头协防成为可能，使得报警预案更贴近现实流程；开关量延时自动控制，使联动预案更加实用。

⑦ 设备管理

将不同品牌的编码设备（DVR、DVS、IPC、NVR）、解码设备（软、硬解码器）、IP-SAN、管理服务器等纳入统一管理。

（11）人员考勤管理

主要是利用工地实名制门禁系统对工人出入工地的信息采集、数据统计及信息查询等进行有效管理，从而实现全方位的"考勤、门禁、监控"智能化综合管理。包括人员信息采集、人员信息管理、考勤设置、考勤状态展示、查询统计等功能。

① 人员信息采集

主要是实现工地人员信息的录入与存储，实现工地实名制考勤，采集信息主要包括姓名、身份证号、性别、生日、地址、职位、指纹等信息。

② 人员信息管理

包括对工地人员信息的新增、编辑与删除。

③ 考勤设置

工地管理人员可以灵活地设置不同季节的工地考勤时间，工人签到考勤时根据工地设置的考勤时间，自动判断是否迟到、早退。

④ 考勤展示

系统能够根据工人门禁刷卡情况，自动记录该工人当日考勤情况，并以列表形式进行展示。

⑤ 查询统计

支持根据日、月、季、年等按时间、非正常考勤等统计整体考勤情况及个人考勤情况的查询统计。查询结果以图和表的形式展示，并支持数据的输出。

（12）BIM、倾斜模型导入

系统支持对各种BIM模型、倾斜模型的导入，基于BIM与倾斜三维模型，实现项目资源信息与基础空间数据的结合，构造一个信息共享、集成、综合的工地管理和决策支持平台，实现经济和社会效益的最大化。

4. 工程协同管理移动巡检模块

目前中心项目日益增多，分布广，且工程建设管理的要素复杂，提高协作效率，可有效保证中心项目的高质量建设。针对工程项目的管理，像在巡查方面，现在还是以传统的人工巡查为主，从发现问题到执行整改，存在上报难记录难问题，重要信息传递经常需要在多个微信群中转发。针对这些不足，我们同时还研发了微信的小程序，将日常、质量、安全巡检、数据上报、通知下发等功能融入其中，进一步完善管理中的上传下达、信息上报。既实现了管理的数字化，又提高了管理的便利性。如图 3.3-8 所示。

图 3.3-8　微信小程序

（1）日常巡查（图 3.3-9）
该功能主要用于日常六个百分百检查。

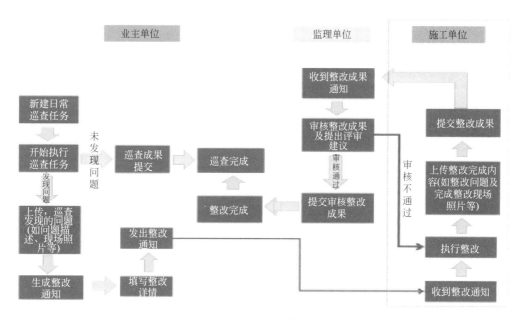

图 3.3-9　日常巡查

（2）质量巡查（图 3.3-10）
该功能主要用于项目工程质量检查。

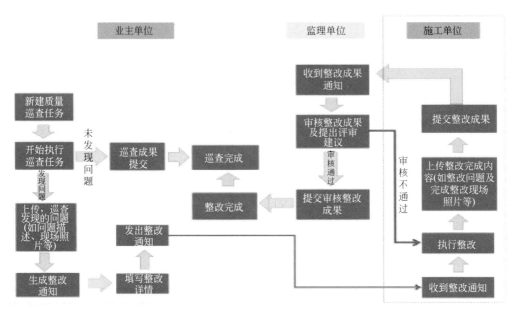

图 3.3-10　质量巡查

（3）任务下达（图 3.3-11）

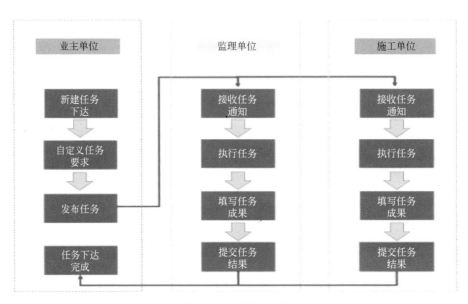

图 3.3-11　任务下达

5. 区块链模块建设任务（图 3.3-12）

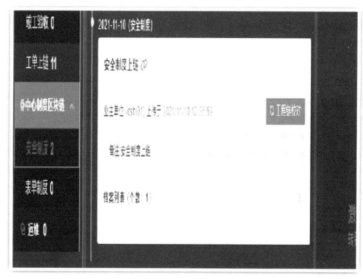

图 3.3-12　区块链模块建设任务

第4章 科技成果鉴定、专家评审及应用成果

4.1 科技成果鉴定和专家评审意见

2021年12月28日广东省土木建筑学会在广州市组织召开了由广州市重点公共建设项目管理中心完成的"智慧代建体系与关键技术"项目科技成果鉴定会,鉴定委员会审阅了相关资料,听取了项目组的汇报,并进行质询。鉴定委员会一致认为成果整体达到国际先进水平;同日,对中心提交的"智慧代建研究与应用"深化方案进行了评审,咨询委员会审阅了相关资料,听取了项目组的汇报,并进行质询。咨询委员会一致认为成果整体具有国内首创性。"智慧代建体系与关键技术"科技成果鉴定和"智慧代建研究与应用"专家评审意见详见如下:

鉴 定 意 见

2021年12月28日,广东省土木建筑学会在广州市组织召开了由广州市重点公共建设项目管理中心完成的"智慧代建体系构建与关键技术"项目科技成果鉴定会。鉴定委员会审阅了相关资料,听取了项目组的汇报,并进行了质询。经认真讨论,形成如下鉴定意见:

一、提供的鉴定资料齐全,符合科技成果鉴定要求。

二、该课题针对智慧代建体系与关键技术进行了研究,形成如下创新成果:

1、针对工程建设项目的管理模式、管理平台、管理措施及关键技术等,创造性地提出了"智慧代建1+1+6+N体系"。

2、首次创新提出了以"六化30字"方针作为核心要素构建智慧代建协同管理平台,实现了"数据一个库、监管一张网、管理一条线"的管理目标。

3、集成了GIS、BIM、CIM、区块链、大数据、人工智能、物联网等技术,推动了智慧工程建设项目的高效管理。

三、该成果已在华南理工大学广州国际校区一期等多个重大工程建设项目中成功应用,取得了显著的经济效益和社会效益。

鉴定委员会一致认为成果整体达到国际先进水平,一致同意通过科技成果鉴定。

咨　询　意　见

2021 年 12 月 28 日,广东省土木建筑学会在广州市组织召开了由广州市重点公共建设项目管理中心完成的"智慧代建研究与应用"课题可行性研究咨询会。咨询委员会审阅了相关资料,听取了项目组的汇报,并进行了质询。经认真讨论,形成如下咨询意见:

一、提供的资料齐全,符合可行性方案咨询要求。

二、该方案顺应国家政策和时代发展需求,拟通过积极探索工程建设项目智慧代建的有效模式和方法,提出智慧代建理论体系,构建代建项目智慧协同管理平台(简称"代智管"平台),推行信息化、智能代建项目管控等六大总体目标,该课题研究内容、计划及思维导图科学合理。

三、咨询委员会认为该方案具有国内首创性,对代建项目智慧管理工作将产生重要作用,一致认为该方案可行。

四、建议:

1、增设专门研发机构和团队,以便推进项目有效实施。

2、增加方案实施中各阶段经费指标,总体经费保障不足以保证方案计划及成果的顺利推进及实施。

3、择优选择有实力有业绩有能力的课题咨询单位全过程参与本方案的实施。

4.2　应用成果

(1)"华南理工大学广州国际校区一期工程"获 2020 年第十二届广东省土木工程"詹天佑故乡杯"奖。

(2)"华南理工大学广州国际校区一期工程关键技术研究与应用"获 2020 年度广东省土木建筑学会科学技术奖一等奖。

(3)"工业化信息化绿色建造技术的研究与应用"获 2020 年度广东省土木建筑学会科学技术奖一等奖。

(4)"重大结构损伤诊断理论与结构安全智能监测应用"获 2019 年度广东省土木建筑学会科学技术奖二等奖。

(5)"建设工程智能监测监管预警平台的研发及应用"获 2020 年度广东省土木建筑学会科学技术奖二等奖。

(6)《公共建设项目管理高质量发展的探讨——基于"大数据"的"智慧代建"管理模式》(作者:刁尚东)在 2019 年度广东省代建学会优秀论文征集评选中,荣获一等奖。

(7)《基于 CIM 的建设项目协同管理体系研究与应用》(作者:刁尚东)在 2021 年度广东省代建学会优秀调研报告征集评选中,荣获优胜奖。

（8）"基于多维立体扫描与精确建模的大体积混凝土缺陷探测技术研究"获 2021 年度广东省市政行业协会技术开发一等奖。

（9）"华南理工大学广州国际校区一期工程设计阶段 BIM 应用"获 2020 年广东省第三届 BIM 应用大赛二等奖。

（10）"工业化建筑信息化智能建造技术的研究与应用"获 2021 年度华夏建设科学技术奖二等奖。

第5章 结 语

习近平总书记2021年4月在广西考察时强调，要推动传统产业高端化、智能化、绿色化，推动全产业链优化升级，积极培育新兴产业，加快数字产业化和产业数字化。我国数字经济发展规模位居世界前列，其中，产业数字化是数字经济发展的重要特征。产业数字化，是应用新一代数字科技，以价值释放为核心、数据赋能为主线，对传统产业进行全方位、全角度、全链条的改造。加快推进产业数字化，对实现传统产业与数字技术深度融合发展，促进智慧代建和代建制的数字化转型，具有十分重大的指导意义。同时，要顺利推进代建制的数字化转型，尚有很多问题需要研究解决。

住房和城乡建设部"十四五"建筑业发展规划明确提出，推广数字化协同设计。应用数字化手段丰富方案创作方法，提高建筑设计方案创作水平。鼓励大型设计企业建立数字化协同设计平台，推进建筑、结构、设备管线、装修等一体化集成设计，提高各专业协同设计能力。完善施工图设计文件编制深度要求，提升精细化设计水平，为后续精细化生产和施工提供基础。研发利用参数化、生成式设计软件，探索人工智能技术在设计中的应用。研究应用岩土工程勘测信息挖掘、集成技术和方法，推进勘测过程数字化。打造建筑产业互联网平台。加大建筑产业互联网平台基础共性技术攻关力度，编制关键技术标准、发展指南和白皮书。开展建筑产业互联网平台建设试点，探索适合不同应用场景的系统解决方案，培育一批行业级、企业级、项目级建筑产业互联网平台，建设政府监管平台。鼓励建筑企业、互联网企业和科研院所等开展合作，加强物联网、大数据、云计算、人工智能、区块链等新一代信息技术在建筑领域中的融合应用。

加快推广智慧代建和代建制的数字化转型的几点思考：

1. 加强基于BIM的产业业态培育和建设工程项目管理应用

（1）BIM生态培育：BIM只是一个推广"信息化"新的工具，必定会对现有的工作流程、行业生态产生影响。

（2）BIM人才培育：政府要从整个行业的生态上，包括设计、验收、收费标准等方面，都把BIM考虑进去，才有可能推开，BIM人才才会崭露头角。

（3）正向设计生态培育：用BIM做正向设计，相当于把施工阶段问题提前解决，增加了设计的工作量，在收费以及工作流程上都需要有相应的调整。

（4）BIM设计管理层面：建议尽快制订统一的"BIM设计、验收、移交、运维等标准"。制定统一标准也是解决"由谁来管理BIM"的问题的根本办法。

（5）BIM应用自主引擎，即要解决"卡脖子问题"。我们现在用的BIM核心技术引擎基本上都是国外的，我们要加大对BIM自主核心技术引擎的研究与应用。

（6）BIM：+CIM，就是智慧城市；+供应链就是要发展供应链平台经济；+ERP，我们推行ERP几年了，但是建筑企业真正可以打通的寥寥无几；+数字孪生，发展智慧城市将会为建筑产业创造新的更大的空间；+AI智慧建造，潜力非常巨大，现在刚刚开始。

基于数据安全问题的考虑，我们要推广以通过信创认证的国产化区块链平台、BIM平台、CIM 平台及服务器等应用为基础，解决卡脖子的核心技术问题。

2. 加强基于 CIM 的综合业态培育和建设工程项目协同管理应用

经过多年探索与发展，智慧城市建设不断更新换代，新型智慧城市、数字孪生城市等新概念不断出现。为解决现阶段智慧城市建设存在的诸多问题，打通传统智慧城市中的"信息烟囱""数据孤岛"，实现城市数据采集、共享和利用，建立统一的城市数据大脑，城市信息模型（CIM）正在被越来越多地提及并应用。一定程度上，BIM 属于建设单位或业务的数字资产。当各个专业领域的 BIM 按照某种政策汇集为 CIM 后，这些数字资产在一定程度上就转化为公共数字资产，为更广泛的数字城市建设赋能。不管是在建设还是在运营过程中，不同专业的 BIM 相互影响，在 CIM 系统中能够很好地识别并应用，使数字城市建设中各个行业、各个部门、各个机构形成协同，酝酿出更多创新。我们要充分加强基于 CIM 的建设工程项目协同管理应用，CIM 平台是智慧城市建设的数字化模型，也是城市建设管理全流程智慧应用的支撑性平台。依托 CIM 平台三维城市数字底板，与实时感知、仿真模拟、深度学习等信息技术高度融合，开展全方位多维度智慧城市和智慧代建应用建设，将成为实现智慧城市和智慧代建的重要驱动力。

我们说未来已来，实际上是说转型升级与科技跨越双重叠加同步到来，代建项目要大力推广"三个绝配"：一是装配式＋BIM；二是装配式＋EPC，真正推动装配式发展，没有 EPC 是难以实现更好、更省、更快的；三是装配式＋超低能耗，今后超低能耗被动式建筑在我国将有广阔的发展空间，为推动绿色低碳建筑做贡献。

3. 发挥好培养智慧建设人才的"四个优势"

加强培养"智能建造"和"智能管理"等代建信息化专业人才建设，充分发挥好以下"四个优势"作用：

（1）政府主导优势作用；

（2）企业（包括建设单位）主体责任优势作用；

（3）高校（职业）教育资源优势作用；

（4）行业协（学）会监管、培训优势作用（发培训合格证），可以增加就业，促进"六稳""六保"。

4. 尽早布局"建筑业元宇宙"和充分利用"东数西算"的资源优势

尽早布局"建筑业元宇宙"。我们也要积极把握尝试元宇宙变革的短暂窗口期，走融合发展之路，不仅要结合我们建设项目管理流程、运维等全面数字化，还要通过"数字孪生"等技术让线上线下的场景和资源真正融为一体。据专家预测，目前移动互联网红利期已近尾声，未来十年将是元宇宙发展的黄金十年，思维认知和企业文化优先转型，元宇宙即将引发的产业变革都将远超移动互联网，只有尽早布局，才有机会在元宇宙中取得先发优势。我们不仅需要工业元宇宙、商贸元宇宙、大健康元宇宙等产业元宇宙的应用落地，更希望早日推动实现代建行业、建筑业元宇宙的应用落地。

充分利用"东数西算"的资源优势。2021 年中国国际大数据产业博览会上，全国一体化算力网络国家枢纽节点建设正式启动。中国将推动大型数据中心向可再生能源丰富，气候、地质等条件适宜的区域布局，以实现"东数西算"，即在西部地区发展数据中心，把东部地区经济活动产生的数据和需求放到西部地区计算和处理。国家启动"东数西算"工程实施将加速数字产业化和产业数字化进程，有利于代建行业、建筑行业等的数字化转型升级。

附 录

附录 1　工程项目管理制度相关文件（参考）

附 1.1　工程项目管理前期制度文件

《代建单位建设工程勘察设计管理办法》
第一章　总则

1.1　为了贯彻落实"建设绿色名城、着力建设智慧、低碳、幸福，全面提升城市核心竞争力、国际影响力和文化软实力，推动现代化国际大都市建设迈向新阶段"的精神，坚持工程质量第一的原则，在确保建设工程的勘察、设计方案合理的前提下，确保安全、质量、进度、投资可控，为加强对建设工程勘察、设计的管理，根据《中华人民共和国建筑法》和《建设项目工程勘察设计管理条例》《建设工程质量管理条例》，结合本办法的实际情况，制定本管理办法。

1.2　凡参与代建单位工程项目勘察、设计单位适用本办法。

1.3　建设工程勘察、设计应当与社会、经济发展水平相适应，做到经济效益、社会效益和环境效益相统一。

1.4　勘察、设计单位严格执行工程建设强制性标准进行勘察、设计，并对其勘察、设计成果的质量负责。

1.5　代建单位作为建设管理单位，鼓励勘察、设计单位在进行勘察、设计活动中采用先进技术、先进工艺、先进设备、新型材料、节约能源，并在设计管理上采用先进的设计理念及先进的设计手法。

1.6　本管理办法与设计合同约定互为补充，当发生矛盾时，以合同为准。

第二章　勘察设计单位资质及人员资格管理

2.1　凡从事代建单位负责管理建设工程的勘察、设计单位均应具备工程项目所要求的等级资质证书。勘察、设计单位资质等要求应落实到合同和招标文件中。

2.2　禁止建设工程勘察、设计单位以其他勘察、设计单位的名义承揽业务。禁止建设工程勘察、设计单位允许其他单位或者个人以本单位的名义承揽勘察、设计业务。禁止建设工程勘察、设计单位将所承揽的业务转包或违法分包。

2.3　建设工程勘察、设计单位不得非法转包或者分包所承揽的工程。

2.4　从事代建单位负责管理建设工程的勘察、设计工作人员，应具有良好的职业道德，并具备相应的国家认可的注册资格或承担工作必须的职称资格。

2.5　建设工程勘察、设计单位应根据勘察、设计合同约定组织相应专业的人数、驻场人员人数进行勘察、设计工作，并根据工作任务的要求设立项目工作组，从组织上保证投入的人力、物力能满足工作开展的需要。勘察、设计单位的项目总体和各专业负责人均应参与过与该工程项目相类似的工程勘察、设计，或具有类似经验。其经验、能力和健康状况应能够胜任所承担的组织、计划、协调实施工作。

2.6 在服务期间勘察、设计单位必须保持主要技术骨干的稳定。如因故需更换项目总负责人、各专业负责人、驻场代表总负责人和驻场代表，应提前 7 天以书面形式通知代建单位并征得代建单位同意后方可撤换。同时，当代建单位认为项目总负责人、各专业负责人、驻场代表总负责人和驻场代表不称职时，勘察、设计单位应在收到代建单位关于人员调整的书面通知后 5 天内更换，更换人员的资历不得低于设计合同相应条款对各类工作人员资历规定的要求，并须先经过代建单位确认。若勘察、设计单位对代建单位要求更换人员有异议，可申请复议一次，若经复议后代建单位仍然要求更换人员，则勘察、设计单位应无条件进行更换，否则视该人员从代建单位发出更换通知的时间起擅自离岗。另外，对投入项目工作的技术人员，未经代建单位同意，原则上在项目完成前不得参与其他项目的工作，同时还要确保有稳定的人员保证后期服务。

第三章　工程勘察的管理

3.1 勘察单位必须按照《岩土工程勘察规范》GB 50021—2001（2009 年版）、《市政工程勘察规范》CJJ 56—2012、《城乡规划工程地质勘察规范》CJJ 57—2012、《工程勘察测量规范》、《房屋建筑和市政基础设施工程勘察文件编制深度规定》（2010 年版）（建质〔2010〕215 号）等工程建设强制性规范和规定进行勘察，并对其勘察质量负责。

3.2 勘察单位应积极主动地参与项目建设的内、外协调工作，并积极配合规划、市政、交通、水利、航运等设计单位的工作。

3.3 工程勘察单位应当配合施工单位进行工程施工，负责解释工程勘察文件，及时解决施工中出现的工程勘察问题。重大复杂工程还应当派驻现场勘察代表。

3.4 勘察单位应根据承担勘察任务的特点组成勘察项目组，编制勘察大纲，明确勘察职责、勘察目标、勘察计划、勘察程序、内部审查和质量管理等内容，并将目标责任落实到项目总体、专业负责人和勘察人，检查勘察是否按合同要求完成，确保勘察的有序性和有效性。

3.5 勘察文件的编制应当真实、准确。工程勘察的质量必须符合国家、省、市以及代建单位有关工程勘察标准的要求。

3.5.1 编制初步勘察文件应当满足建设工程项目的规划选址、可行性研究、初步设计文件编制的要求；编制详细勘察文件应当满足岩土治理、施工图设计文件编制、概算编制及工程施工的需要，编制施工勘察文件应当满足工程施工的需要。

3.5.2 工程勘察文件应加盖省建设行政主管部门统一监制的工程勘察资质专用章。专用章的内容包括工程勘察单位名称、资质证书等级、编号和法定代表人。

3.6 勘察单位应当建立健全质量保证制度和责任追究制度。勘察单位的下列人员按照国家有关规定承担相应的质量责任：

（1）勘察单位的法定代表人对本单位编制的勘察文件全面负责；

（2）勘察单位的项目负责人对其负责项目的勘察文件负责；

（3）勘察单位的技术负责人、项目审核人、项目审定人对其负责审核、审定的勘察文件负责；

（4）勘察单位的注册执业人员和专业技术人员对其负责编制的勘察文件负责。

3.7　勘察单位必须按照约定的时间编制工作计划。勘察进度计划应体现事前、事中和事后进度控制，应有工作流程、进度控制措施、组织措施、技术措施等内容，必须考虑工程招标、设备采购、物料准备等因素，提供满足上述工作所需要的有关勘察文件。

3.8　由于工程勘察单位工作失误导致勘察文件不符合工程质量标准，勘察单位应当无偿修改、完善工程勘察文件；由于工程勘察单位工作失误对建设单位造成损失，勘察单位应当依法承担赔偿责任。

3.9　在勘察阶段，要求具有岩土工程、工程地质或水文地质类工程师以上技术人员驻场跟进勘察工作，及时编录、照相、取样、保存留样等工作，根据勘察初步结果，及时提交代建单位，便于过程检查跟进，做到事中控制。勘察报告按合同要求经勘察单位盖章后送代建单位。

第四章　工程设计的管理

4.1　工程设计管理内容

4.1.1　管理内容

1. 设计文件管理

含各阶段设计文件（含方案及技术性方案比选文件、配合招标的设计文件和技术材料文件）编制、设计文件深度、设计文件质量、设计文件汇报文件（含汇报 PPT），及工程建设过程各项有关含设计、技术性（含签署）的报建、验收、移交、结算文件的管理。

2. 设计单位服务管理

含设计工作进度、设计工作效率、设计（技术性）研究工作情况、设计（技术性）创新性工作情况、相关招标配合、报建工作配合、施工阶段现场服务配合、竣工验收、移交、结算等工作配合情况。

4.1.2　具体要求

1. 设计文件管理要求

（1）必须符合国家及地方法规、工程建设各强制性标准的要求，含抗震防灾、土地管理、水土保持、文物保护、消防安全、人防、卫生防疫、节能措施等要求。并符合住建部《建筑工程设计文件编制深度规定》（2016 版）及相关行业标准和规定。

（2）通过组织工程设计方案竞赛招标，优选工程设计单位。必须符合项目设计任务书及招标文件要求、设计合同要求。

（3）必须符合代建单位图档管理办法、设计文件编制深度要求、设计通则、设计变更管理办法、深化设计管理办法，及新技术、新工艺、新材料、新产品应用管理办法等要求。

（4）报建文件必须符合相关报建主管部门要求（逐年更新，相关风险和要求代建单位与设计单位共同承担，不做额外补偿）。

（5）材料设备技术文件中选用的材料、构配件、设备要求：

a. 应当注明其技术参数、外形尺寸、性能等技术指标，其质量要求必须符合国家规定的标准。

b. 除有特殊要求的建筑材料、专用设备和工艺生产线等外，设计单位不得指定材料、构配件、设备的品牌、生产厂、供应商。

c. 严禁选用国家明令禁止或者不符合质量标准的材料、构配件、设备。

d. 如确需选用特殊专利产品，应按代建单位下发的《建设项目新技术、新工艺、新材料、新产品应用管理办法》及国家、省、市有关规定进行申请，获批后才能选用。

e. 设计所选用的建筑材料及设备（包括各专业采用的材料、设备），在进行性能价格的分析比较后，原则上优先采用国内的产品和项目所在地域内产品。国内没有的建筑材料和设备或国内材料和设备性能无法达到设计要求以及价格高于进口价格时，采用进口材料和设备。设计中采用的材料和设备均须按国家、省、市有关法律、行政法规和规章的要求，提供明确的技术资料（包括性能指标、规格、型号等方面的资料）。

f. 设计文件对于工艺、技术、材料、设备的选用应该满足施工工期的要求，充分考虑设计的可实施性，重视和吸收施工单位对施工安装提出的意见，并充分考虑承建商的施工能力。

g. 设计方应详细了解市场上本项目的主要材料和设备生产商的供货能力和供货周期（包括生产时间和运输时间），并据此向代建单位提出各种主要材料和设备（包括国产和国外进口的）的提前订货时间的建议。

h. 采用超出国家现行技术标准的新技术、新工艺、新材料、新设备，应组织科研试验，并申请市主管部门组织专家评审鉴定审查成果，确认设计采用的成果。

（6）做好勘察设计文件和图纸的验收、分发、使用、保管与归档工作。

（7）主持审查设计采用的重要设计标准、建筑物形式与结构体系、重要计算成果。

（8）组织审查初步设计文件并按有关规定上报，主持审查招标设计和施工图设计文件与图纸。控制和审查施工过程中的设计变更。组织安全鉴定、完工和竣工验收、试运行投产、后评价等工作。

2. 设计单位服务管理

（1）设计单位作为建筑主体设计单位，应全面负责管理和协调专业分包单位。专项分包各阶段设计文件中，须设计人校核确认，并由项目负责人及专项分包方人员进行会签、盖章确认（设计图要求含有两个单位的图签，双图签出图）。

（2）设计单位作为建筑主体设计单位，对整个规划与建筑方案理念和风格进行总体把控，对整个项目的设计进行总体技术把控，由代建单位另行招标的设计内容，相关设计图须经过建筑主体设计单位全面审核确认（以建筑主体设计单位签名盖公章形式或代建单位指定的其他确认方式）。

（3）由建筑主体设计单位进行施工图设计，部分需要进行深化设计的专业工程（如幕墙工程、智能化工程等），由代建单位经过招标的施工单位负责，相关深化设计须经过建筑主体设计单位全面审核确认后出图，专项深化设计施工图正式出图要求双图签出图（必须含建筑主体设计单位图签与审核确认章及审核人签名）。部分由代建单位负责采购的专业厂家出具的深化设计图（如电梯、空调系统），均须经过建筑主体设计单位全面审核确认（以建筑主体设计单位签名盖公章形式或代建单位指定的其他确认方式）。

（4）须按照代建单位确定的通信运营商提出的技术要求完善各专业的设计和配置施工图设计（运营商负责其投资部分内容设计），并参与审核各运营商设计图，提出意见，最终按照确认的运营商设计图，把需要配合的内容与管线管槽设计落实到各专业施工图设计中。

（5）相关报建报批、验收配合工作，建筑主体设计单位须配合提供相应的报建与验收所需的设计类文件（含电子版）、专业设计人参加与报建部门的技术协调沟通解释工作、在各类报建与验收文件上审核盖章。并专设报建验收专人，全面负责本项目报建和验收工作（报建与验收文件的填写、盖章、送报、协调和参与沟通会议等）。

（6）在项目施工期间，设计单位应按照招标文件要求，派设计人员，并配备相关驻场资料和办公设备（含电脑、施工图纸质和电子版、打印机、电话）到项目施工现场或代建单位指定地点进行现场设计配合，按照工程建设进度及时解决技术和设计问题。

（7）在设计阶段和工程建设阶段，由项目负责人带领主要设计人，定期参加该项目的设计例会。

（8）建设主体设计单位组织协调勘察单位与设计单位之间，多个设计单位之间，设计单位与科研、物资供应、设备制造、施工等单位之间的配合与互提资料。

（9）组织环境影响评价、水土保持、劳动安全与工业卫生、消防等专题设计审查与报批，办理城市规划主管部门的审批等。

（10）协调办理地方政府对征地与移民安置规划的承诺协议与审批文件，落实外部补充的规划设计（动力、水、电、通信等）。

4.2　方案设计阶段的管理

4.2.1　准备工作

1. 编制设计任务书：《方案设计任务书》应结合项目实际情况，参照前期设计部的标准模板编制。

2. 设计管理部门对《方案设计任务书》负有指导和督办的职能，需下达明确的质量标准和完成时限，同时对编制单位进行绩效考核。

3.《方案设计任务书》编制完成后，设计管理部门负责组织研讨。经代建单位主管领导审批同意后，启动设计单位的委托或招标工作，具体由合同部负责组织实施。

4.2.2　管理内容

含方案阶段设计文件、设计进度、设计质量、方案比选、方案汇报等服务管理。

4.2.3　设计成果要求

1. 设计方应在投标方案基础上，按照项目设计计划和进度，针对相关报建批文、专家意见和代建单位细化要求进行设计完善，应达到和满足进行初步设计的要求，并提交投资估算编制说明及详细的投资估算表。

2. 在保证方案的可实施和可操作性前提下，设计方案应根据项目的特点充分体现设计理念、设计风格。

3. 设计单位必须对设计方案进行多方案比较和优化，比较方案应具有可比性。方案比较必须通过对每个比选设计进行优缺点分析、可行性分析及造价分析，推荐优秀方案，以确保设计合理、投资可控。

4. 设计单位必须按照《建设项目制图规范》的要求进行设计，其中包括：计算机所用软件版本和接口标准、图纸的比例、各专业所采用的线型颜色、图层的设置、坐标、原定符号、文字，以及提交的成果文件所要求的图纸规格、图册装订、归档文件组卷、案卷编目、电子文件目录设置标准和文件命名标准等。

5. 为防止由于设计单位对项目基本情况掌握不全面，导致设计闭门造车、分析不完善、设计成果与现场情况不符的情况发生，要求设计单位在方案设计阶段对现场情况进行详细摸查和评估，并向代建单位提交书面评估报告。报告应就可能影响下一步设计工作的各方面情况进行说明和分析，并提出建议及解决办法。

6. 为加强建设投资方需求管理工作，设计单位应积极配合代建单位进行投资方需求的调研工作，引导投资方明确需求，力争在方案设计阶段稳定投资方需求。对于投资方需求不明确的部分，设计单位应提交书面报告，就需求不明确情况对总体设计的影响进行分析说明。

7. 如确需选用特殊专利产品，应按国家、省、市有关规定进行申请，获批后才能选用。

8. 设计方案必须进行技术经济分析。通过对设计方案、工艺、设备等进行全面的评价，在满足功能要求的前提下，采用技术经济优化、可以有效控制工程投资的方案。

9. 设计单位应以书面形式明确设计中确有需要进行试验的项目，并在方案设计阶段提交给代建单位审查确认。经确认后，设计单位可在方案设计中采用并应及时提供试验方案及要求。

10. 在设计过程中，前期设计部应加强与设计人员的沟通和日常联络，密切跟踪设计过程，避免方案设计方向的偏离，同时进一步解释代建单位的建设意图。

11. 当设计人员有新颖的创意时，不要立即否定，可以采用整合方式共同研讨方案的可实施性；对影响产品定位、成本的重大技术问题，前期设计部负责组织相关部门、人员进行专题价值工程分析，确定最优的技术方案；同时，应与相关政府主管部门保持适当的沟通、协调关系，及时将设计基础条件的任何改变通知设计单位并研究确定应对策略。

4.2.4 设计评审要求

1. 方案设计完成后，由设计管理部门组织初步审核和价值工程分析，并提出评审意见，提请代建单位主任办公会评审，由主管领导审核、主任签发审批意见。

2. 由项目负责人带领主要设计人，按照代建单位指定地点参加本项目方案阶段的各种设计例会、方案汇报会、评审会及研讨会，并在会上作方案汇报详细介绍，会前准备好方案介绍 PPT 和相关纸质、电子文件，并提前给予代建单位经办人审核。

3. 审核设计方案图纸时应注意事项：

（1）图纸深度要求：图纸深度是否满足设计任务书和国家有关勘察设计阶段图纸深度要求，是否满足规划报建要求。

（2）国家有关规范要求：是否满足国家有关设计规范要求，包括城市规划、消防、环保、供电、电信、市政、燃气、节能等方面规范以及当地归口部门的指示性文件。

（3）成本控制要求：工程投资估算是否在项目立项批复投资额度范围以内。如果工程投资估算无法与项目立项批复投资额度目标比较，请设计咨询单位修改设计工程投资估算。

（4）代建单位要求：方案设计是否满足《设计任务书》要求，概念性方案设计中的弱项是否修改，代建单位有关策划概念和主题、品牌要求以及岭南、绿色、智慧要求等代建单位委托项目是否在方案中实现。如出现不符合上述要求的情况，设计管理部门可要求设计单位修改图纸，直到符合要求为止。

4. 方案设计图纸审核可参照概念性方案招标评价标准，分为规划和建筑单体设计两部分。方案设计评价结果可与概念性方案招标评审意见比较，分析设计的改进程度和结果。如果分项改进的结果达不到代建单位要求，应对这一分项作专题分析，指导设计单位在下一步设计中完善。

4.2.5　设计工期控制

1. 设计单位根据双方约定及工期总体策划的要求编制各阶段设计进度计划和各专业的出图计划，含各阶段中间检查内容、时间、次数和提交哪些设计文件、图纸，经代建单位审核和咨询单位审查、平衡后执行。设计单位根据设计进展编制短期设计计划，以使设计进度在受控状态下进行。

2. 设计单位编制的设计进度应体现事前、事中、事后进度控制，同时考虑工程招标、设备采购、物料准备等因素，确定项目总进度目标与详细的分进度目标。严格按照设计合同规定的时间提交相应的成果。

4.3　初步设计阶段的管理

4.3.1　管理内容

含初步设计阶段设计文件、设计进度、设计质量、技术方案比选、设计汇报、报建报审协调等服务管理。

4.3.2　设计成果要求

1. 设计方应在方案深化基础上，按照项目设计计划和进度，针对相关报建批文、专家意见和代建单位细化要求进行设计完善，应达到和满足进行施工图设计的要求，并提交项目总体概算编制说明及详细的概算文件。

2. 重大系统工程的技术设计、结构体系、主要设备选型、材料选用、新技术系统应用等代建单位认为重点、难点内容，须进行至少两个设计比选，对每个比选设计进行优缺点分析和造价分析，并推荐设计。

3. 设计方应以书面形式明确设计中的难点、重点建设内容，对有特殊采购要求、施工工艺要求和风险点以正式说明文件提交给代建单位，相关需要特别报建报审的内容提前以正式文件报代建单位研究确认，并及时提供相关要求和设计资料，配合代建单位开展相关后续工作。

4. 初步设计文件深度应当满足编制施工图设计文件以及主要设备材料订货的需要。

4.3.3　设计评审要求

1. 由项目负责人带领主要设计人，按照代建单位指定地点参加本项目初步设计阶段的各种设计例会、设计汇报会、评审会及研讨会，并在会上作设计汇报详细介绍，会前准备好设计介绍PPT和相关纸质、电子文件，并提前给予代建单位经办人审核。

2. 按照项目投资要求和初步设计图，依据广州造价站最新要求、市财政部门概算评审要求，及时编制详细初步设计概算，并由设计单位项目负责人组织主要设计人、造价负责人和概算编制人员，全力配合代建单位进行初步设计概算报审工作、市财政评审部门的概算评审工作，做到随传随到，主动上门介绍解释，及时补充相关需要材料。

4.4　施工图设计阶段的管理

4.4.1　管理内容

含施工图设计阶段设计文件、设计进度、设计质量、技术方案比选、设计汇报、报建报审协调等服务管理。

4.4.2 设计成果要求

1. 设计方应在初步设计与技术设计基础上，按照项目设计计划和进度，针对相关报建批文、专家意见和甲方细化要求进行设计完善，应达到和满足进行施工采购及指导施工的要求，并提交项目预算编制说明及详细的预算文件。

2. 设计方应以书面形式明确设计中的难点、重点建设内容，对特殊采购要求、施工工艺要求和风险点以正式说明文件提交给代建单位，相关需要特别报建报审的内容提前以正式文件报代建单位研究确认，并及时提供相关要求和设计资料，配合代建单位开展相关后续工作。

3. 施工图设计必须符合国家相关规范要求，同时还必须符合代建单位制定的《市重点建设工程项目设计通则——规划、市政、园林篇》及《市重点建设工程项目设计通则——建筑篇》的要求。

4. 设计所选用的建筑材料及设备（包括各专业选用的材料、设备），在进行性能价格比的分析后，原则上优先选用国内的产品，设计单位应对施工单位提供的材料样板进行选择，鉴别其优劣并提供相关咨询意见，提出要求和建议。

5. 设计单位不能指定或变相指定设备材料，设计单位原则上须向代建单位推荐三家以上可供货的国外厂商名称、产品质量标准、价格资料等，并提出评估意见。

4.4.3 设计评审要求

1. 由项目负责人带领主要设计人，按照代建单位指定地点参加本项目施工设计阶段的各种设计例会、设计汇报会、评审会及研讨会，并在会上作设计汇报详细介绍，会前准备好设计介绍 PPT 和相关纸质、电子文件，并提前给予代建单位经办人审核。

2. 按照项目投资要求和初步设计图，依据广州造价站最新要求、市财政部门概算评审要求，及时编制详细施工图预算，并由设计单位项目负责人组织主要设计人、造价负责人和预算编制人员，全力配合代建单位进行施工图预算报审工作、市财政评审部门的预算评审工作，做到随传随到，主动上门介绍解释，及时补充相关需要材料。

3. 对于施工图审查单位提出的审查意见，设计单位应及时进行回复，并形成一致的处理意见。设计单位应及时根据处理意见对图纸进行修改完善。

4.5 工程实施阶段的管理

4.5.1 管理内容

含设计变更、设计进度、设计质量、施工现场技术配合和服务等管理。

4.5.2 设计变更要求

1. 设计单位需配合代建单位完成施工招标图纸，如施工图纸较施工招标图纸有变化，设计单位需提交详细的设计变更说明。若无变更说明，引起投资的增加应由设计单位负责。

2. 在各分部工程施工前，勘察设计单位应在建设部门的组织下向施工单位和监理单位进行技术交底，详细说明建设工程勘察、设计中的技术关键点，说明和解释经审查合格的施工图设计文件，提供施工现场技术服务。对于施工图错漏碰缺内容，及由于相关原因引起的对施工图进行的修改，应及时按照代建单位要求，根据代建单位设计变更管理办法完成设计变更资料送审。

3. 当发生工程质量问题时，应配合有关部门调查建设工程质量问题原因，及时提出相应的技术处理方案。

4. 工程管理部各专业工程师深入工地施工第一线，及时解决工程施工中设计图纸存在的各种问题，做好设计变更管理。并且为了减少与设计单位联系的文件往来周期，保证第一线施工正常进行，工程管理部亦可在符合规范的前提下提出设计变更方案建议，经设计单位同意后施工，并由设计单位出变更图，以确保工程进度。

4.5.3 施工配合和服务要求

1. 在建设工程施工前，勘察设计单位应在建设部门的组织下向施工单位和监理单位进行技术交底和图纸会审，详细说明建设项目工程勘察、设计中的技术关键点，说明和解释经审查合格的施工图设计文件。

2. 由项目负责人带领主要设计人，按照代建单位指定地点参加本项目施工设计阶段的各种设计例会、设计汇报会、评审会及研讨会，并在会上作设计汇报详细介绍。

3. 勘察设计单位应按国家规定参加工程验收。当发生工程质量问题时，应配合有关部门调查建设工程质量问题原因，提出相应的技术处理方案。

4. 根据工程进展情况和需要，对一些特殊工程，设计单位应向代建单位提供施工组织设计的书面建议，编写工程施工技术标准（施工作业指导书），对设计各部分所应满足的规范、标准进行总说明，对各条文进行摘录汇编。对超规范（标准）之处，应初拟技术标准，以供专家论证并报相应行政主管部门批准（或备案）后执行。

5. 在施工、监理过程中发现施工图设计文件有错漏的，设计单位应当及时处理，并及时递交经施工图审查单位审查通过的设计变更通知单。

6. 项目总设计单位对各专业承包单位负责的深化设计成果有审查责任，并对审核通过的深化设计文件盖章（出图章或图纸审核章）确认。

4.6 竣工图编制管理

4.6.1 管理内容

指设计单位负责的施工图编制，施工单位竣工图编制的条件与实施办法等。

4.6.2 具体要求

1. 设计单位应向代建单位提供完整的施工图电子文件和汇集所有设计变更的施工图电子文件。

2. 设计单位作为施工图设计单位，施工单位应作为编制竣工图的出图单位，相关费用由施工单位自行解决。

3. 竣工图由监理单位审核签字，工程管理部专业工程师须核实变更依据及竣工图的完整性、准确性和系统性。施工单位按规范要求整理组卷，工程管理部组织竣工图验收，经工程管理部验收合格后，向广州市城建档案馆进行移交。

4. 合同部在承发包合同或施工协议中，要根据《代建单位竣工图编制管理办法》对编制竣工图的要求及数量、验收等作出规定。

4.7 工程验收与移交阶段的管理

4.7.1 工程验收阶段的管理

在工程验收阶段，设计单位由项目负责人带领专业负责人、设计人参与工程验收各项工作，在各验收文件上加注设计单位意见和签名、盖章。

4.7.2 工程移交阶段的管理

工程资料移交由代建单位负责，设计单位负责配合相关移交中提出的整改设计出图及资料补缺工作。

第五章 工程设计的投资管理

5.1 限额设计

代建单位负责管理建设的项目大部分为市财政投资项目（市委、市政府交办的重点项目），其投资必须按照政府主管部门确定的投资额度和要求严格控制。因此，设计单位在保证设计质量的前提下，应遵循功能适用、标准合适、经济合理的原则开展设计工作，实行限额设计，确保工程概预算不突破限额目标（其他投资主体参照执行）。

1. 在投资限额目标的基础上结合项目设计内容进一步分解投资，明确并提交投资控制主要指标，在编制设计概、预算时逐步细化落实。在方案深化阶段，方案估算表按照初步设计概算总表格式编制。在施工图提交后，对初步设计概算进行调整编制工作。在整个设计与工程建设过程中，对投资进行动态跟踪，对概算和预算进行动态调整。

2. 设计单位在限额设计范围内应充分运用性价比分析、多方案（不少于 2 个）技术经济比较等手段，对设计方案进行优化。在所有方案比较的过程中，必须进行相应深度的投资估算比较，确保方案的可比性，并提供相应的工程数量表、主要材料表、主要设备清单等，在确保工程质量和施工工期的前提下，降低工程投资。

3. 设计单位有关设计的任何修改、变动或由于修改设计所引起的工艺、技术、材料、设备的变更，如引起投资限额的突破，均须经过设计咨询单位和投资方的审批同意。

4. 在施工图设计以及工程建设过程中因各种原因所发生的设计变更，设计单位应依据代建单位制定的《市重点建设工程项目设计变更管理办法》，明确设计变更的原因、种类、责任认定、审批权限和费用处理原则，严格控制设计变更，确保工程概、预算不突破限额目标。

5.2 方案设计阶段投资控制

1. 编制设计方案优化任务书中有关投资控制的内容；
2. 对设计单位方案优化提出投资评价建议；
3. 根据优化设计方案编制项目总投资修正估算；
4. 编制设计方案优化阶段资金使用计划并控制其执行；
5. 比较修正投资估算与投资估算，编制各种投资控制报表和报告。

5.3 初步设计阶段投资控制

1. 编制、审核初步设计要求文件中有关投资控制的内容；
2. 审核项目设计总概算，并控制在总投资计划范围内；
3. 采用价值工程方法，挖掘节约投资的可能性；
4. 编制本阶段资金使用计划并控制其执行；
5. 比较设计概算与修正投资估算，编制各种投资控制报表和报告。

5.4 施工图设计阶段投资控制

1. 根据批准的总投资概算，修正总投资规划，提出施工图设计的投资控制目标；
2. 编制施工图设计阶段资金使用计划并控制其执行，必要时对上述计划提出调整建议；
3. 跟踪审核施工图设计成果，对设计从施工、材料、设备等多方面作必要的市场调查和技术经济论证，并提出咨询报告，如发现设计可能会突破投资目标，则协助设计人员提出解决办法；

4. 审核施工图预算，如有必要调整总投资计划，采用价值工程的方法，在充分考虑满足项目功能的条件下进一步挖掘节约投资的可能性；

5. 比较施工图预算与投资概算，提交各种投资控制报表和报告；

6. 比较各种特殊专业设计的概算和预算，提交投资控制报表和报告；

7. 控制设计变更，注意审核设计变更的结构安全性、经济性等；

8. 编制施工图设计阶段投资控制总结报告。

5.5　设计优化和技术经济分析论证

1. 设计方案必须进行技术经济分析。通过对设计方案、工艺、设备等进行全面的评价，在满足功能要求的前提下，采用技术经济优化、可以有效控制工程投资的方案。

2. 在保证方案的可实施和可操作性前提下，设计中凡能进行定量分析的设计内容，应通过计算，用数据说明其技术经济的合理性。同时向代建单位提供各阶段技术经济分析资料，以力求各阶段设计成果能充分体现设计优化的原则。

3. 设计单位必须对设计方案进行多方案比较和优化，比较方案应具有可比性。方案比较必须通过技术经济分析，完成单体或单项工程的估算编制，确保设计深度能够满足编制工程概算的需要。对于超投资限额的，应在保证设计质量的前提下自行修改，如确实需要增加的，必须报代建单位审查，取得代建单位书面同意后，方可修正。

4. 为确保设计优化和投资控制，设计单位必须对整体设计方案、主要基础形式、主体结构选型、建筑装修方案、大宗建材（单项总投资额 100 万元以上）使用、主要设备（单项投资额 10 万元以上或总投资额 50 万元以上）选型等对建成使用和建设投资有重大影响的因素进行经济技术多方案比选和性价比分析，并提交正式的书面报告，报设计咨询单位和代建单位确认。

5. 设计单位进行经济指标分析时，应提出所采用经济分析的单项指标、综合指标及相应的依据、理由，对主要设备、材料的选用，应经过充分的询价、分析，积累技术经济资料，推荐选用的设备、材料，应注明规格、型号、性能、技术指标等，并提出质量、功能方面的要求，确保投资概算的合理与稳定。对特殊情况需追加投资的，应遵循合理、经济、科学、有效的原则，严格控制。无确切、合理理由的，未经代建单位审批，不得随意突破限额。

5.6　概预算控制

设计单位必须在方案设计审查、初步设计审查和施工图审查时提交相应深度的投资估算、概算和预算，对投资限额目标作进一步的细化，并按设计深度要求提供相应的主要材料工程数量表、设备清单、数量及询价资料，概预算工程量计算书、编制说明书。

1. 设计概、预算的起算指标分析应提供依据，起算数据应经有关部门或人员确认，确认后不得随意修改。没有定额的指标必须进行指标分析，针对代建单位工程项目的特点合理确定，杜绝机械性地套用广州其他类似工程指标的做法。

2. 设计单位应对概、预算的准确性负责，认真分析可能影响造价的各种因素（如自然条件、生产工艺和施工条件等），准确选用定额、费用和价格等各项编制依据，使概、预算能够完整地反映设计内容，合理地反映施工条件，准确地确定工程造价。

3. 设计概、预算应结合工程招标投标的需要编制，单项、单位工程，分部、分项工程的划分原则必须统一，编码必须一致，便于投资分析和验工计价时的检索。编制单元及章节划分应符合投资控制的需要，方便投资方根据工程招标投标的标段灵活组合。

4. 设计单位提交的初步设计概算必须经过代建单位相关部门的评审，设计单位按代建单位评审意见修订后方可送市财政部门审批。

5. 代建单位有权聘请有资质的单位审查设计单位造价文件的客观性、准确性。如果工程概算超出限定的工程造价，设计单位必须对初步设计进行修改，并承诺该修改不改变有关设计和规划的原则、内容与要求，不改变原方案设计的构思，不降低使用功能与设计质量标准。代建单位对此修改不支付附加设计费用。如确属投资不足的，应提交详细的投资分析报告，按照代建单位要求采取相应的调整措施。

6. 设计单位须严格按照设计图纸及相关经济技术指标编制项目估算、概算及预算，若设计单位提交的估算、概算或预算深度不够、不能满足相关投资控制要求，代建单位可委托有资质的造价咨询单位编制，相应费用在设计费中扣除。

7. 设计单位应根据要求按时按质完成项目概预算的送审和审批。

5.7 设计变更阶段投资控制

在项目实施阶段，若出现大幅增加工程造价的重大设计变更或新增工程实施内容，导致工程造价超出批复概算，设计单位须配合代建单位及时申报概算调整。

5.8 合同费用控制

1. 勘察设计单位应当严格执行工程立项批准的估算，不得擅自增加工程量和工程造价提高勘察费、设计费。

2. 设计单位应当按照合同约定进行设计。未按合同约定设计而代建单位要求纠正的，设计单位应当及时修改，不得另行收取费用。

第六章　其他（附则）

6.1 工作计划要求

1. 设计单位根据双方约定及工期总体策划的要求编制各阶段设计进度计划和各专业的出图计划，各阶段中间检查内容、时间、次数和提交哪些设计文件、图纸，经代建单位审核和咨询单位审查、平衡后执行。设计单位根据设计进展编制短期设计计划，以使设计进度在受控状态下进行，同时便于代建单位及时与设计单位协调。

2. 勘察设计进度计划应体现事前、事中和事后进度控制，应有工作流程、进度控制措施、组织措施、技术措施等内容，必须考虑工程招标、设备采购、物料准备等因素，提供满足上述工作所需要的有关勘察设计文件。

3. 勘察设计单位编制的勘察设计进度应确定项目总进度目标与详细的分进度目标。严格按照勘察设计合同规定的时间提交相应的勘察设计成果。

4. 如有必要，设计单位应按照代建单位要求安排一定数量的人员进行驻场设计，应保证设计质量和进度满足代建单位要求。

6.2 进度控制的要求和办法

1. 代建单位将按进度计划检查设计完成情况，检查内容包括设计进展、设计质量、限额设计落实情况、设计成果提交情况等，发现问题，有权督促设计单位采取组织、经济及技术措施予以纠正。

2. 设计单位须严格按照进度计划开展和组织设计工作，并接受代建单位根据设计合同和进度计划进行的各种设计跟踪、工作检查和协调要求。

3. 设计单位应根据设计开展情况编制月度工作汇报和下月进度计划，提供有关设计信息，协助代建单位掌握设计工作的整体进展情况。设计单位每周按要求向代建单位报告进展情况。代建单位有权要求修改、调整进度计划并要求设计单位执行。

6.3　关键点控制

1. 勘察设计单位应当根据勘察设计行为制定勘察设计工作整体的进度网络图，确定其中的关键点，加强过程控制，确保关键点勘察设计按进度计划完成，使整个勘察设计工作处于受控的状态。

2. 勘察设计单位应根据代建单位的要求进度制定工作计划、组织保证措施，确保投入的人力、物力能满足勘察设计工作的需要，确保关键点的勘察设计工作按计划完成。

3. 无论何种原因影响关键点勘察设计进度的，代建单位关于消除影响、保证进度的措施、指令，勘察设计单位必须采取相应的组织措施、技术措施予以执行，并接受代建单位的检查。

4. 勘察设计单位要考虑工程实施的需要，在计划、工期上要根据工程总体策划考虑工程招标投标、设备采购、施工组织所需要的时间，提前交付勘察设计文件。

6.4　奖惩要求

1. 代建单位将根据与设计单位签订的《勘察设计合同》相关条款和工程的勘察设计情况和各方面的评价，对能够全面正确履行勘察设计合同义务，缩短勘察设计和建设期限，精心设计、努力创优、减少投资额，并取得实际成效的勘察设计单位、设计人员，或在设计过程中，凡优化设计方案，节约投资达到约定比例，或采用新技术、新工艺节约投资达到约定比例，并经工程验证确认的，或设计能够贯彻投资方意图、设计服务能够使投资方满意的，根据代建单位有关规定对设计人予以通报表扬、经济奖励等鼓励，并将酌情报请建设行政主管部门给予嘉奖。

2. 由于设计文件所出现的错、漏、碰而导致的设计失误或漏项，从而引发变更设计、补充设计或工程质量问题，并因此而造成经济损失和工程事故，或投资增大到约定比例时，设计单位应按有关约定承担相应的违约责任。

附1.2　工程项目管理招标制度文件

附1.2.1　建设项目乙供材料看样定板管理办法
《建设项目乙供材料看样定板管理办法》

为进一步加强代建单位建设项目乙供材料质量管理，确保乙供材料满足设计需要，符合设计文件提出的质量、技术标准要求，确保工程质量，顺利推进工程建设，结合单位乙供材料看样定板管理的具体情况，制订了建设项目乙供材料（设备）管理办法，现印发给相关部门及单位按照本办法认真贯彻执行。

一、总则

（一）为加强乙供材料的质量管理，明确管理主体和管理责任，确保用于工程建设的乙供材料符合设计文件提出的质量、技术标准及观感要求，保证工程质量，顺利推进工程建设，特修订本管理办法。

（二）本管理办法依据国家法律法规和行业规范、各项目设计合同、设计图纸、监理合同、施工合同等文件制订，适用本单位所负责的工程项目的乙供材料管理。

（三）本管理办法的乙供材料泛指工程建设的材料设备，由施工单位根据招标文件列明的推荐品牌和合同约定自行采购并支付货款的材料设备。

（四）项目部是乙供材料的归口管理部门，负责本管理办法的条文解释。

二、各单位职责

（一）代建单位职责

项目部组织乙供材料选用审批工作；组织设计单位核查乙供材料技术参数、型号、规格、观感效果是否满足设计图纸及使用功能要求；负责新增乙供材料涉及的设计变更管理和价格审批工作；对乙供材料订货、生产、进场质量检验、安装、调试过程进行监督管理，对口联系第三方检测单位对进场乙供材料进行抽检，并对不合格品作出处理。

（二）设计单位职责

设计单位参加对乙供材料的看样定板工作，核查乙供材料技术参数、型号、规格、观感效果是否满足设计图纸及使用功能要求；负责新增乙供材料涉及的设计变更工作。

（三）监理单位职责

监理单位协助项目部组织乙供材料选用具体工作，负责审核乙供材料申报资料的真实性、完备性，负责工地现场的乙供材料封板材料仓库的管理，负责施工过程中乙供材料进场检验、安装、调试过程的质量监控及验收管理工作。

（四）施工单位职责

施工单位作为实施阶段乙供材料管理的责任主体，负责按合同文件、设计图纸及本管理办法规定要求申报乙供材料，对乙供材料按计划采购、检验、安装及调试、验收过程负全责。

三、乙供材料的分类

根据乙供材料的属性以及质量控制关键点，对乙供材料按类别进行管理，具体类别如下：

（一）土建结构类常规材料：钢筋、水泥、混凝土、砌块、管桩、砂浆、预制装配式构件等。

（二）装饰观感类与机电设备类材料

1. 装饰观感类材料：建筑装饰类、市政工程类，其他与观感有关的类别（材料细项附后）。

序号	专业	材料类别名称	材料内容说明
1	建筑装饰类材料	建筑饰材	石材、瓷砖（含外墙砖、墙地砖）、栏杆、扶手、瓦片、彩钢板、铝塑板、铝单板等各种轻质墙板、天花板、吸声板、地板等
2		化工、防水用材	油漆、涂料、地板漆、防水涂料等
3		玻璃	玻璃制品等
4		门、窗	所有类型门窗（不含特殊定制门窗）
5		五金	拉手、门锁、闭门器等
6		织物饰材	地毯、墙纸、窗帘等
7		特殊材料	具体要求见图纸

序号	专业	材料类别名称	材料内容说明
8	市政工程材料	铺装材料	人行道面砖、侧石、平石、广场砖、石材等
9		绿化苗木	各种大型苗木等
10	其他与观感有关的材料	灯具类	各种灯具
11		卫生洁具类	面盆、座厕、蹲厕、小便器、水龙头等
12		开关、插座	各种强弱电开关面板、插座

2. 机电设备类材料：机电系统材料及设备、弱电系统材料及设备、专用类材料及设备等（材料细项附后）。

序号	专业	材料类别名称	材料内容说明
1	机电系统材料及设备	舞台设备、会议设备	灯光、音响、演播设备等
2		配电箱、配电柜	配电箱、低压柜及所包含的断路器、漏电保护器、空气开关、防雷元器件等主要元器件
3		电线电缆	高低压电缆、母线槽、电线、通信电缆等
4		管材	给水排水管、消防水管、空调水管、燃气管等
5		电气设备类	电梯、变压器、高压柜、发电机等
6		通风空调设备类	换气扇、排气扇、风机(柜)、空调主机、风机盘管、冷却塔、水箱、风口、风阀、消声器、集中供冷等末端设备等
7		泵及其控制设备	空调水泵、潜污泵、无负压水泵、成套供水设备、控制柜等
8		阀门类	各类阀门、流量计、冷量计量装置
9		保温材料	保温棉、保温板材等
10		消防设备	泡沫喷淋混成设备、气体灭火系统、消防控制主机、消防广播系统、灭火器、水泵接洽器、报警阀、警铃、消防箱、喷头等
11	弱电系统材料及设备	综合布线系统	双绞线、信息插座、光纤配线架(含耦合器、面板)、模块式配线架(含理线器)、光缆、跳线、机柜
12		安防系统	电视墙、控制台、矩阵主机及控制键盘、硬盘录像机、视频交换机、系统服务器、监视器、摄像机、光端机、门禁中央控制器、门禁读卡器、电磁锁、红外双鉴探测器、无线巡更系统等
13		楼宇自控系统及BMS系统	自控系统(含中央管理计算机)、DDC控制器(含控制器箱、I/O模块)、传感器、BMS系统及服务器、打印机
14		信息发布、一卡通电子票务系统、远程抄表系统	信息发布主机、发布终端、小型服务器、PC售票终端、检票机、远程抄表系统
15		网络系统	服务器、交换机、路由器、防火墙、网关等网络设备
16		停车场管理系统	车库管理设备(主机、验卡机、道闸等)、计费系统设备
17		智能照明控制系统	智能照明控制主机、控制面板等
18		机房工程	防静电地板、机房专用空调、UPS主机等
19	专用类材料及设备	专用类材料	体育设施、医院类专用设施、文化类专用设施、法院监狱类专用设施等

四、乙供材料审批工作流程

（一）乙供材料选用审批流程

为提高乙供材料的审批效率，按照乙供材料的分类属性、有无投标品牌和推荐品牌，对应不同的选用审批流程，具体流程图如下：

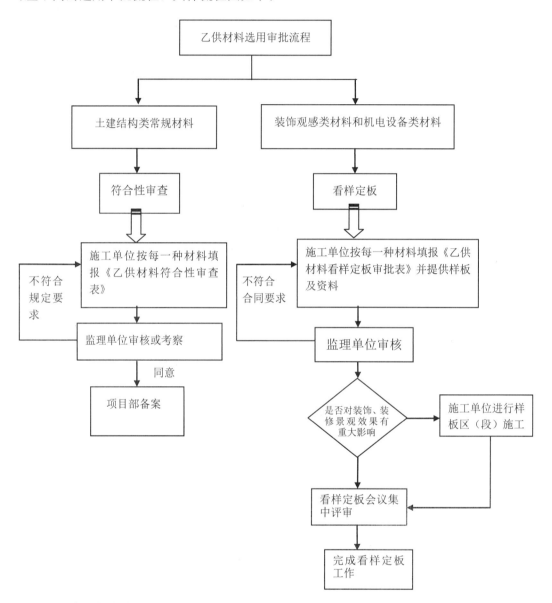

1. 土建结构类常规材料审批

对于土建结构类常规材料，进行符合性审查。流程如下：

（1）施工单位按照施工图设计质量标准要求并结合投标文件，申报一家或以上的材料品牌，按每一种乙供材料分别填写《乙供材料符合性审查表》（附表1），将拟采用厂家的资质、产品质量合格证明文件等资料报监理单位；实行生产许可证或使用产品质量认证标志的产品，还应提供证书编号、批准日期和有效期限。

（2）监理单位对上报的资料进行审核，其中对管桩、混凝土厂家、装配式构件厂家需进行考察并形成考察报告。

（3）审核（考察）通过后，监理单位择优选择某一个或两个品牌（一主选，一备选），并将资料上报代建单位项目部备案，备案后的《乙供材料符合性审查表》下发给施工单位。

（4）施工单位将签订的设备材料供货协议书或合同报监理单位备案。

（5）若产品使用期间更换厂家，须重新开展符合性审查工作。

2. 装饰观感类和机电设备类材料审批

对于装饰观感类材料和机电设备类材料，按乙供材料看样定板工作流程执行。有投标品牌的，直接选用投标品牌；无投标品牌的，由施工单位自行申报三家品牌，且每家必须分别填写《乙供材料看样定板审批表》并按要求提供样板及资料，在看样定板时择优选择一家。

看样定板工作流程如下：

（1）材料申报

施工单位按照施工图设计质量标准要求并结合投标文件，按每一种乙供材料分别填写《乙供材料看样定板审批表》（附表2），并附以下材料：

① 材料样板。

② 各材料供应商需提供资料（包括但不限于以下内容）：

a. 产品质量检测报告（提供清晰复印件，必要时要求提供原件）。要求：Ⅰ. 有效期内的检测报告（建议是产品的型式检验报告或地市级以上政府监督抽查报告）；Ⅱ. 检测机构必须具有 CMA 或 CNAL 认证资格。

b. 计划使用产品型号规格、技术参数及对比表、安装及使用说明。

c. 企业资质及信誉证明，如为代理商则需提供生产厂家授权委托书。由材料供货厂家提供供货及服务承诺、联系人信息。

（2）评审办法

① 代建单位项目部自接到申报起 5 天内组织评审工作，评审工作采用集中办公会审形式进行，代建单位项目部、监理单位、设计单位的项目负责人（或授权人）必须参加。会议由代建单位项目部主持，如涉及建筑景观或特别重要内容，则由代建单位分管领导主持。

监理单位应在集中会审前完成施工单位提交的《乙供材料看样定板审批表》的审核并加具意见，与会各方在会议结束时应同时完成《乙供材料看样定板审批表》及《乙供材料现场定板封样表》（附表3）中各项的签名确认工作。

② 装饰观感类材料原则上应以样板观感、尺寸以及技术参数两个方面进行同步控制，机电设备类材料可以技术参数、外形尺寸为主进行控制。

③ 重要的土建类材料和机电类材料原则上应事前进行考察。涉及重要装饰装修效果的评审工作必须在完成样板间（段）后由代建单位分管领导主持进行评审。

④ 为维护乙供材料评审工作的严肃性，具体要求如下：施工单位申报乙供材料准备不充分不组织评审；样板只可在评审现场完成评审；设计人员只负责对技术参数、型号、规格、观感效果等是否满足设计要求提供具体意见，无否决权。

（3）材料的封板

经评审确定为合格材料供应商和合格产品的材料样板在现场进行封板，对于体积不大的各类产品可直接进行封板（瓷砖、洁具产品必须封板）；对于较大的机电材料（如电梯）或一些系统性产品（如弱电类大型系统）无法进行实物封板的，可用图片封样，并给出技术说明文件（包括产品照片、规格型号、关键元器件及对应技术参数）作为材料封板的补充。各方在《乙供材料现场定板封样表》签字，并由监理单位保存原始资料，作为乙供材料采购进货及验收的依据。封板的材料设备均需封存在由施工单位设置的现场封板材料仓库中，并由监理单位保管至竣工验收，如因丢失损坏"样品"而造成损失，应追究相关责任人的责任。

3. 零星乙供材料的审批

对于部分数量少、单价低、不涉及系统功能及观感要求的零星乙供材料，由施工单位按《零星乙供材料选用审批表》（附表5）进行填报，报监理单位、代建单位项目部审批后采用。

4. EPC项目乙供材料的审批

EPC项目乙供材料的选用审批分为两类：有推荐品牌的按照有投标品牌的看样定板流程执行；无推荐品牌的按照无投标品牌的看样定板流程执行。施工单位在按照本管理办法提供相关资料的同时，还应提供经审核的施工图预算、对应材料的厂商信息指导价等相关文件。该项目的造价咨询单位（若有）需参加材料的看样定板工作。

5. 新增乙供材料的审批

由于设计变更或招标工程量清单漏项而新增加某些规格型号的乙供材料，如该类新增材料采用已完成选用审批手续的同类材料品牌，则无需另行申报；否则须按要求进行申报审批，其报审程序根据材料的选用审批流程作如下规定：

（1）对于需要看样定板的材料，应在定板的同时定价。该类材料在看样定板前一周，由施工单位申报三家品牌，提供报价文件及报价依据，并附上设计变更文件（或清单漏项说明）、合同相关定价条款、综合价或厂商信息价、市场询价、相关文件等申报新增主材单价。由项目部在一周内预审价格后再进行看样定板工作。看样定板工作完成后，由施工单位按批次填报《新增主材单价审批表》，正式申报新增主材单价。对于争议大、定板时确实难以定价的材料，应通过询价或召开专题会议审定。

（2）对于无需看样定板的新增乙供材料，由施工单位按批次填报《新增主材单价审批表》，并附上设计变更文件（或清单漏项说明）、合同相关定价条款、乙供材料符合性审查（或技术审批、零星材料审批）表、综合价或厂商信息价、市场询价、相关文件等直接申报新增主材单价。

（二）乙供材料品牌变更审批流程

关于投标品牌分为以下两类：第1类，选用推荐品牌作为投标品牌；第2类，无推荐品牌以自报品牌作为投标品牌。施工单位原则上应选用投标品牌，如投标品牌存在以下特殊原因需变更为非投标品牌，第1类应在推荐品牌范围内更换；第2类应按以下顺序优先选用更换：中国名牌、国家免检产品、省名牌，填写《乙供材料变更审批表》（附表4），书面说明原因，并附上相关支持材料进行变更申报，具体报审流程图如下：

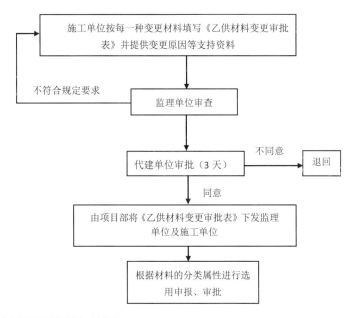

五、乙供材料质量控制与检测

（一）乙供材料未进场前的质量保证措施

1. 代建单位组织对审批同意的乙供材料生产企业开展调查。调查的主要内容（包括但不限于）：企业的规模、企业的性质、企业的生产保证能力、企业的产品质量保证能力、材料生产工艺、原材料采购等相关内容。

2. 根据实际情况，对乙供材料生产企业计划供应的产品或相同类型产品进行抽查检测，进一步确定产品质量。

3. 重点工程项目使用时，供应产品上必须注有"专供××工程项目名称"标志；此标志打印在产品上，不同批次产品要求打印在不同位置上，并记录批次量。

（二）乙供材料到达工地现场的质量控制措施

1. 施工单位应在现场设置统一的材料仓库，所有抽检合格并经审批同意进场的材料才可以入库存放，以便于使用前的统一存放与管理。

2. 已进场乙供材料的抽查检测

为确保进场材料、设备是由经代建单位审批确定的生产企业所生产及供应，杜绝假冒品牌进入现场，代建单位可委托第三方检测单位对进场材料进行核实，主要包括：标志（专供标志），企业出厂供货清单，产品规格、型号、数量。必要时可请生产、供应厂家企业直接进入施工现场确认。

（三）乙供材料在使用过程中的质量控制措施

现场使用材料抽查检测：

1. 进一步确定现场所有材料的质量，现场随机抽查具有代表性的材料进行检测。

2. 对现场材料有质量疑问时，对疑问材料进行监督抽查。

3. 代建单位项目部、监理单位对材料有质量疑问，可要求第三方检测单位对疑问材料进行监督抽查。

对乙供材料抽查说明：

1. 施工单位应计划预备足够的材料量，以保证满足抽查检验需要。

2. 出现乙供材料检验不合格的情况，属施工单位见证取样和第三方检测（含代建单位按《建设工程质量检测管理办法》（建设部〔2005〕141号）委托检测单位及施工单位自行委托）时，应按施工合同及国家相应检验规范执行；属第三方抽检不合格时，代建单位将按合同约定对施工单位及监理单位进行处罚。经代建单位批准许可，第三方检测单位将加倍对该材料抽检，检测合格才可恢复使用；如仍不合格则严禁使用，已使用的必须无条件拆除。代建单位将取消该供应商的供货资格。

3. 在施工过程中如对乙供材料的品牌及质量有疑问时，在代建单位项目部同意后可随时进行抽查、检测。

4. 未经检测合格的产品不准使用于工程中，否则必须无条件拆除并按合同有关条款处理。

六、其他

（一）乙供材料看样定板节点工期列入工程进度节点工期考核范围。如申报合格供应商、评审、备案、签订合同、加工制作、材料进场的检验，供货完毕均要严格按计划节点工期进行。

（二）乙供材料按照本管理办法完成选用审批后方可采购订货，乙供材料进场后按要求检测合格或验收通过后方可使用安装。监理单位应对现场乙供材料使用严格把关，对未按照本管理办法进行选用审批或未进场检测即使用安装的乙供材料，监理单位应按合同约定下达局部停工整改指令，限期落实整改，施工单位除根据合同约定承担相应的违约责任外，代建单位有权暂停支付对应的工程进度款，直到施工单位完成相关整改工作为止。

（三）在乙供材料管理工作中涉及材料技术参数、型号、规格发生变化而需进行设计变更时，应按《代建单位设计变更管理办法》的相关要求完成变更审批后方可进入乙供材料选用审批流程。

附表1　乙供材料符合性审查表
附表2　乙供材料看样定板审批表
附表3　乙供材料现场定板封样表
附表4　乙供材料变更审批表
附表5　零星乙供材料选用审批表

附表 1

乙供材料符合性审查表

（适用于土建结构类常规材料）

工程名称：　　　　　　　　　　　　　　　　　　　　　　　　　　编号：

施工单位		项目经理	
监理单位		项目总监	

申报内容：
1. 乙供材料名称、型号、规格：
主选品牌：
备选品牌：
2. 厂家：
3. 质量证明文件：　　　　　　　　　　　,共　　　页；
4. 其他：

施工单位意见：
经办人：　　　　　　　日期：　　　　　　项目经理（章）：　　　　　　日期：

监理单位意见：
专业监理工程师：　　　　日期：　　　　　　项目总监（章）：　　　　　日期：

项目部备案：
项目经办人：　　　　　　日期：　　　　　　部长（章）；　　　　　　　日期：

填表说明：该表一式三份，代建单位一份，施工单位一份，监理单位一份。

附表 2

乙供材料看样定板审批表

（适用于装饰观感类及机电设备类材料）

工程名称： 　　　　　　　　　　　　　　　　　　　　　　　　　　　　　　　　　编号：

材料或设备名称	使用部位	施工图工程量	有无推荐品牌	投标品牌	拟选用品牌

施工单位： 1. 规格型号及技术参数： 　　　　　　　　　　　（附技术参数表） 2. 技术参数、型号、规格与投标时相比是否有变化 　　【是】 　　　　　【否】 3. 是否需要调价： 　　　　　　　　　　　　　　　【是】 　　　　　【否】 原报价： 　　拟报价(附报价资料)： 　　（涉及多个规格的材料，可附表罗列） 4. 其他需说明的：   经办人： 　　　　日期： 　　　　项目经理(章)： 　　　　日期：
监理单位： 1. 技术参数、型号、规格与投标时相比是否有变化 　　【是】 　　　　　【否】 2. 是否需要调价： 　　　　　　　　　　　　　　　【是】 　　　　　【否】 初步审核单价： 3. 是否同意使用 　　　　　　　　　　　　　　　【同意】 　　　　　【不同意】   专业监理工程师： 　　日期： 　　　　总监(章)： 　　　　日期：
设计单位意见： 1. 技术参数、型号、规格、观感效果是否满足设计要求 　【是】 　　　　　【否】 2. 其他需说明的：   设计经办人： 　　日期： 　　　　项目负责人(章)： 　　　日期：
项目部意见： 1. 是否同意使用 　　　　　　　　　　　　　　　【同意】 　　　　　【不同意】 2. 其他需说明的：   经办人： 　　　　日期： 　　　　部长(章)： 　　　　日期：
领导审批意见(非投标品牌时审批，如为投标品牌则无需审批) 　　　　　　　　　　　　　　　　　　　　【同意】 　　　　　【不同意】   　　　　　　　　　　　　代建单位领导： 　　　　日期：

填表说明：1. 在对应的选项后打"√"。
　　　　　2. 该表一式四份，代建单位一份，设计单位一份，施工单位一份，监理单位一份。
　　　　　3. 同一材料规格型号较多时可附规格型号明细表。

附表 3

乙供材料现场定板封样表

工程名称：　　　　　　　　　　封板时间：　　　　　　　　　　　　编号：

材料或设备名称	
规格型号及主要技术参数	
生产厂家或企业 （联系人电话）	
施工单位名称	
监理单位总监或总监代表	
设计单位代表	
建设单位代表	

填表说明：1. 如项目使用业主参与乙供材料定板工作，则需在该表签名确认。

　　　　　2. 规格型号及主要技术参数要求填写完整，若填写不完全须附技术参数表。

　　　　　3. 该表一式四份，代建单位一份，施工单位一份，监理单位一份，一份贴在现场样板上，同时各方要在实物样板上用不褪色油墨签名。该表以签名为准，无须盖章。

附表 4

乙供材料变更审批表

工程名称：   编号：

材料或设备名称	使用部位	招标工程量	施工图工程量	有无推荐品牌	投标品牌	拟变更品牌

1. 变更原因：
2. 变更支持材料：(提供附件)
3. 变更是否涉及造价变化：   【是】   【否】
原报价：   拟报价：   (附报价资料)
4. 其他需说明的：

经办人：   日期：   项目经理(章)：   日期：

监理单位：
1. 施工单位提交的变更原因是否属实：   【是】   【否】
2. 变更是否涉及造价变化：   【是】   【否】
初步审核报价：
3. 是否同意品牌变更：   【同意】   【不同意】
4. 监理书面审核报告：   【有】   【无】

专业监理工程师：   日期：   总监(章)：   日期：

项目部意见：
1. 是否同意品牌变更：   【同意】   【不同意】

2. 其他需说明的：

经办人：   日期：   部长(章)：   日期：

领导审批意见：

                                                      【同意】   【不同意】
代建单位领导：   日期：

填表说明：1. 在对应的选项后打"√"。
2. 如果变更原因涉及造价因素，还需由项目部造价人员进行审核签字。
3. 该表一式四份，代建单位一份，监理单位一份，施工单位两份。

附表 5

零星乙供材料选用审批表

工程名称：   编号：

序号	材料名称	型号、规格及技术参数	计量单位	使用数量	施工部位	投标品牌	申报品牌	拟报单价	备注
1									
2									
3									
4									
5									
6									
7									
8									

施工单位：

经办人：   日期：   项目经理(章)：   日期：

监理单位：
1. 是否同意采用   【同意】   【不同意】
2. 其他

专业监理工程师：   日期：   总监(章)：   日期：

项目部：
1. 是否同意采用   【同意】   【不同意】
2. 其他

经办人：   日期：   部长(章)：   日期：

填表说明：该表一式二份，代建单位一份，施工单位一份，监理单位一份。

附1.2.2 代建单位材料设备及供应方库管理办法
《代建单位材料设备及供应方库管理办法》

一、总则

第一条 为加强代建单位在建项目工程质量管理，确保工程质量，廉洁、公正、高效推进工程建设，依据国家有关法律法规及代建单位工程建设相关管理制度规定等，制定本办法。

第二条 本办法适用于代建单位负责建设管理的所有建设项目。采购招标时，需重点控制的乙供材料设备，原则上均应在代建单位材料设备供应方库中选择推荐，暂未建库或业主有其他要求的材料设备除外。

第三条 材料设备供应方库管理原则：公开征集、择优入库、规范使用、动态管理。原则上每类材料设备按综合评价分A档、B档、C档三个档次。

第四条 代建单位开发建设项目材料设备供应方库信息管理系统，对材料设备供应方库征集、建库、使用、管理等实行全过程信息化管理。

二、定义

第五条 相关术语的定义：

1. 材料设备：指代建单位负责建设的项目所需的建筑、装修、机电以及其他专用材料设备。

2. 供应方：指提供的材料设备符合征集和评审要求，通过评审程序确定的产品或服务的单位。

3. 征集：代建单位为建立材料设备供应方库，公开向社会征集相关材料设备，并通过综合评价方式确定供应方名单的系列管理工作。

4. A档：该类产品的技术、质量都是较好甚至是最好的，供应方的技术配备、生产能力以及服务等综合实力排名前列。

5. B档：同类产品中，技术指标和质量均满足要求，产品的综合评价较好，供应方的供货以及服务能力较好。

6. C档：产品达到技术要求，供应方综合实力一般，综合评价一般。

7. 负面清单：材料设备在使用过程中，凡因产品质量、性能参数、供应方供货服务能力等原因出现不能满足工程质量、进度等管理要求的情况时，代建单位启动相应工作程序将该材料设备供应方清除出库的情形。

三、工作职责

第六条 代建单位招标领导小组是代建单位材料设备供应方库管理的决策机构，负责材料设备供应方库相关管理文件（建库策划方案、评审标准、进出库结果等）审批，对材料设备供应方管理的重大问题进行决策。

第七条 合同部负责代建单位材料设备供应方征集建库及动态管理工作，包括征集策划、建库文件编制、建库公告发布、评审组织、结果上报等；组织相关单位对材料设备供应方库（基本信息库、资料库等）进行更新、维护并定期通报；收集整理材料设备供应方库使用过程中出现的问题并提出整改方案报代建单位招标领导小组审批；对材料设备供应方库信息管理系统提出使用或改进需求；招标采购阶段使用材料设备供应方库内相应的产品或服务。

第八条 造价部负责代建单位材料设备供应方库管理制度的建立及修订工作;组织研究确定材料设备供应方库分类标准及明细清单;组织编制征集文件中涉及技术标准及技术部分评分内容等;建立材料设备供应方负面清单。

第九条 计划部负责代建单位材料设备供应方库信息管理系统开发、管理、运行维护及更新改造工作;针对不同用户组织开展系统操作培训;协助处理系统使用过程中出现的各类问题。

第十条 各项目部根据工程管理实际情况提出代建单位材料设备供应方建库需求;对材料设备供应方建库各类文件及管理提出意见或建议;负责编制建设项目的主要材料设备清单并确定主材采购方式,包括主要材料设备推荐品牌(厂家)、档次;在工程实施阶段对入库材料设备供应方进行使用管理,包括确定材料设备看样定板、供货、检验、施工、结算等工作;建立本部门所负责项目材料设备供应方使用台账;对本部门在建项目使用中出现负面清单情况的材料设备供应方提出处理意见;对材料设备供应方库信息管理系统提出使用或改进需求。

第十一条 代建单位各在建项目参建单位是材料设备供应方库的使用单位,按照代建单位关于材料设备供应方管理及使用相关规定开展工作。

四、征集建库及使用

第十二条 材料设备供应方库的建立按照公开征集、择优入库、规范使用、动态管理的原则进行。合同部于征集前编制策划方案上报代建单位招标领导小组,经批准后组织实施。

第十三条 项目部组织设计单位根据项目的性质、投资和重要性,结合各项目功能部位情况提出该项目材料设备的使用档次要求,组织设计单位编写用户需求书,明确相应档次,力求客观公正。

第十四条 项目部根据确定的材料设备档次要求及相关规定进行概算、预算询价,编制设计概算及施工图预算。

第十五条 工程实施过程中承包单位选定最终供应方程序参照《代建单位建设项目乙供材料看样定板管理办法(修订)》相关规定执行。

五、动态管理

第十六条 材料设备供应方信息管理系统主要具备供应方信息录入、评审结果录入、信息查询、使用登记、负面清单管理等功能,在材料设备供应方征集阶段、审核入库阶段、使用阶段全过程实行信息化管理。

(一)征集、评审及建库阶段

1. 合同部组织咨询服务单位利用材料设备供应方库信息管理系统,对拟征集的材料设备按类别进行系统设置开展网上征集工作,各应征厂家按征集文件要求在系统录入相关资料,征集提交资料截止时系统关闭。

2. 合同部按建库文件组织评审,评审结果报代建单位招标领导小组审议通过后形成代建单位材料设备合格供应方库。入库供应方基本信息、产品信息、品牌档次等由合同部(咨询服务单位)录入材料设备供应方库信息管理系统。

3. 已入库的材料设备供应方遇同类产品升级或更新换代,在原有递交材料基础上需要补充或更换资料的,可向代建单位提出申请,经代建单位合同部审核、招标领导小组审议通过后，可开放材料设备供应方库信息管理系统相应权限进行修改补充。

（二）使用阶段

项目部按照招标投标文件或其他使用需求，在材料设备供应方库信息管理系统查询工程所需产品，按本办法及《代建单位建设项目乙供材料看样定板管理办法》有关规定，组织评选拟采用的品牌及产品；施工单位采购后，登录系统以项目为单位登记使用的产品，并上传采购合同等附件。

第十七条 当材料设备供应方库内单位出现下列情形时，可向代建单位提出退出材料设备供应方库申请，经代建单位批准后从材料设备供应方库中予以剔除。

1. 品牌持有人公司破产的；

2. 不适应代建单位管理要求的。

第十八条 已入选代建单位材料设备供应方库的同类材料（品牌）产品，如有更新换代且质量或性能优于原有系列（品牌）时，原入库材料设备供应方可向代建单位提出申请，经代建单位审核确认后同意其入库的，可同时对材料（品牌）及时予以更新。

第十九条 建立代建单位材料设备供应方库负面清单。

1. 凡材料设备供应方出现负面清单（详见附件）所列情形之一，由材料设备采购单位（施工单位）对出现负面清单事项进行举证，经项目监理单位核实后报代建单位项目部，项目部提出处理意见后报合同部，合同部定期或不定期报代建单位招标领导小组审议。

2. 对代建单位招标领导小组决定清除出库的材料设备供应方，由合同部发出书面通知。被清除出库的材料设备供应方如有异议，自接到通知后十五日内可向代建单位提出申诉，代建单位按相关工作流程予以处理。

3. 被取消材料设备品牌入库资格的材料设备供应方且未签订供货合同的，其产品自通知之日起一年内禁止在代建单位负责建设的工程项目使用，不得参加代建单位材料设备品牌同类产品的征集。处罚期满后从负面清单中剔除，可参加代建单位同类材料设备品牌征集，通过评审后可再次入库。

第二十条 首次公开征集建库后，代建单位视工程建设使用需要、材料设备市场行情变化、材料设备供应方各档次库容情况变化（如某品牌某档次库内材料设备供应方少于3家）等确定是否需要进行补充征集，原则上每两年更新建库一次，具体由代建单位招标领导小组确定。

六、附则

第二十一条 本办法由代建单位负责解释、修订。

第二十二条 本办法自发布之日起生效，代建单位原有"材料设备合格供应方"相关管理规定、细则等一并废止。

附录

代建单位材料设备及供应方库负面清单

一、品牌持有人公司破产的。

二、材料设备供应方入库的产品（系列）已被明令禁止使用或列入国家淘汰产品目录的。

三、同一供方同一产品在工程使用过程中连续两次出现检测结果不合格的。

四、同一供方同一产品一年内在国家、省、市质量监督部门发布的产品抽样检测结果中出现两次或以上不合格的。

五、材料设备供应方的同类产品在国内外工程使用过程中因材料设备质量问题导致工程质量事故被地市级及以上新闻媒体曝光的。

六、被推选使用的拟用品牌无合理理由拒绝供货的；或供货不及时对在建工程工期造成重大影响的（1~3个月，视项目重要程度确定）。

七、有坐地起价行为的（材料设备单价高于市场价200%，或材料设备合价高于市场价总额，且差额部分超过施工合同总价1‰）。

八、有弄虚作假贴牌行为一经查实的。

九、与项目承包人签订阴阳合同或向其相关人员支付回扣，或采取其他不正当竞争手段经营的。

十、不履行入库品牌义务，不服从代建单位管理的。

十一、其他认为应予列入负面清单的行为。

附1.3 工程项目管理施工制度文件

附1.3.1 代建单位建设项目工程签证管理办法
《代建单位建设项目工程签证管理办法》

一、总则

（一）为加强代建单位负责建设项目的投资控制，规范工程签证申请、审批流程及费用管理，维护建设单位和施工单位的合法利益，特制定本办法。

（二）本办法适用于代建单位负责建设的所有工程项目。

（三）参与工程签证的人员须遵守"守法、公正、科学"的准则，签证内容必须真实反映事实，工程签证的计量计价须严格按合同及招标文件的相关规定执行。

（四）工程签证的支持材料必须合法有效、内容完整、记录真实及时、说明详实详尽、文字表述无异议、图示尺寸准确。

（五）按照本办法规定程序审批通过的工程签证费用，可作为办理工程进度款计量支付的依据，具体计量支付还须符合《代建单位建设工程施工合同计量支付管理办法及实施细则》的规定；只有符合本办法规定的工程签证费用才能纳入工程结算内容。工程签证费用的最终审定以政府结算审核终审部门或有权审核单位的审定为准。

（六）工程签证是在工程变更执行过程中，由于非施工单位原因引起费用增减而发生的，且在竣工图中无法反映，经监理单位和代建单位确认的工程（作）量，按规定办理的凭证。

（七）工程签证必须要"一事一签、随发生随签"，不得肢解工程签证，施工单位须在本办法规定时间内报送工程签证资料，逾期报送的，代建单位有权不予受理。

（八）代建单位项目部是工程签证的归口管理部门，本办法在执行过程中若有未尽之处，由项目部负责解释、处理。

二、工程签证范围

（一）由于设计变更而产生的工程签证

施工单位已按原施工图纸施工，因设计变更引起的拆除、返工、修改的工程（作）

量，且在竣工图中无法反映原施工情况的工作内容。对设计变更中属于新增目又能在竣工图中反映的工作内容，则不属于工程签证范围。

（二）非设计变更原因产生的工程签证

1. 因施工现场条件与合同条款及招标文件的约定不符，或合同及招标文件约定必须由施工单位承担的费用（风险）以外而发生的工作内容。

2. 代建单位指令施工单位实施且属于合同及招标文件约定必须由施工单位承担的费用（风险）以外而发生的临时工程（作）量。

3. 施工过程中由于施工环境及条件发生变化，或代建单位施工总体部署要求调整等原因，其他施工单位在严格按照经代建单位、监理单位审批的施工方案进行施工时，不可避免造成施工单位已完工序发生修补、返工、废弃的工作内容可办理工程签证。

4. 其他需要办理工程签证的内容。

（三）EPC 项目的工程签证

采用 EPC 建设模式的项目，其工程签证管理按此办法执行，其工程签证费用计量按 EPC 合同的相关条款执行。

三、工程签证管理职责

（一）施工单位职责

1. 施工单位须按合同及本办法规定，如实并及时填报工程签证事项、签证工作量、签证费用，同时须附上此项签证有关的详细支持材料后报监理单位和代建单位，并根据监理单位和代建单位的审核意见实施。

2. 施工过程中施工单位必须建立工程签证台账表，按规定与监理单位和代建单位进行核对。

（二）监理单位职责

1. 监理单位须依据委托监理合同和施工合同，对工程签证按规定审核并及时签署意见，监督工程签证的实施。及时发现、解决工程签证中的问题，并认真落实代建单位对工程签证的工作要求。

2. 监理单位负责核实确认工程签证的事项、工程量、工程费用及所有支持材料，审核依据必须是合同、招标文件和有关文件规定，审核意见应填写明确意见和详细数据，工程签证涉及的工程量名称、数据及计量单位等应填写清晰，无涂改现象，若需更正应在更改处加签名盖章。签证事项的发生、过程和结果必须在监理例会纪要内体现。该监理例会纪要资料作为结算备查资料。监理单位对签证合法性、真实性、准确性、签证资料完整性负责。

3. 监理单位须建立工程签证台账表，每月末组织施工单位与代建单位项目部进行核对，确保工程签证台账更新及时、准确和完整。

4. 监理单位须对项目投资控制进行把控，在签证的审核过程中综合考虑项目整体造价，避免超合同超投资现象发生。

（三）造价咨询单位职责（若有）

造价咨询单位须依据合同、招标文件和有关文件规定，对工程签证费用及时进行审核，并出具审核报告。

（四）代建单位各部门职责

1. 项目部职责

① 负责监督检查工程建设中工程签证的实施情况；

② 负责督促造价咨询单位（若有）对工程签证费用的合规性及合理性进行审核。

③ 负责对签证事项的合法性、真实性，签证资料的完整性、有效性、工程量准确性，以及签证费用进行审核审批；

④ 负责建立工程签证台账，以便严格控制工程签证，严格控制工程投资。

2. 合同部职责

负责将按照本办法规定程序审批通过的工程签证事项清单及签证费用录入 PMS 系统，以配合完成工程签证的计量支付工作。

四、工程签证申请和审批流程

（一）工程签证的申请及审批总体流程

签证联系单──→签证工程量确认表＋签证费用审批表。

（二）《签证联系单》的申请与审批流程

1. 《签证联系单》是对签证事件及其原因进行确认的凭证，施工单位在提出《签证联系单》申请时应附产生签证的证明材料，如：施工图纸、设计变更、代建单位文件、会议纪要、监理联系单、监理指令等。若为监理单位或代建单位口头指令的则在《签证联系单》内详细说明。

2. 施工单位须在实施工程签证内容前三天内，将签证意向以《签证联系单》的形式一式四份报监理单位，监理单位在收到施工单位申报的《签证联系单》后，应立即到现场核实情况，确认签证事件原因的真实性，将现场情况记录备忘或监理例会纪要，并在 3 个工作日内审核完毕报送代建单位审批。

3. 《签证联系单》的审批权限规定如下：

① 工程签证费用估算在 10 万元（不含 10 万元）以下的，《签证联系单》由项目部直接审批下发，审批时限为 5 个工作日。

② 工程签证费用估算在 10 万元以上，50 万元（不含 50 万元）以下的，《签证联系单》由项目部审核后报代建单位分管领导审批，审批时限为 7 个工作日。

③ 工程签证费用估算在 50 万元以上，100 万元（不含 100 万元）以下的，《签证联系单》由代建单位分管领导审核后报代建单位主要领导审批，审批时限为 10 个工作日。

④ 工程签证费用估算在 100 万元及以上的，《签证联系单》由代建单位分管领导、主要领导审核后，提交党组会研究决定。

《签证联系单》的审批权限，由项目部在《签证联系单》中勾选相关选项。

4. 如果签证事件持续进行，施工单位须按监理单位要求的时间间隔（以七天为间隔），向监理单位提交有关此项签证事件详细进展的签证联系单。

5. 施工单位必须在《签证联系单》经代建单位审批同意后方可实施，但对于影响工程进度或施工安全的紧急事件在征得监理单位和代建单位项目部口头同意后即可实施。

（三）《签证工程量确认表》《签证费用审批表》的申请与审批流程

1. 工程签证工作内容完成后 3 个工作日内，施工单位可同步申报《签证工程量确认表》和《签证费用审批表》，均为一式四份。

2.《签证工程量确认表》是在《签证联系单》相关工作内容完成后，对签证工程量进行核实确认的凭证。《签证工程量确认表》应附详细的工程量计算书（必要时附计算简图）、经代建单位批复的《签证联系单》及其他支持材料。

3.《签证费用审批表》是对经代建单位项目部审批确认的签证工程量进行计价，明确签证费用的凭证。施工单位申报《签证费用审批表》时应附详细的签证费用计算书，所采用单价的计算依据和经审核的《签证工程量确认表》、经批复的《签证联系单》及相应的支持材料。

4.监理单位应跟踪签证事件的全过程，及时检查签证工作内容的完成情况；对《签证工程量确认表》中的工程量应认真、严格地审核，明确拆除的工程材料是否可回收利用、不能回收利用材料残值率、绿化工程养护期、拆除废弃物（建筑垃圾）弃运距离等信息，有回收使用价值的材料设备应提出具体处理意见；对《签证费用审批表》应出具明确审核意见。监理单位审核时限为3个工作日。

5.代建单位项目部在收到监理单位报送的《签证工程量确认表》后应及时对现场情况进行检查，对相关文件进行审批。

6.《签证工程量确认表》《签证费用审批表》审批权限规定如下：

① 工程签证费用在10万元以内（不含10万元）：由项目部审批后发往监理、施工单位，审批时限为5个工作日。

② 工程签证费用在10万元至50万元以内（不含50万元）：需上报代建单位分管领导审批后由项目部发往监理、施工单位，审批时限为7个工作日。

③ 工程签证费用在50万元以上：需上报代建单位分管领导审核、代建单位主要领导审批后由项目部发往监理、施工单位，审批时限为10个工作日。

《签证费用审批表》的审批权限，由项目部在《签证费用审批表》中勾选相关选项。

五、工程签证资料规定

（一）工程签证事项在符合合同及招标文件相关规定、经代建单位确认成立时，施工单位须按本办法的规定提供签证资料，所提供的资料应能够相互解释、不存在分歧。

（二）施工单位在报送《签证费用审批表》时，其资料应列明清单目录并按如下顺序装订成册，所提供资料均需按顺序编制页码，一式四份：

1.《签证费用审批表》。包括：工程签证费用计算说明及计算过程、换算/合同外新增项目综合单价分析表、乙供材料/设备定价资料等支持工程签证费用计算的资料。

2.《签证工程量确认表》及支持材料（已审批的原件）：经监理单位及代建单位确认的反映原始地形地貌测量记录，已审批的施工方案，现场照片，试验资料、地质勘察资料及施工记录等。

3.设计变更或《签证联系单》及支持材料（已审批的原件）。

4.提供经监理单位及代建单位确认的与签证事项是否成立的有关支持资料。包括：设计变更、施工图纸、有关会议纪要、代建单位文件、监理签证联系单、监理指令等。

（三）发生以下工程签证时，其签证支持材料还需满足相应规定：

1.土石方工程

所有涉及土石方工程签证须提供经监理单位、代建单位确认的签证事件发生前及结束时方格网图或纵横断面图（路基土方）或基坑断面图（基坑土方）；图上应标注土质成分和实际的土石分界线。

2. 发生不可抗力事件

须提供国家或地方主管部门发布的资料，并且有相关资料证明该灾害影响到工程的顺利实施，或者影响工程质量需要返工或部分废弃。

3. 设计变更引起的签证

① 因设计变更造成的废弃工程，应提供经监理单位、代建单位项目部对已按图施工又需拆除或迁改的签证工程量确认表，同时应附拆除或迁改的照片，照片内容应能够反映时间、拆改部位。

② 提供设计变更前及变更后的施工图纸或设计变更单（对局部复印图纸无签章或签章不全时，须经监理单位、代建单位项目部确认后盖章），并在变更前的施工图上标明拆除或迁改的部位。

③ 对废弃工程中有使用价值的材料设备，监理单位及代建单位项目部应提出具体处理意见。

4. 业主指令的临时工程（作）量

① 当发生实物量工程（作）量时，有业主下发图纸的需附图纸；无图的由施工单位绘图，经监理单位、代建单位项目部对图纸进行确认。依据图纸计算工程（作）量，无法按图计算的，由施工单位、监理单位、代建单位项目部现场测量确定。

② 当发生计日工、机械台班时，必须经监理单位、代建单位项目部一日一签（签认周期可由项目部根据实际情况调整），同时应提供计日工人员身份证复印件和机械设备照片。

5. 停工

① 省市人民政府、上级主管部门、代建单位下发的停工指令。

② 提供停工期间施工现场留守人员的身份证复印件，停滞的大型机械设备照片（起重机、塔式起重机、挖掘机等）；同时提供经监理单位、代建单位项目部的签认资料。

（四）工程签证资料其他规定

1. 因工程签证而发生的合同外换算/新增项目综合单价及乙供材料/设备定价时，须提供合同外换算/新增项目综合单价及乙供材料/设备定价的支持材料，资料要求按相应规定。

2. 工程签证资料在提供纸质材料的同时须提供相关电子文档。

3. 工程签证资料在代建单位各部门的流转均由项目部跟踪负责。

附 1.3.2　代建单位设计变更管理办法

《代建单位设计变更管理办法》

第一章　总则

一、为规范管理，严格设计变更管理，明确设计变更的分类、程序、审批的管理，特制定本办法。

二、本管理办法适用于代建单位所管理的工程项目（含 EPC 项目）。

三、严格控制建设项目工程设计变更。建设项目实施中确需变更的，应遵循先审批、后变更及先变更、后施工的原则。未经审批的任何设计变更文件不得下发，更不能用作工程施工依据和竣工结算依据。

四、设计变更应经深入研究并充分论证，充分体现实事求是、节约投资的原则。工程总预算不得超出批复概算建安工程费总额，不得影响总体工程进度要求。

五、代建单位项目部（以下简称"项目部"）是设计变更归口管理部门；代建单位负责本管理办法的条文解释。

第二章　术语

一、施工图

施工图是设计阶段的最终设计成果，是进行工程施工、预算编制和材料（设备）采购等的依据，是进行项目技术管理的重要技术文件。未涉及设计变更内容的图纸会审记录为施工图的组成部分，涉及工程量变化、费用增减等，必须转化为设计变更通知单形式作为工程竣工结算的依据。代建单位正式施工图纸统一加盖代建单位图纸专用章。

二、设计变更

（一）设计变更的定义

设计变更是指在施工招标及材料（设备）采购完成，且中标施工单位进场之后的工程实施阶段，设计单位对已经核对审定，并下发中标施工单位的施工图纸及相关设计文件的修改、完善及优化。包括但不限于设计内容、设计标准的修改、工程量的增减以及设计错、漏、碰问题的完善。

包括以下两种情况：

1. 由代建单位及项目业主单位发文要求的设计修改，纳入设计变更范畴。

2. 对施工图设计文件中涉及工程量变化、造价变化的错、漏、碰，纳入设计变更范畴。

（二）设计变更分类

设计变更分为重大设计变更及一般设计变更两大类。

1. 重大设计变更

有下列情形之一的属于重大设计变更：

（1）工程建设过程中，在工程的建设规模、设计标准、总体布局、主要建筑物结构形式、重要机电设备以及重大技术问题的处理等方面，对工期、安全、投资产生重大影响的设计变更。

（2）需重新报批报建，以及涉及人防调整、环评验收等报验的设计调整。

2. 一般设计变更

一般设计变更是指除重大设计变更以外的其他设计变更。根据设计变更造价增减分为三类：

（1）Ⅰ类设计变更：设计变更一次性增减单项工程估算 50 万元以上（含 50 万元）。

（2）Ⅱ类设计变更：设计变更一次性增减单项工程估算 10 万以上（不含 10 万元），50 万元以下。

（3）Ⅲ类设计变更：分为两种：①设计变更一次性增减单项工程估算 1 万以上（不含 1 万元），10 万以下（含 10 万元）；②设计变更一次性增减单项工程估算 1 万元以下（含 1 万元）的零星设计变更。

三、设计变更的增减估算

设计变更的增减估算包括设计变更的总增减估算及设计变更的各专业增减估算。设计变更的总增减估算是指设计变更所包含的所有专业的增减估算的总和。

四、设计变更依据

（一）定义

设计单位编制及提交涉及工程费用增减的设计变更依据性文件。

（二）依据的范围

设计变更的依据：一是政府相关主管部门新颁布的相关规范规定及项目报建、报验审查过程中的批复意见；二是代建单位发文（含项目业主发文）；三是图纸会审记录（涉及费用增减、变化等内容）；四是经建设单位同意的工作联系单等。

（三）根据 EPC 项目有关合同约定，因承包人原因引起的不涉及费用变化的设计变更应在设计变更通知单和设计变更审批表上注明设计变更只作为竣工资料编制的依据，不作为计量计价和结算的支持材料，经代建单位同意后报代建单位备案并统一加盖图纸备案审核章。

第三章　设计变更的组织实施

一、设计变更的审批流程

（一）重大设计变更审批

经过组织专题论证合理后，连同论证报告或评审意见方可报送审批。此类设计变更由项目部根据变更原因及内容签署意见后，报代建单位分管领导审核、代建单位主要领导审批，其中涉及一次性增减单项工程估算金额 100 万元及以上的变更事项，需提交党组会研究决定。审批后加盖代建单位公章和图纸专用章，完成整个审批流程。

1. 涉及相关主管部门已批复内容的改变，对口业务部门必须经代建单位审批同意该事项后，报相关主管部门审查，取得正式批复后，方可进行该内容设计变更的发起、审批，待审批完成报送项目业主单位备案，由项目业主单位向上级主管部门申报。

2. 由项目业主单位及代建单位发起的重大设计变更，应由代建单位和项目业主单位按照建设管理协议（或职责分工有关约定）的规定，共同确定后方可实施。

（二）一般设计变更审批

1. Ⅰ类设计变更：经施工图审查单位审查确认后，由项目部根据变更原因及内容进行审查，报代建单位分管领导审核、代建单位主要领导审批，其中涉及一次性增减单项工程估算金额 100 万元及以上的变更事项，需提交党组会研究决定。审批后加盖代建单位图纸专用章，完成整个审批流程。对于达到规定必须公开招标金额的变更（含重大变更及一般变更），以及设计变更累计金额突破合同约定暂列金额的报审流程，由项目部根据市政府及主管部门的相关规定执行。

2. Ⅱ类设计变更：经施工图审查单位审查确认后，由代建单位分管领导审核签署后，加盖代建单位图纸专用章，完成整个审批流程。

3. Ⅲ类设计变更：对于①：设计变更一次性增减单项工程估算 1 万元以上（不含 1 万元），10 万元以下的设计变更，经施工图审查单位审查确认后，由代建单位项目部部门负责人审核签署后，加盖代建单位图纸专用章，完成整个审批流程。对于②：设计变更一次性增减单项工程估算 1 万元以下（含 1 万元）的零星设计变更，仅对局部地方进行修改的Ⅲ类零星设计变更，经施工图审查单位审查确认后，可直接由设计单位按附件 3，批量呈报项目部审批后并加盖代建单位图纸专用章，完成整个审批流程。项目部现场确认后即可实施，作为后续办理变更的依据，变更手续可后补充完善。

二、设计变更编写及工作要求

（一）设计变更的编制要求

设计变更包括《设计变更审批表》、设计变更依据文件、设计变更增减估算、设计变更通知单、设计变更图纸及设计变更电子文件（含通知单、附图及估算）。

1.《设计变更审批表》的填写要求

单个专业设计变更，须填写《设计变更审批表》（编号统一为"设变-××专业-001"格式）。

2. 设计变更依据及其他支持性资料文件（含估算）的提交份数均为 2 份。

3. 设计变更图纸的编制要求

对原施工图进行大量修改（修改量大于图幅1/3），并与原施工图图幅表达内容及形式一致时，应在原施工图中空白位置加"设变-××专业-××变更附图1"，依此类推，并且必须准确填写出图日期。变更图纸上的修改部分和内容（图形和文字）应用特殊可明显区分的线框圈出，并应在图纸上加注"原设计图纸相应部分作废"（如原 J-1 相应部分作废），及云图补充说明"修改的主要内容"。

（二）设计变更管理的工作要求

1. 凡由于设计单位设计失误、设计缺漏的，设计单位应在总投资控制指标内进行设计变更。而由此引起实际发生的建安工程费增加的，由设计单位按设计合同约定承担相应设计责任及违约责任。

2. 审批完成的设计变更（包含依据及其他支持性资料文件和设计变更增减估算材料等），由项目部及档案管理代建单位各存档 1 份。

3. 设计变更提交要求及份数

《设计变更通知单》作为设计变更图的总说明，必须详细说明每张附图及附图对原施工图修改的部位和内容，一表一专业，设计单位应分专业填写《设计变更通知单》（编号同审批表）。

《设计变更通知单》份数按照设计合同中约定的施工图份数提交（打印格式，不得手写及涂改），并加盖设计单位正式出图章、相关注册师章、施工图审查单位审查章及代建单位图纸专用章。

附件 1　设计变更审批流程图

附件 2　设计变更审批表

附件 3　零星设计变更审批表

附件 4　设计变更通知单

附件1

设计变更审批流程图

（注："——►"表示文件流向，"---►"表示文件发放或归档。）

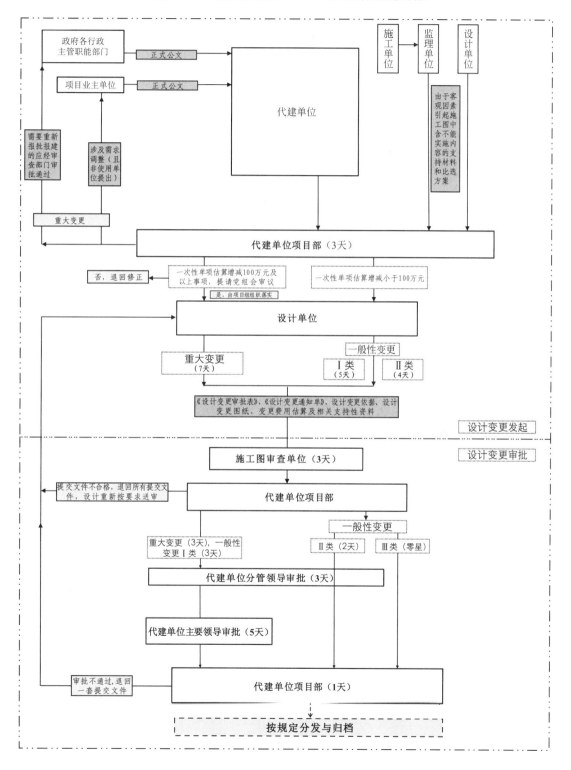

附件 2

设计变更审批表（正面）

项目名称：

编号：设变-××专业-000

<table>
<tr>
<td rowspan="2">设计单位意见</td>
<td>
1. 原设计情况：(具体图纸编号、部位、原来设计的具体说明)
牵涉原来施工图纸编号或变更号是：_____；原来设计情况具体为：
2. 设计变更原因：□设计失误、漏缺/□客观不可实施/□项目业主需求和效果完善 /□其他_____；
设计变更的具体原因说明：
3. 设计变更依据：□代建单位发文 /□报审批复 /□经建设单位同意的工作联系单/□图纸会审记录
依据文件号(或名称)_____；
4. 设计变更内容(请分项列出，具体说明。可以另加附件，附件需签名和盖章)：
5. 影响：□是/□否　形成变更包；所附设计变更通知单编号是：_____；
□是/□否需重新报建，所涉及的报建批复文件号是_____；
新增设计内容 □是 /□否属原设计合同范围。
6. 造价增减(附上依据文件并附造价增减明细表，应含废弃工程)，提交数据为：□估算
造价增减：合计□增加/ □减少_____，占原设计建安工程费总造价_____%；
设计变更包中，单个专业造价变化最大值情况：_____专业，□增加/ □减少_____；
7. 设计变更的送审分类： □重大设计变更　一般性设计变更：□Ⅰ类　□Ⅱ类　□Ⅲ类
8.□只作为竣工资料编制依据，不作为计量计价和结算的支持材料(供建设单位备案)
</td>
</tr>
<tr>
<td>
专业负责人签字：
项目总负责人签字(盖章)：　　　　　　　　　　　　　20　　年　　月　　日
</td>
</tr>
<tr>
<td>施工图审查单位审核意见</td>
<td>
1. 设计变更技术审核意见：
专业负责人签字：
2.变更造价审核意见：
造价负责人签字：
3.□是/□否　同意变更。　　　　　　　单位(盖章)：　　　20　　年　　月　　日
</td>
</tr>
<tr>
<td rowspan="3">代建单位</td>
<td>项目部</td>
<td>
函至政府主管部门:□是/□否;　　　送项目业主单位审核:□是/□否

经办人签字：　　　　　　部门负责人签字(盖章)：　　　20　　年　　月　　日
</td>
</tr>
<tr>
<td>代建单位分管领导审核意见</td>
<td>代建单位分管领导签字：　　　　　　　　　　　20　　年　　月　　日</td>
</tr>
<tr>
<td>代建单位主要领导审批意见</td>
<td>代建单位主要领导签字(盖章)：　　　　　　　　20　　年　　月　　日</td>
</tr>
</table>

设计变更审批表（背面）

详细审核意见 补充栏	
项目业主单 位审核意见	项目业主单位 签字(盖章)： 20 年 月 日

注：1. 本表由设计单位填写，在所选类别的"□"中画"/"。表的编号格式：当单个专业进行变更时采用"设变
××专业-001"。

2. 若有附件，附件会签、盖章和份数要求同本表正件。

3. 本表正件一式二份。审批后原件提交代建单位项目部、档案管理代建单位进行归档。

附件 3

零星设计变更审批表

项目名称：　　　　　　　　　　　　　　　　　　　　　　　　　　　共　　页，第　　页

设变-××专业-000

设计变更原因	
变更内容：	

设计单位（公章）

项目总负责人		修改专业负责人	
设计		校对		审核		审定	

施工图审查单位（公章）

技术审核：	造价审核：	项目负责人

经办人：	部门负责人：

附件 4

设计变更通知单

项目名称：　　　　　　　　　　　　　　　　　　　　　　　　　共　　页，第　　页

建设单位		编号	设变-××专业-000
设计单位		业务号	
设计变更原因			

变更内容：

项目总负责人		修改专业负责人	
设计		校对	审核		审定	

专业会签	该修改与(□建筑/□结构/□水/□强电/□弱电/□暖通/□装修/□园林/□市政/□其他)专业有关 建筑_____结构_____水_____强电_____弱电_____暖通 装修_____园林_____市政_____（其他） 　　　　　　　　　　　　　　　　　　　　日期：　年　月　日

注：1. 本表由设计单位分专业填写，一表一专业，审批通过后，作为现场设计变更依据。
　　2. 本表份数同合同中施工图份数，分发与归档同施工图纸。

189

附1.3.3　代建单位第三方检测（监测）及白蚁防治服务单位库管理办法

《代建单位第三方检测（监测）及白蚁防治服务单位库管理办法》

一、总则

为加强代建单位在建工程消防设施、防雷、人防面积测绘、建筑幕墙工程、建筑设备及弱电系统、园林绿化类、市政路桥、环保监测、地基与基础工程、工程材料、构配件、建筑节能工程、主体结构工程、室内环境工程、钢结构工程及白蚁防治（以下统称"第三方服务"）库内单位的管理，顺利推进各项工作，结合代建单位工程建设项目管理的实际情况，制定本办法。

二、相关部门职责

（一）项目部职责

项目部是工程项目第三方服务工作的具体策划和组织实施部门，对工程项目第三方服务工作实施全过程管理。

1. 负责对本部门所承担工程项目的第三方服务工作进行总体策划。

2. 确定所承担工程项目需开展第三方服务的工作内容、服务的时间计划，审核服务费用，提出标段划分及第三方服务单位产生方式的具体意见，报代建单位领导审批。

3. 负责第三方服务单位的现场管理、协调及合同履约管理工作。

4. 配合合同部签订第三方服务合同，负责第三方服务报告的整理归档。

5. 审核第三方服务工作方案、进度款支付申请。

6. 负责对第三方服务单位所承接的各项目进行服务质量考评，并建立考评台账。

（二）质量管理部职责

质量管理部是代建单位第三方服务管理的职能部门，职责如下：

1. 负责收集、整理并下发国家、省、市有关第三方服务工作的相关文件。

2. 对项目部提出的服务标段划分及第三方服务单位产生方式提出意见。

3. 负责按程序组织代建单位各第三方服务单位的摇珠抽取工作，建立第三方服务单位承接业务情况台账。

4. 组织相关职能部门开展第三方服务库内单位的年度综合考评工作。

5. 负责组织提出建库需求。

（三）合同部职责

合同部是第三方服务单位库建立、询价、合同签订的组织部门，职责如下：

1. 负责代建单位第三方服务单位库的建库工作。

2. 对项目部提出的服务标段划分及第三方服务单位产生方式提出意见。

3. 组织询价、签订第三方服务合同，明确双方权利、义务等。

（四）纪检室职责

1. 监督检查第三方服务单位库建库、抽选、考核、更新等的流程。

2. 负责受理对执行部门人员在第三方服务工作实施管理过程中违纪违法行为的投诉。

三、第三方服务单位库及服务单位的产生方式

（一）第三方服务单位库的产生方式

1. 定期建立代建单位第三方服务单位库。通过公开方式选定代建单位第三方服务单位库的入库单位，建库周期原则上为2年，入库单位数量原则上为8～15家。同一服务单位可入选第三方服务单位库内不同服务项目，可以连选连任。

2. 任期届满或者其他原因导致第三方服务单位库内家数不能满足要求时，经代建单位研究确定后方可进行公开补选。

（二）第三方服务单位的产生方式

1. 基本原则：在第三方服务单位库内，以摇珠方式随机确定各服务项目的服务单位，摇珠细则详见附件。

2. 原则上库内有效的各服务单位具备同等摇珠资格，均可参与所有招标项目的摇珠（本条款第 3 点情形除外）。

3. 对于服务费用超过 50 万元且未达到公开招标额度的，经审批可以采用询价方式产生服务单位。

4. 通过摇珠产生上述某一类别的第三方服务单位后，若该单位在实施过程中发生违约行为，代建单位有权取消其未实施的第三方服务项目资格，并另行摇珠产生第三方服务单位。

四、第三方服务单位库内摇珠确定工作程序

项目部根据工程项目的需求，确定服务项目工作内容，审核服务费用，提出标段划分及第三方服务单位产生方式（摇珠）建议，报合同部、安全部会签后上报代建单位领导审批。安全部依据代建单位领导审批意见，开展第三方服务单位摇珠工作，并根据摇珠结果确定中选单位，报代建单位领导审批；合同部根据代建单位领导批示与第三方服务单位签订合同。

五、第三方服务单位年度综合考评

（一）年度综合考评评分采用百分制：由项目部负责考评。如某一第三方服务单位在某一服务项目中承接多个工程项目，则该第三方服务单位年度考评分为各工程项目得分汇总后的平均分。

（二）年度综合考评周期为第三方服务单位入库周期始计每满一周年一次，考评工作在入库周期始计满一年前的 15 个日历天内完成。

（三）年度综合考评流程：质量管理部下发年度综合考评通知→质量管理部、项目部进行打分汇总→报代建单位招标领导小组工作会议最终审定。

（四）第三方服务单位年度综合考评结果在代建单位对外网站公示，公示期为 5 天。

（五）第三方服务单位对考评结果有异议的，应在公示期内向代建单位纪检室反映。经纪检室调查后发现确有错误的，应及时予以修正。

六、第三方服务单位的违约处罚

（一）第三方服务单位收到摇珠会议通知后，应派代表准时出席会议参与摇珠，缺席或迟到的单位视为自动放弃摇珠机会。无正当理由放弃摇珠一次，暂停一次摇珠资格；无正当理由放弃摇珠二次，暂停一个月摇珠资格；无正当理由放弃摇珠三次，暂停三个月摇珠资格；累计三次以上暂停一年摇珠资格。

（二）第三方服务单位未经代建单位批准同意而拒绝承接摇珠中签的服务项目的，直接清除出第三方服务单位库。

（三）第三方服务单位履行合同过程中，受到参建单位投诉经核实的，或因服务质量受到代建单位书面处罚的，暂停一个月摇珠资格。

（四）对考评不合格的单位，代建单位有权作出如下处理：

1. 年度考评评分少于 70 分（不含）的服务单位，取消其参加第二年库内摇珠资格。

2. 连续两年年度考评评分少于 70 分（不含）的服务单位，取消其参与代建单位下一周期的入库资格。

（五）有下列情形之一的，一经发现一律清除出代建单位所有第三方服务单位库。

1. 入库时，在企业资质、业绩、奖惩情况、从业人员等方面弄虚作假、挂靠、提供不实信息资料的。

2. 违反有关法律、法规，被司法机关、行政监督等部门或行业自律组织处罚或处理的。

3. 在开展服务业务过程中，串通违规操作、出具的服务报告或服务结论严重失实、弄虚作假、提供虚假报告的。

4. 取得代建单位委托的服务业务后，放弃中标资格的。

5. 取得代建单位委托的相关服务业务后，转包或分包给其他服务单位的。

6. 有其他违法违规行为的。

附件

代建单位服务项目摇珠细则

第一章　总则

第一条　为规范代建单位随机方式产生服务单位的摇珠程序，特制定本细则。

第二条　本细则适用范围：代建单位各类需通过随机方式产生服务单位的项目，包括但不限于：前期咨询服务项目、招标代理服务项目、造价咨询服务项目、工程检测及监测服务项目、小型监理项目等。

第三条　摇珠活动应当遵循公开、公平、公正和诚实信用的原则，采用监控录像或拍照方式记录摇珠全过程。

第二章　参与摇珠人员要求

第四条　各服务单位在收到摇珠会议通知后，应派出代表准时出席摇珠会议。出席人员统一签署《摇珠会议签到表》，该表需记录当批所有摇珠项目的名称、签到时间，迟到或未到视为放弃摇珠资格；如摇珠单位需放弃部分摇珠资格的，应在摇珠会议开始前递交书面放弃函，工作人员据实做好记录。

第五条　代建单位摇珠主办部门负责派出工作人员主持摇珠会议，工作人员应为两人或以上。

第三章　摇珠程序

第六条　摇珠顺序：每次摇珠会议所包含的摇珠项目，原则上不得兼中（具体以经代建单位审批的摇珠请示为准），并按项目暂估金额大小顺序分别进行摇取。每个摇珠项目应保证不低于三家具备摇珠资格的单位参与。

第七条　各项目摇珠流程：

① 具备摇珠资格的单位代表在各项目《摇珠记录表》中签到（单位简称），按签到单位总数确定摇珠代号球。

② 第一轮：将所有代号球放入不可透视的摇珠箱中，各单位代表按签到顺序依次抽出一个代号球，该代号球球号即为其在第二轮及第三轮摇珠球号。

③ 第二轮：由第一轮抽到球号为"1"的单位代表上前抽出 1 个代号球，该代号球对应的单位代表将作为第三轮抽取中珠单位的代表。

④ 第三轮：将所有代号球再次放入不可透视的摇珠箱中，由第二轮抽出的单位代表从中抽取出 1 个代号球，该代号球球号对应的单位即为中珠单位。

⑤ 代建单位各摇珠主办部门工作人员如实记录摇珠数据，并由所有参加摇珠的单位代表及工作人员共同签字确认。

第四章　附则

第八条　代建单位各摇珠主办部门负责将摇珠结果呈报代建单位领导审批确定各项目的中珠单位。

第九条　摇珠记录表由代建单位各摇珠主办部门负责存档备查。

第十条　摇珠监控录像或拍照资料由代建单位办公室组织人事部统一存档。

第十一条　本细则自发布之日起实施。如本细则与代建单位其他已颁布的管理办法相冲突，以本细则为准。

第十二条　本细则由代建单位组织实施并负责解释。

附 1.4 工程项目管理竣工制度文件

《工程竣工技术资料管理办法及编制指南》

1 总则

为加强建设工程竣工技术资料管理，确保工程竣工技术资料的真实、完整，并符合国家有关工程竣工技术资料管理规定，达到国家建设行政主管部门及有关部门的要求，实现工程质量管理和合同管理的目标，结合代建单位的工程实际情况，特制订本办法及编制指南。

2 工程竣工技术资料质量管理主要依据

2.1 《广东省房屋建筑工程竣工验收技术资料统一用表》（2016 版）

2.2 《广东省市政基础设施工程竣工验收技术资料统一用表》（2019 版）

2.3 广州市住房和城乡建设局关于印发《广州市房屋建筑和市政基础设施工程竣工联合验收工作方案（4.0）的通知》（穗建质〔2020〕446 号）

2.4 《建筑工程质量中间验收监督管理规定》（穗建监字〔2009〕64 号）

2.5 《水利水电工程施工质量评定表填表说明与示例（试行）》的通知（办建管〔2002〕182 号）

2.6 《水利部关于印发水利工程建设项目档案管理规定的通知》（水办〔2021〕200 号）

2.7 《广东省水利工程质量对比检测实施小法（试行）》（粤水质监〔2009〕31 号）

3 工程竣工技术资料管理范围

3.1 建筑工程竣工技术资料包括土建工程、建筑设备安装工程、室外工程和建筑节能工程等资料。

3.1.1 土建工程竣工技术资料包括地基与基础分部、主体结构分部、装修装饰分部、屋面分部资料。

3.1.2 建筑设备安装工程竣工技术资料包括建筑给水排水及采暖分部、建筑电气分部、智能建筑分部、通风与空调分部、电梯分部等资料。

3.1.3 室外工程竣工技术资料包括室外建筑环境单位工程和室外安装工程资料。

3.1.3.1 室外建筑环境单位工程竣工技术资料包括附属建筑子单位工程中的车棚、围墙、大门、挡土墙、垃圾收集站等工程竣工技术资料；室外环境中的建筑小品、道路、亭台、连廊、花坛、场坪绿化工程等资料。

3.1.3.2 室外安装单位工程竣工技术资料包括给水排水与采暖子单位工程中的室外给水系统、室外排水系统、室外供热系统等资料；电气子单位工程中的室外供电系统和室外照明系统工程等资料。

3.1.4 建筑节能工程竣工技术资料包括墙体、幕墙、门窗、屋面、地面、采暖、通风与空调、空调与采暖系统冷热源及管网、配电与照明、监测与控制工程等节能工程资料。

3.2 市政基础设施工程竣工技术资料包括市政道路工程、市政桥梁工程、市政桥梁的钢结构工程、综合管沟工程、河涌工程、水闸工程、堤坝工程、市政公路桥涵工程、给水排水工程和电气工程等资料。

3.3 绿化工程竣工技术资料包括栽植基础、植物材料、栽植工程和养护管理等资料。

3.4 水利水电工程包括枢纽工程、渠道工程和堤防工程等资料。

4 工程竣工技术资料主要内容

4.1 建筑工程竣工技术资料主要内容：

4.1.1 建筑工程法定建设程序必备文件。

4.1.2 综合管理资料。

4.1.3 工程质量控制资料：包括验收资料、施工技术管理资料、产品质量证明文件、检验报告、施工记录等。

4.1.4 工程安全和功能检验资料及主要功能抽查记录。

4.1.5 检验批质量验收记录。

4.1.6 竣工验收文件。

4.1.7 施工日志。

4.1.8 有关声像图片等电子档案。

4.1.9 竣工图。

4.2 市政基础设施工程竣工技术资料主要内容：

4.2.1 工程准备阶段文件。

4.2.2 施工组织管理记录。

4.2.3 产品质量证明文件。

4.2.4 试验与检验报告。

4.2.5 施工记录。

4.2.6 质量检查记录。

4.2.7 竣工验收文件。

4.2.8 施工日志。

4.2.9 有关声像图片等电子档案。

4.2.10 竣工图。

4.3 绿化工程竣工技术资料主要内容：

4.3.1 绿化工程法定建设程序必备文件。

4.3.2 验收资料。

4.3.3 施工技术管理资料。

4.3.4 植物材料质量证明文件。

4.3.5 检验报告。

4.3.6 施工记录。

4.3.7 工程质量检验评定资料。

4.3.8 施工日志。

4.3.9 有关声像图片等电子档案。

4.3.10 竣工图。

4.4 水利水电工程竣工技术资料主要内容：

4.4.1 工程建设前期工作文件材料。

4.4.2 工程建设管理文件材料。

4.4.3 施工文件材料。

4.4.4　工艺、设备材料（含国外引进设备材料）文件材料。

4.4.5　科研项目文件材料。

4.4.6　生产技术准备、试生产文件材料。

4.4.7　器材管理文件材料。

4.4.8　竣工验收文件材料。

4.4.9　施工日志。

4.4.10　有关声像图片等电子档案。

4.4.11　竣工图。

5　工程竣工技术资料编制质量要求及编制组原则

5.1　工程竣工技术资料编制质量要求

5.1.1　工程竣工技术资料必须完整、真实、准确并与工程实际相符。资料的内容及其深度必须符合现行国家及地方有关勘察、设计、施工、监理等方面的施工质量技术管理法律、法规及其工程建设强制性标准等规定，以及代建单位制定的有关管理规定和签订的各类合同等有关文件。

5.1.2　建筑工程竣工技术资料，必须符合广东省建设工程质量安全监督检测总站主编的2016年版《广东省房屋建筑工程竣工验收技术资料统一用表》的规定、必须符合广州地区建设工程质量安全监督站和广州市城市建设档案馆主编的2012年版《建筑工程施工技术资料编制指南》及2004年版《广州市建筑工程档案编制指南》的规定。

5.1.3　市政基础设施工程竣工技术资料，必须符合广东省市政协会主编的2019年版《广东省市政基础设施工程施工质量技术资料统一用表》及广州城市建设档案馆主编的2009年版《广州市市政基础设施工程档案编制指南》的规定。

5.1.4　绿化工程竣工技术资料，必须符合广州园林绿化工程质量（安全）监督和竣工验收备案管理文件汇编、广州园林绿化工程施工技术资料收集整理一般规定。

5.1.5　水利水电工程竣工技术资料必须符合广州市水利工程建设项目档案接收内容组卷移交暂行规定。

5.2　工程竣工技术资料编制组卷原则

5.2.1　工程竣工验收技术资料编制组卷应遵循工程文件材料自然形成规律，保持卷内文件内容之间的系统联系，便于档案的保管和利用。

5.2.2　建筑工程应按单位（子单位）工程和分部工程技术资料档案组卷，包括工程准备阶段文件、建筑工程综合管理资料、地基与基础工程、主体结构工程、建筑装修装饰工程、建筑屋面工程、建筑节能工程、建筑设备安装工程综合管理资料、建筑给水排水及采暖工程、建筑电气工程、通风与空调工程、智能建筑工程、电梯安装工程、竣工验收文件、电子档案和竣工图等。

5.2.3　其中单位（子单位）工程按分部工程和要求办理中间验收的子分部工程（如桩基础工程、地下结构工程、幕墙工程、钢结构工程、钢筋混凝土主体工程及建筑节能工程等）应独立组卷。

5.2.4　市政基础设施工程按市政道路工程、市政桥梁工程、市政桥梁的钢结构工程、综合管沟工程、河涌工程、水闸工程、堤坝工程、市政公路桥涵工程、市政给水排水工程、市政电气工程组卷，包括工程准备阶段文件、施工组织管理记录、产品质量证明文件、试验与检验报告、施工记录、质量检查记录、竣工验收文件、电子档案和竣工图等。

5.2.5　绿化工程以单位、(子单位)工程按分项工程和要求办理中间验收的子分项工程独立组卷，一般分为总目录、基本工程建设程序必备文件、综合管理资料、验收记录、施工技术管理资料、植物材料质量证明文件、检验报告、施工记录、工程质量检验评定资料、施工管理文件、竣工图和电子档案等。

5.2.6　水利水电工程按单位工程、分部工程和单元工程组卷，一般分为基本工程建设程序必备文件、单位工程质量评定、单元工程质量评定、中间产品、工程施工记录、验收签证及测量资料、单元工序验收资料、施工日志、竣工图和声像材料等。

6　工程竣工技术资料管理基本规定

6.1　凡是在建设工程中从事建筑工程活动的有关责任主体单位(包括设计、施工、监理和检测单位)均应具备相关主管部门认可的相应资质，严格审查把关，制止不具备资质条件的单位参与建筑工程活动。

6.2　施工单位必须切实对监理单位或代建单位在检查中指出的技术资料质量问题逐项作出整改，确保工程竣工技术资料符合验收规定。

6.3　总包施工单位为工程竣工技术资料管理的归口单位，负责对各分包单位的资料进行管理、核对及汇总，以确保工程竣工技术资料达到全面系统地反映施工项目全过程的技术水平和质量状况，确保工程竣工技术资料完全符合验收规定。

6.4　监理单位指派总监理工程师负责组织专业监理工程师对施工单位的工程竣工技术资料进行审查，及时指出工程竣工技术资料中存在的问题，跟踪验证整改情况。房建工程的检验批、分项、分部工程、隐蔽工程、建筑节能工程验收、规划验收、消防验收、环保验收、室内环境验收、卫生防疫验收、燃气验收及档案验收等专项验收竣工技术资料，必须有驻施工现场的总监理工程师的复核签字确认，以确保工程竣工技术资料完全符合验收规定。

7　工程竣工技术资料管理检查评价

代建单位将定期或不定期地依据《工程竣工技术资料检查表》进行检查。受检单位要先行自检，监理单位负责督促并跟进复核。对每项检查内容以"符合、基本符合、不符合"三个档次作评价结论。其中"符合"指该工程资料项目齐全、记录准确、完整真实；"基本符合"指该工程资料项目基本齐全，达到要求，个别资料需要整改补充并整改迅速；"不符合"指该工程资料缺项、不全，出现错、漏、乱。

对单位(子单位)工程或分部(子分部)工程资料则以"合格、不合格"两个档次作评价结论。

8　工程竣工技术资料管理奖励处罚

对于工程竣工技术资料管理奖励与处罚，按照合同约定执行。

附录 2 工程项目管理表单样例表

表单 1 施工单位履行质量责任违规行为处理通知单

工程名称:

单位名称:

施工单位（代表）签名:

检查人签名: 　　　　　　　　　　　　　　　　　　　　　　　年　　月　　日

序号	检查内容	符合 √选	不符合 √选	违规罚金(元) √选	备注
1	建立健全工程项目质量管理体系,按合同约定明确项目的负责人、技术负责人、施工管理负责人以及配备相应数量职业技术人员				
2	建立项目质量岗位责任制,质量员、材料员及施工管理人员持证上岗并做好继续教育				
3	按规定组织编制施工组织设计或制定质量控制技术措施				
4	按照工程设计图纸和施工质量技术规范及标准,未擅自修改设计或降低设计要求				
5	建立工程设计图纸收发文台账,并做好动态管理,有图纸会审和设计交底的相关记录				
6	施工未违反国家、省、市有关工程建设质量强制性标准的要求				
7	采购的建筑材料、商品混凝土、混凝土预制构件、建筑构配件和设备有产品出厂质量合格证明文件(包括产品合格证、产品生产许可证、质量保证书、检验报告等)				
	建筑工程采用的主要材料、半成品、成品、构配件、器具设备向监理单位报验,进行现场验收,并做好相应的验收记录;对于涉及安全、功能的有关材料,按照工程施工质量验收规范相关规定,进行见证取样,有相应的检验报告				
	施工现场未使用不合格的建筑材料、建筑构配件、设备和商品混凝土				

序号	检查内容	符合 √选	不符合 √选	违规罚金(元) √选	备注
8	严格落实工程质量验收制度,施工各阶段按要求组织监理单位进行验收确认,方可进入下一阶段施工				
	检验批、分项、分部验收及隐蔽工程验收记录内容齐全、结论明确、签认手续完整				
9	建立施工质量样板引路管理制度,编制样板引路实施方案				
	现场实施的样板段(样品室)符合预期的效果				
10	单位工程内所涉及的室外墙面、室外大角、散水台阶明沟、滴水线、屋面坡向、屋面细部、室内顶棚、室内墙面、地面楼面、楼梯踏步、厕浴阳台泛水、护栏、玻璃等观感质量符合设计及规范要求				
	主体分部工程内所涉及的梁板柱、内外墙、楼梯踏步、全高大角顺直、檐口腰线、节点构造、钢屋架、网架、压型金属板、变形缝、后浇带等观感质量符合设计及规范要求				
	装饰装修分部工程内所涉及的抹灰、门窗安装、吊顶、轻质隔墙、饰面板、幕墙、涂饰等观感质量符合设计及规范要求				
	基础分部工程内所涉及的混凝土基础、砌体基础、防水、变形缝、后浇带等观感质量符合设计及规范要求				
11	按要求实施工程质量通病防治的相关措施				
12	及时返修施工中出现质量问题的建设工程或者竣工验收不合格的建设工程				
13	对建设行政主管部门、质安监机构、我中心及监理发出的质量整改通知,施工现场定人、定时间、定措施完成整改,并按要求及规定时间做好回复工作				
14	落实本企业本项目制定的质量安全管理规章制度和操作规程,按规定进行定期和专项质量检查或隐患排查治理,建立质量自纠自查管理台账				
15	按要求落实本项目的成品保护管理措施				

表单 2 监理单位履行质量责任违规行为处理通知单

工程名称：

单位名称：

监理单位（代表）签名：

检查人签名： 年 月 日

序号	检查内容	符合 √选	不符合 √选	违规罚金(元) √选	备注
1	建立健全工程项目质量监督管理体系,落实施工现场质量监督管理人员责任				
2	施工现场专业监理及监理员持证上岗并做好继续教育				
3	按规定编制监理规划、监理细则或制定具有针对性的质量监督管理措施				
4	项目总监理工程师或总监代表每周至少进行一次质量专项检查,并做好相应的检查记录;对检查中发现的问题,督促要求施工单位定人、定时间、定措施完成整改				
5	每月按要求向建设单位上报监理月报,月报中认真反馈本月工程项目质量监督管控的工作情况				
6	对于本工程项目质量存在的问题,及时下发监理整改通知或指令,督促施工单位限期内完成整改				
7	认真审查施工单位工程项目质量管理体系,检查本项目质量员等是否符合合同约定要求、工程质量管控是否履职到位				
8	监理单位按规定审查专项施工方案,审查质量技术措施或专项施工方案是否符合工程强制性标准				
9	认真审查施工单位报送的建筑工程材料、构配件、设备等质量证明文件的有效性及规范性				
10	按照工程监理规范的要求,采取旁站、巡视和平行检验等形式,对建设工程质量实施监理,并按要求做好相应的记录				

序号	检查内容	符合 √选	不符合 √选	违规罚金(元) √选	备注
11	按规定认真参加施工过程涉及结构安全和主要使用功能的重要部位、重要环节的隐蔽工程验收,做好相应的记录以及影像资料留底				
12	不定期检查施工单位检验批、分项、分部验收及隐蔽工程验收记录、质量自纠自查台账等各方面的质量管理资料,发现问题及时下发整改通知,督促落实整改				
13	对建设行政主管部门、质安监机构、我中心发出的质量整改通知,监理单位要及时督促施工现场定人、定时间、定措施完成整改,并按要求及规定时间做好回复工作				
14	监理单位的细则、检查记录、月报、日记等资料齐全,内容详实,签字无遗漏				

表单 3　施工单位安全生产责任落实情况检查表

序号	检查内容	符合 √选	不符合 √选	违规罚金(元) √选	备注
1	项目经理、专职安全管理人员取得安全资质证书且人证相符,专职安全管理人员配置数量与合同文件要求相符				
2	项目经理严格落实带班检查制度,专职安全管理人员认真履职进行安全检查并建立自纠自查台账				
3	施工总承包单位签订安全生产管理协议,各分包单位按规定要求配置专职安全管理人员,建立专业分包单位、劳务分包单位的人员履责情况考核机制				
4	施工总承包单位应建立项目经理、现场管理人员和作业工人的实名制信息,落实施工作业人员的三级教育、安全生产培训及每日班前教育,并做好相应资料管理				
5	制定安全施工措施费的使用计划,现场安全费用使用情况与计划相符,收集安全费用票据及相关证明文件,并向监理单位报审				

续表

序号	检查内容	符合 √选	不符合 √选	违规罚金(元) √选	备注
6	施工总承包单位督促各分包单位现场安全防护措施的落实和安全隐患的整改,各分包单位服从总包的管理				
7	制定施工安全风险分级管控制度				
8	特种作业人员持有效特种作业操作证上岗				
9	施工组织设计针对工程特点、施工工艺制定相应的安全技术措施				
10	建立危大工程管理档案,编制有针对性的专项施工方案并包含相应的安全保障措施				
11	超过一定规模的危大工程,编制专项施工方案,并按要求组织专家论证				
12	在危大工程实施之前,结合施工现场环境特点、施工工序、危险因素、规范标准、操作流程和应急措施对施工作业人员进行安全技术交底				
13	行业监管部门、建设单位及监理单位检查发现的隐患问题,定人、定时间、定措施完成整改,并按要求及规定时间做好回复工作				
14	针对防疫防汛防台风等管理工作,建立了相应的组织架构,落实了相应的应急预案、安全防护措施及应急储备物质,开展了相应的应急演练				

检查人: 时间:

表单 4　监理单位质量管理责任落实情况检查表

序号	检查内容	符合 √选	不符合 √选	违规罚金(元) √选	备注
1	监理单位履行建设工程安全生产监理责任,每月对施工总承包单位、专业分包单位、劳务分包单位的人员履责情况进行考核				
2	总监理工程师、安全监理人员取得安全资质证书且人证相符,安全监理人员配置数量与合同文件要求相符				

序号	检查内容	符合 √选	不符合 √选	违规罚金(元) √选	备注
3	总监理工程师严格落实带队检查制度,安全监理人员每周认真进行施工现场安全检查并做好检查记录				
4	监理单位每周检查施工单位对施工作业人员的三级教育、安全生产培训及每日班前教育的落实情况,并做好相应的检查记录				
5	结合施工现场安全措施的实施情况,认真审查施工单位每月安全施工措施费用使用情况				
6	监理单位按规定审查施工组织设计及专项施工方案,按要求把危大工程纳入到监理规划及监理细则,严格按规范要求对危大工程进行监督管控				
7	按规定做好日常巡视检查及旁站监理工作,并留有记录				
8	按规定编写监理日志、安全监理日志,内容详实,签字齐全				
9	认真检查施工单位材料、机械设备进场情况,对不满足设计及规范要求的材料及机械设备及时下达整改指令,并留有相应的记录				
10	按要求每月至少组织一次安全大检查,形成相应的检查报告,并督促施工单位限期内整改完毕				
11	对施工现场存在重大安全隐患时,监理单位及时下发停工令,召开专题会进行督办并做好会议纪要				
12	下发整改通知或停工令后,施工单位如拒不整改或整改一直推诿拖拉,及时向建设单位报告				
13	认真审查施工单位防疫防汛防台风等应急预案,明确监理意见并签字,督促施工单位开展应急演练				

检查人:　　　　　　　　　　　　　　　　　　　时间:

表单5　基坑施工检查表

	序号	检查内容	符合√选	不符合√选	违规罚金(元)√选	备注
施工单位	1	施工总承包单位应落实安全风险评估,及时编制基坑施工专项方案,并按要求履行审核、审批手续				
	2	超过一定规模的基坑工程专项方案组织专家论证并现场验收执行"双确认"制度,方案须由施工单位技术负责人、项目经理、项目技术负责人、项目总监理工程师、建设单位项目负责人签字后,方可组织实施				
	3	方案实施前进行方案交底和安全技术交底				
	4	施工过程中,严格按照方案组织施工,禁止未按规定程序挖土或超挖,专职安全管理人员每日对基坑安全进行监管				
	5	严格按照设计要求对基坑进行支护,基坑放坡开挖时,严格按设计及规范要求控制开挖坡率				
	6	施工单位是否按要求编制监测方案并按方案要求频率对基坑支护位移、变形进行监测				
	7	基坑施工设置有效排水措施				
	8	积土、料具堆放距槽边距离符合设计及规范要求				
	9	人员上下设置专用通道				
	10	挖土机司机持证上岗				
	11	开挖2m以上基坑,按要求设置防护栏杆,并设置相应的警示标语				
监理单位	12	施工前,监理单位检查施工单位对施工作业人员的专项安全技术交底,并做好文字记录				
	13	监理单位按照设计文件及标准要求,检查基坑支护、基坑降排水措施、基坑边堆载、上下通道、基坑边防护措施等落实情况,对其中存在的安全隐患下发整改通知				
	14	施工过程中,安全监理人员每日对基坑施工进行巡视检查,并做好相关记录				
	15	监理单位督促施工单位及第三方检测单位对基坑支护位移、沉降、变形及基坑支护稳定性进行观测,并及时掌握第三方监测单位的监测数据				

检查人:　　　　　　　　　　　　　　　　　　　　　时间:

表单 6　脚手架检查表

	序号	检查内容	符合 √选	不符合 √选	违规罚金(元) √选	备注
施工单位	1	施工总承包单位应落实安全风险评估,及时编制脚手架施工专项方案,并按要求履行审核、审批手续				
	2	超过一定规模的脚手架工程专项方案组织专家论证并现场验收执行"双确认"制度,方案须由施工单位技术负责人、项目经理、项目技术负责人、项目总监理工程师、建设单位项目负责人签字后,方可组织实施				
	3	方案实施前进行方案交底和安全技术交底				
	4	立杆基础按方案要求平整、夯实,并采取相应的排水措施				
	5	立杆底部设置的垫板和底座符合规范要求				
	6	架体的纵横向扫地杆按规范要求设置,架体应设置供人员上下的专用通道				
	7	架体和建筑结构拉结应符合规范要求,并且拉结点应牢固可靠				
	8	架体的竖向斜撑、剪刀撑设置符合规范要求				
	9	架体钢管及构配件的材质、型号、规格应符合规范要求				
	10	脚手板材质、规格符合规范要求,铺设在水平杆上应平整、紧密、牢靠				
	11	架体外侧采取密目式安全网进行封闭,作业层脚手板下采用安全平网兜底,且每隔10m采用安全平网进行封闭				
监理单位	12	搭设前,监理单位检查施工单位对施工作业人员的专项安全技术交底,并做好文字记录				
	13	监理单位按照相关规范及标准要求,检查架体基础、底部设置、纵横向扫地杆设置、拉结情况、斜撑和剪刀撑设置、脚手板设置、安全网及兜底网设置等落实情况,对其中存在的安全隐患下发整改通知				
	14	搭设过程中,安全监理人员每日对脚手架进行巡视检查,并做好相关记录				
	15	搭设前,监理单位认真核查脚手架的使用材料是否符合要求,搭设完成后,要求施工单位组织验收,并做好验收记录				

检查人:　　　　　　　　　　　　　　　　　时间:

表单7 模板及支撑体系检查表

	序号	检查内容	符合 √选	不符合 √选	违规罚金(元) √选	备注
施工单位	1	施工总承包单位应落实安全风险评估,及时编制模板及支撑体系专项方案,并按要求履行审核、审批手续				
	2	超过一定规模的模板及支架体系专项方案组织专家论证并现场验收执行"双确认"制度,方案须由施工单位技术负责人、项目经理、项目技术负责人、项目总监理工程师、建设单位项目负责人签字后,方可组织实施				
	3	方案实施前进行方案交底和安全技术交底				
	4	模板支架的基础坚实、牢固,承载力满足设计要求,方案中对基础承载力进行验算				
	5	支架底部按规范要求设置底座、垫板				
	6	支架底部按规范要求设置纵横向扫地杆,并且按要求设置排水措施				
	7	立杆的间距符合规范及标准要求				
	8	立杆伸出顶层水平杆高度符合规范要求				
	9	水平杆的步距符合规范及标准要求				
	10	竖向、水平剪刀撑或专用斜杆、水平斜杆的设置符合规范要求				
	11	浇筑混凝土时,专职安全管理人员按要求对支架基础沉降、支架变形及支架稳定性进行监控				
	12	支架拆除前,结构的混凝土强度必须达到设计要求,按要求设置警戒区,并派专人监护				
监理单位	13	搭设前,监理单位检查施工单位对施工作业人员的专项安全技术交底,并做好文字记录				
	14	监理单位按照相关规范及标准要求,检查支架基础、支架底部设置、立杆间距、水平杆的步距、竖向和水平剪刀撑设置等落实情况,对其中存在的安全隐患下发整改通知				
	15	搭设过程中,安全监理人员每日对模板支撑体系进行巡视检查,并做好相关记录				
	16	搭设前,监理单位审查模板支撑体系的使用材料是否符合要求,是否检测合格;搭设完成后,要求施工单位组织验收,并做好验收记录方能开展下一道工序				

检查人: 时间:

表单 8　建筑起重机械检查表

	序号	检查内容	符合 √选	不符合 √选	违规罚金(元) √选	备注
施工单位	1	按规定编制了建筑机械起重吊装专项施工方案,并按要求履行审核、审批手续				
	2	超过一定规模的起重机械安装拆卸工程专项方案组织专家论证并现场验收执行"双确认"制度,方案须由施工单位技术负责人、项目经理、项目技术负责人、项目总监理工程师、建设单位项目负责人签字后,方可组织实施				
	3	方案实施前进行方案交底和安全技术交底				
	4	施工单位与租赁单位签订合同过程中,必须明确双方的安全管理责任				
	5	要求租赁单位建筑起重机械主要零部件、结构件有产品标牌,有可追溯制造日期的永久性标志或原厂证明				
	6	按规定要求对建筑起重机械进行定期的维护保养,检查安全装置和限位装置是否灵敏、可靠,维护保养不得流于形式,必须做好维护保养的相关资料				
	7	是否按照有关部门验收意见对起重机械进行整改				
	8	要求安装、拆卸单位提供起重设备安装工程专业承包资质和安全生产许可证				
	9	安装、拆卸作业人员及司机必须持证上岗				
	10	专职安全管理人员按规定对物料提升机、塔式起重机等起重机械进行例行检查,并做好检查记录				
	11	建筑起重机械按规定安装了起重限制器				
	12	建筑起重机械作业过程中,设置安全警戒区				
监理单位	13	安装与拆卸前,监理单位检查施工单位对安装拆卸人员的专项安全技术交底,并做好文字记录				
	14	监理单位按照相关规范及标准要求,审查租赁单位合同、安装拆卸单位的资质证书及安全生产许可证、安装拆卸人员及司机的操作证、维护保养相关资料、安全技术交底、施工单位的检查记录等资料,对其中存在的问题下达整改通知				
	15	安装拆卸过程中,安全监理人员对建筑起重机械进行例行检查,并做好相关记录				
	16	建筑起重机械安装完成后,要求施工单位组织验收,并做好验收记录方能开展下一道工序				

检查人：　　　　　　　　　　　　　　　　　　　时间：

表单 9 幕墙工程、吊篮施工检查表

	序号	检查内容	符合√选	不符合√选	违规罚金(元)√选	备注
施工单位	1	按规定编制了幕墙工程专项施工方案,并按要求履行审核、审批手续				
	2	超过一定规模的幕墙工程专项方案组织专家论证并现场验收执行"双确认"制度,方案须由施工单位技术负责人、项目经理、项目技术负责人、项目总监理工程师、建设单位项目负责人签字后,方可组织实施				
	3	方案实施前进行方案交底和安全技术交底				
	4	幕墙施工使用的脚手架,应进行承载力验算,严禁擅自拆除架体连墙杆件和固结杆件,架体上不得违规堆载				
	5	吊篮施工作业时,应按照有关规定施工作业,吊篮内材料、垃圾等应及时清理,禁止用吊篮运输材料				
	6	作业人员在进行高处作业时,正确使用安全防护用品,安全带必须系挂在安全绳上,安全绳和主体结构必须有效连接				
	7	结构安装过程各工种不得在同一垂直方向或坠落半径范围内进行交叉作业				
	8	高处动火作业必须设置接火斗,接火装置内应铺设石棉等防火材料,并应清理动火部位下方的易燃、可燃物,配备灭火器材,专人进行动火监护				
	9	吊篮安装了防坠安全锁及限位装置				
	10	必须由经过培训合格的作业人员操作吊篮				
监理单位	11	监理单位认真审查施工单位的幕墙工程专项施工方案,检查安全技术交底				
	12	监理单位按照相关规范及标准要求,检查吊篮作业的安全防护措施、作业人员安全防护用品的佩戴等施工作业情况,对其中存在的问题及时下达整改通知				

检查人: 时间:

表单 10　有限空间作业检查表

	序号	检查内容	符合 √选	不符合 √选	违规罚金(元) √选	备注
施工单位	1	按规定编制有限空间作业专项施工方案,按要求履行审核、审批手续				
	2	对有限空间作业场所进行风险辨识,掌握有限空间的数量、位置及危险有害因素;建立管理台账				
	3	经通风和检测合格,进入有限空间作业;作业工程中,采取连续通风和检测措施				
	4	有限空间作业人员正确佩戴劳动防护用品				
	5	施工前,按要求对有限空间作业人员进行安全技术交底				
	6	有限空间作业工程中监护人员在现场或与现场作业人员保持联系				
	7	有限空间作业场所电气设备符合防爆、安全等规定				
	8	作业人员培训合格、制定有限空间作业应急预案、现场配备应急救援器材、开展应急演练				
监理单位	9	监理单位严格审批施工单位的有限空间作业专项施工方案,定期检查施工单位有限空间作业管理台账、安全技术交底等资料,如有问题及时督促施工落实整改				
	10	监理单位每天按要求对现场有限空间作业的安全措施进行巡视检查,并做好相应的文字记录				
	11	监理单位定期检查施工单位是否开展有限全间作业的安全教育培训及应急救援演练工作				

检查人:　　　　　　　　　　　　　　　　　　　　　　　　　　　时间:

表单 11　安全防护检查表

	序号	检查内容	符合 √选	不符合 √选	违规罚金(元) √选	备注
施工单位	1	按规定编制安全防护施工方案或其他专项施工方案中涵盖安全防护措施的内容,并编制安全防护措施费的使用计划				
	2	施工现场基坑周边、尚未安装栏杆的阳台周边、无外架防护的屋面周边、框架结构工程楼层周边、上下通道及斜道两侧边、卸料平台的侧边等临边按要求设置防护,并在防护上张挂"注意安全、禁止攀爬"安全警示标志牌				
	3	楼梯及休息平台按要求设置工具式防护栏杆,立杆间距不应大于 2m,水平杆设置不少于两道				
	4	洞口尺寸短边小于 1.5m 时,可采用硬质盖板进行防护,表面刷好红白警示色;洞口尺寸短边大于 1.5m 时,应采用定型防护栏进行防护,并挂设醒目的警示标语				
	5	施工现场钢筋工、木工、泥工等所有施工作业人员必须正确佩戴安全帽、穿好反光衣				
	6	高度超过 2m 的高处作业人员必须佩戴好安全带,当现场安全带无法挂扣时,必须采取其他的安全防护措施,并安排相应的监护人员				
	7	安全通道具体尺寸根据现场实际确定,安全通道防护棚的地面必须硬化,采用双层硬质防护,防护棚顶部应张挂安全警示标语及安全宣传横幅,防护棚两侧应张贴安全宣传画				
	8	脚手架外立面采用 2000 目以上的密目安全网进行防护,安全网阻燃性能、耐冲击性能、耐贯穿性能等应符合相关的规范标准要求,安全网之间无空隙、无漏洞、无破损				
	9	钢筋加工棚、木工防护棚的地面必须硬化,采用双层硬质防护,防护棚顶部应张挂安全警示标语及安全宣传横幅,防护棚醒目处张挂安全操作规程图牌				

	序号	检查内容	符合 √选	不符合 √选	违规罚金(元) √选	备注
监 理 单 位	10	监理单位按要求对施工现场作业人员安全帽佩戴、反光衣穿戴、高处作业安全带佩戴等个人安全防护进行检查,存在问题及时提出整改要求,并做好相应的文字记录				
	11	监理单位按要求对施工现场临边洞口防护、安全通道、钢筋加工棚、木工防护棚等防护措施进行检查,存在问题及时提出整改要求,并做好相应的文字记录				
	12	监理单位认真审查施工单位安全防护措施方案内容与现场使用情况是否相符,严格审批安全防护措施费的使用情况				

检查人: 时间:

表单 12 临时用电检查表

	序号	检查内容	符合 √选	不符合 √选	违规罚金(元) √选	备注
施 工 单 位	1	按规定编制临时用电施工方案,并按要求履行审核、审批手续				
	2	现场电工、焊工持证上岗,三级教育、安全技术交底资料齐全				
	3	施工现场现场配电系统按要求采取三级配电、二级漏电保护系统,用电设备都配置各自的开关箱				
	4	配电室室内保持自然通风,采取必要的防雨水措施,周边无易燃易爆物品,配置沙箱或灭火设备				
	5	总配电箱配置总隔离开关、分路隔离开关和分路漏电保护器,安装电压表、总电流表、电度表等仪表				
	6	分配电箱及开关箱采用冷轧钢板或阻燃绝缘材料制作,分配电箱与开关箱的距离不得超过30m,开关箱与用电设备间的距离不应超过3m				

211

续表

	序号	检查内容	符合 √选	不符合 √选	违规罚金(元) √选	备注
施工单位	7	外电线路与脚手架、起重机械、场内机动车道的安全距离应符合规范要求;当安全距离无法满足要求时,采取相应的防护措施,悬挂明显的警示标志				
	8	专职安全员及电工每天对配电箱进行巡检,认真做好巡检记录				
	9	定期开展临时用电安全大检查				
监理单位	10	监理单位认真检查现场电工、焊工的证件				
	11	监理单位按要求检查电工、焊工及其他用电人员的三级教育及安全技术交底				
	12	监理单位按要求对施工现场配电室、总配电箱、分配电箱、开关箱进行检查,如存在问题及时下发整改通知,并做好相应的文字记录				
	13	监理单位按要求对施工现场用电线路、安全用电警示标语进行检查,如存在问题及时下发整改通知,并做好相应的文字记录				

检查人: 　　　　　　　　　　　　　　　　时间:

表单13　消防安全检查表

	序号	检查内容	符合 √选	不符合 √选	违规罚金(元) √选	备注
施工单位	1	按规定编制消防安全施工方案,并按要求履行审核、审批手续				
	2	动火作业应办理动火许可,动火操作人员应具有相应资格,动火作业之前对相关人员进行安全交底				
	3	焊接、切割、烘烤或加热等动火作业前,应对作业现场的可燃物进行清理;作业现场及其附近无法移走的可燃物应采用不燃材料对其覆盖或隔离				
	4	焊接、切割、烘烤或加热等动火作业旁应配备灭火器材,并应设置动火监护人员进行现场监护				
	5	施工现场的重点防火部位或区域应设置防火警示标识				

	序号	检查内容	符合 √选	不符合 √选	违规罚金(元) √选	备注
施工单位	6	做好施工现场临时消防设施的日常维护工作,对已失效、损坏或丢失的消防设施应及时更换、修复或补充				
	7	施工现场应布置灭火器,其数量、位置、灭火能力要符合《建筑灭火器配置设计规范》的要求				
	8	易燃易爆危险品、气瓶等应分类专库储存,库房内应通风良好,并应设置严禁明火标志				
	9	施工产生的可燃、易燃建筑垃圾或余料,应及时清理				
	10	建立消防安全管理责任制度,成立消防安全管理组织架构,编制消防安全应急预案				
	11	定期开展消防安全教育培训、消防安全专项检查、消防安全应急演练,且以上工作都做好记录				
监理单位	12	监理单位认真履行施工现场动火作业全流程的监管				
	13	监理单位按要求对施工现场的灭火器、临时消防设施及重点区域消防安全警示标语进行检查,如存在问题及时下发整改通知				
	14	监理单位按要求认真审查施工单位消防安全管理责任制度、消防安全管理组织架构、消防安全应急预案、消防安全教育培训、消防安全应急演练的落实情况				

检查人：　　　　　　　　　　　　　　　　　　　　时间：

表单 14　文明施工检查表

	序号	检查内容	符合 √选	不符合 √选	违规罚金(元) √选	备注
施工单位	1	按规定编制文明施工专项方案,按要求履行审核、审批手续				
	2	施工区实行人车分流;对大型设备作业区域,通过布置围栏 铁马等将车辆通道与步行通道进行有效隔离				
	3	场内道路设置完善的交通导引、防护设施(如临时围挡、栏杆、铁马、水马、交通筒等)及交通安全警示标志、标牌				

续表

	序号	检查内容	符合 √选	不符合 √选	违规罚金(元) √选	备注
施工单位	4	工地车辆出入口应根据现场实际情况设置洗车槽、自动冲洗设备、冲洗平台、高压水枪、沉淀池、排水沟、隔声减噪冲洗棚等设施(场地条件受限的,可采用移动式冲洗设备或人工冲洗)				
	5	按规定设置九牌二图(工程概况牌、管理人员名单及监督电话牌、危险源公示牌、消防保卫牌、安全生产牌、文明施工牌、质量保障牌、环境保护牌、农民工维权告示牌、施工现场平面图、组织机构图)				
	6	施工现场100%围蔽。围蔽形式、广告字体等符合广州市住建局相关文件要求,按规定安装灯具及喷淋装置,定期对围蔽进行清理,确保围蔽整体形象美观				
	7	工地路面100%硬化。严格按照施工现场总平面布置方案落实施工道路的硬化。当处于基坑阶段或不具备硬化条件时,采取铺碎石、钢板或其他材料等临时硬化措施,落实扬尘治理				
	8	工地裸土100%覆盖。对工地裸土、物料闲置堆放超过两周采取密目网或编织布进行覆盖,对于边坡上的裸土采取喷浆硬化或覆盖不透水薄膜,防止水土流失				
	9	施工作业100%洒水。基坑施工阶段,喷淋装置及雾炮设备每天开启不得少于4次,每次持续时间不得低于1小时,施工道路每天洒水至少6次,且路上渣土采用人工清理干净				
	10	出工地车辆100%冲洗干净。建立泥头车管理台账,落实车牌号码,驾驶员姓名,进出工地时间的登记,严格落实"一不准进,三不准出"的管理制度				
	11	工地物料100%覆盖。对工地存在超过两周的弃料或其他建筑垃圾及时覆盖				
	12	钢筋、管材等原材料按要求分类放置、堆放整齐				
监理单位	13	监理单位按要求对安全文明施工6个100%落实情况进行日常巡视检查,存在问题及时下达整改指令,并做好相应的文字记录				
	14	监理单位按要求定期开展安全文明施工专项检查				

检查人: 时间:

表单 15　防疫、防汛、防台风检查表

	序号	检查内容	符合 √选	不符合 √选	违规罚金(元) √选	备注
施工单位	1	按规定编制疫情防控、防汛(防洪排涝)、防台风的专项应急预案,建立相应的管理组织架构			1000	
	2	储备充足的疫情防控、防汛(防洪排涝)、防台风的物资			1000	
	3	工地严格落实人员进入工地测温、实名扫码(亮码)及信息登记等常态化防疫工作			1000	
	4	按要求落实防疫物资的储备、全员核酸检测、全员疫苗接种、防疫台账,定期开展防疫应急演练			1000	
	5	强降雨期间,认真检查工地基坑、高边坡、道路两侧等区域的排水情况以及工地各个出水口是否通畅,并做好相应的检查记录			1000	
	6	按要求在工地各个出水口前建立三级沉淀措施,排出的水质符合市水务相关文件要求;当三级沉淀措施无法满足水质达标的要求时,及时采取相应的净化措施			1000	
	7	对于工程上的基坑、山体、道路、渠道等涉及的边坡按要求做好水土流失的防护措施(喷浆硬化或防水薄膜覆盖)			1000	
	8	定期开展防汛应急演练			1000	
	9	大风预警前,加强对工地外脚手架、模板支架、临边防护等区域的巡查,有相应的文字记录			1000	
	10	定期开展施工人员防疫、防汛、防台风相关的教育培训工作或进行相关工作的安全交底			1000	
监理单位	11	监理单位严格审批施工单位防疫、防汛、防台风的应急预案,定期检查施工单位防疫、防汛、防台风的物资储备,如有问题及时督促施工单位落实整改			500	
	12	监理单位认真检查施工单位防疫、防汛、防台风相关防护措施的落实情况,并做好相应的记录			500	
	13	及时督促施工单位定期开展防疫、防汛应急演练			500	
	14	监理单位认真编制防疫、防汛、防台风的实施细则或相关工作指引文件,建立专项监督管理小组			500	

检查人：　　　　　　　　　　　　　　　　　　　时间：

215

表单16 爆破工程检查表

	序号	检查内容	符合 √选	不符合 √选	违规罚金（元） √选	备注
施工单位	1	按规定编制爆破工程专项施工方案。爆破工程专项施工方案按要求组织专家进行论证、经企业技术负责人审批，报监理单位审核，向业主报备			1000	
	2	按规定向当地爆破主管部门申请爆破许可，爆破专项方案经主管部门批准同意			1000	
	3	按规定委托具备相应资质的评估单位对爆破项目进行安全评估，并取得《爆破作业安全评估报告》			1000	
	4	爆破工程师、爆破操作人员、管理运输人员必须持证上岗			1000	
	5	爆破施工前，按要求对现场爆破操作人员进行安全教育培训、安全技术交底，并做好培训、交底记录			1000	
	6	按要求落实好爆破前的各项准备工作，包括但不限于以下内容：安民告示、周边防护、安全警戒线设置、通风除尘措施、气体检测装置准备、爆破震速监测设备布置到位等			1000	
	7	爆破专业分包单位必须持有"四证"，即爆炸物品使用证、购买证、运输证、储存许可证			1000	
	8	现场炸药库应距离人员聚集区不少于50m，炸药和起爆材料必须隔离存放			1000	
	9	按规定编制爆破事故应急预案，落实好相应应急物资的储备，定期开展爆破应急演练			1000	
监理单位	10	认真检查施工单位爆破许可和《爆破作业安全评估报告》，并做好相应的检查记录			500	
	11	核查现场爆破的安民告示、周边防护、安全警戒线等安全防护措施是否与爆破专项施工方案相符			500	
	12	审查承包商爆破专业分包单位的爆破资质情况，重点检查营业执照、资质、业绩、爆破管理人员、特种作业执证情况			500	
	13	核查爆破专业分包单位的施工组织机构、人员配置及资质、培训、安全技术交底情况			500	

	序号	检查内容	符合 √选	不符合 √选	违规罚金(元) √选	备注
监理单位	14	安全监理人员应在爆破器材领用、清退、爆破作业、爆后安全检查及盲炮处理的各环节上实行旁站监理,并做好监理记录			500	
	15	爆破安全监理单位应定期向委托单位提交安全监理报告,工程结束时提交安全监理总结和相关监理资料			500	

检查人:　　　　　　　　　　　　　　　　　　　　时间:

表单 17　涉水工程检查表

	序号	检查内容	符合 √选	不符合 √选	违规罚金(元) √选	备注
施工单位	1	按规定编制涉水工程施工方案,按要求履行审核、审批手续			1000	
	2	在涉水工程实施之前,结合涉水工程施工方案施工现场环境特点、施工工序、危险因素、规范标准、操作流程和应急措施对施工作业人员进行安全教育培训及安全技术交底			1000	
	3	制定施工安全风险分级管控制度			1000	
	4	编制涉水作业应急预案、建立涉水作业安全管理组织架构,现场配备应急救援器材及物资、开展应急演练			1000	
	5	对涉水工程施工进行风险辨识,掌握涉水工程的数量、位置及危险有害因素;建立管理台账			1000	
	6	行业监管部门、建设单位及监理单位检查发现的隐患问题,定人、定时间、定措施完成整改,并按要求及规定时间做好回复工作			1000	
	7	对于污水及余泥排放办理相关许可手续			1000	
	8	水下焊接、爆破等特种作业人员应取得相应操作证,并提交身体健康证明文件			1000	
	9	涉水作业人员正确佩戴劳动防护用品			1000	
	10	涉水作业工程中监护人员必须在现场,且与现场作业人员的通信联系保持畅通			1000	
	11	涉水作业场所电气设备符合防爆、防漏电、安全等规定			1000	

续表

	序号	检查内容	符合 √选	不符合 √选	违规罚金(元) √选	备注
监理单位	12	按要求编制有针对性的涉水工程监理实施细则,并进行内部交底			500	
	13	施工前,监理单位检查施工单位对施工作业人员的安全教育培训、专项安全技术交底,并做好文字记录			500	
	14	监理单位按照设计文件及标准要求,检查涉水工程安全防护措施落实情况,对其中存在的安全隐患下发整改通知			500	
	15	涉水工程施工过程中,安全监理人员每日对涉水施工进行巡视检查,并做好相关记录			500	
	16	认真审查专项涉水工程施工方案、应急预案及施工单位的安全管理制度,定期检查施工单位涉水作业管理台账、安全技术交底等资料			500	
	17	对涉水作业的人员、设备进行审查、验收,检查施工单位的应急物资储备及应急救援演练工作			500	

检查人:　　　　　　　　　　　　　　　　　　　　　　时间:

表单18　某项目第三方检测（监测）单位综合考评评分表

单位名称:　　　　　　　合同编号:　　　　　　　考评日期:

序号	考评分项	分值标准	扣分情况	备注
	现场实施	100分		
1	在履行合同过程中出现书面警告行为	20分		一次扣5分
2	收到投诉经核实	20分		一次扣5分
3	提交方案快,出具报告及时、准确	20分		每影响施工5天扣3分
4	按合同约定派遣人员	10分		好:10分;中:6分;差:4分
5	按规范开展服务	10分		好:10分;中:8分;差:6分
6	积极配合项目管理人员高效、有序地开展其他工作	20分		好:20分;中:10分;差:6分
	总分	100分		
	检查人员（签字）			

表单 19　第三方检测（监测）单位综合考评评分表

单位名称：　　　　　　　　　合同编号：　　　　　　　　　考评日期：

序号	考评总项	考评分项	分值标准	扣分情况	备注
1	合同履行	在履行合同过程中出现书面警告行为			
2	监测实施	人员到位			
		方案及时提交			
		点位埋设符合规范方案要求			
		监测频率按方案进行			
		出具报告及时、准确			
		数据上传预警及时			
		应急加密情况及时到位			
3	投诉及整改	收到投诉经核实投诉后整改情况			
4	相关配合	积极配合项目管理人员高效、有序地开展其他工作			
总分		100 分			
检查人员（签字）					

参考文献

[1] 刁尚东. 基于CIM的建设项目协同管理体系研究与应用 [J]. 广东土木与建筑，2021，28 (8)：1-4＋14.

[2] 刁尚东. 公共建设项目管理高质量发展的探讨——基于大数据的"智慧代建"管理模式 [J]. 城市住宅，2020，27 (6)：241-242.

[3] 刁尚东，苏岩，马柔珠，陈爱华，吕兵兵，戴振伟. BIM技术在预制装配式建筑施工安全管理中的应用 [J]. 广东土木与建筑，2020，27 (3)：61-64.

[4] 刁尚东，何瑟风. 自动化监测在建设项目安全预警管理中的应用研究 [J]. 建筑安全，2020，35 (7)：8-11.

[5] 刁尚东. 建筑工程绿色施工精细化管理应用研究 [J]. 低碳地产，2016，2 (16)：383.

[6] 刁尚东，金涛. 精益建设理论在公共建设项目安全管理中的应用探讨 [J]. 建筑工程技术与设计，2016，(24)：907.

[7] 宋富新，刁尚东，陈征. 动静对比试验在亚运城项目的应用——间歇时间对桩基础承载性状的影响 [J]. 广东土木与建筑，2009，8：56-57.

[8] 毕雪娇. 数字城市发展到智慧城市的理论及实践研究 [J]. 工程建设与设计，2017，(20)：7-8.

[9] 工程建设项目业务协同平台技术标准：CJJ/T 296—2019 [S]. 2019.

[10] 河北雄安新区管理委员会关于印发《雄安新区工程建设项目招标投标管理办法（试行）》的通知. 2019-01-11.

[11] 住房和城乡建设部等部门关于推动智能建造与建筑工业化协同发展的指导意见（建市〔2020〕60号）. 2020-07-03.

[12] 丘涛. 智慧工地建设的数据信息协同管理研究 [D]. 广州：华南理工大学，2019.

[13] 王要武，吴宇迪. 智慧建设理论与关键技术问题研究 [J]. 科技进步与对策，2012，29 (18)：13-16.

[14] 张海龙. BIM在建筑工程管理中的应用研究 [D]. 长春：吉林大学，2015.

[15] 曾凝霜，刘琰，徐波. 基于BIM的智慧工地管理体系框架研究 [J]. 施工技术，2015，44 (10)：96-100.

[16] 李均，章丹峰，王建强，陈海南. 建设工程智能监测监管预警云平台的研发 [J]. 广东土木与建筑，2020，27 (12)：39-46.

[17] 霍润科，颜明圆，宋战平. 地铁车站深基坑开挖监测与数值分析 [J]. 铁道工程学报，2011，(5)：81-85.

[18] 李文广，胡长明. 深基坑降水引起的地面沉降预测 [J]. 地下空间与工程学报，2008，4 (1)：181-184.

[19] 鲁罕. 自动化监测技术在基坑施工中对既有地铁隧道影响的应用研究 [J]. 科技创新导报，2018，15 (22)：19-20.

[20] 赵峰. 基于BIM的基坑工程自动化监测平台研发 [J]. 煤田地质与勘探，2018，46 (2)：151-159.

[21] 高磊，孙阳阳，濮慧蕾，曾京，王源. 基坑沉降监测信息的自动化处理研究 [J]. 地下空间与工程学报，2013，9 (S2)：2002-2005.

[22] 王鹏，王宇，胡文奎，林祥宏. 自动化监测系统在城市深基坑监测工程中的应用 [J]. 城市勘测，2017，(6)：122-125.